# Chemie 1
## kurz & klar

von

Manfred Liersch

Allgemeine und Anorganische Chemie



Verlag Ludwig Auer Donauwörth

Gedruckt auf umweltbewußt gefertigtem, chlorfrei gebleichtem
und alterungsbeständigem Papier.

1. Auflage. 1995

Umschlagentwurf und Abbildungen: Karl Friedrich
Gesamtherstellung: Ludwig Auer GmbH, Donauwörth
ISBN 3-403-**02505**-5

# Inhaltsübersicht



Hinweis: Ein Sternchen (*) hinter einem Begriff bedeutet, daß dieser an anderer Stelle erklärt wird.

# 1 Grundbegriffe

## 1.1 Chemie als Naturwissenschaft

Die Chemie ist eine Naturwissenschaft, wie z.B. auch die Biologie, die Physik, die Mineralogie oder die Geologie.

Die Chemie ist die Lehre von den Stoffen und den stofflichen Veränderungen.

Die Chemie beschäftigt sich keineswegs nur mit „künstlichen", d.h. nicht in der Natur vorkommenden Stoffen. Alle Stoffe in unserer Umgebung, auch in biologischen Systemen, sind Gegenstand chemischer Betrachtungen. Begriffe wie „chemiefreie" Lebensmittel oder Kosmetika sind daher unsinnig.

Die Herkunft des Wortes „Chemie" ist unklar. Möglicherweise ist es vom arabischen Wort *chemi* = schwarz hergeleitet. Der Name könnte aber auch vom griechischen Wort *chyma* stammen, was Metallguß bedeutet.

Die Grenzen zwischen den Naturwissenschaften sind fließend. Traditionellerweise wird die Chemie in Teilgebiete untergliedert.

### Teilgebiete der Chemie

| | |
|---|---|
| **Allgemeine Chemie** | Sie beschäftigt sich mit dem Bau der Atome und Moleküle, der chemischen Bindung, den Strukturen, den allgemeinen Eigenschaften und Reaktionen der Stoffe |
| **Agrikulturchemie** | Landwirtschaftliche Chemie |
| **Analytische Chemie** | Nachweis, mengenmäßige Bestimmung und Strukturaufklärung von Stoffen |
| **Anorganische Chemie** | Elemente und ihre Verbindungen (Ausnahme: Organische Kohlenstoffverbindungen) |
| **Biochemie und physiologische Chemie** | Chemische Reaktionen in pflanzlichen, tierischen und menschlichen Organismen |
| **Elektrochemie** | Vorgänge mit Umwandlungen von chemischer Energie in elektrische Energie und umgekehrt |
| **Forensische Chemie** | Gerichtschemie (Aufklärung von Kriminalfällen mit chemischen Methoden) |
| **Geochemie** | Chemische Zusammensetzung und Veränderung der Erde |
| **Kernchemie** | Teilgebiet der Kernphysik, das sich mit Kernumwandlungen beschäftigt |
| **Komplexchemie** | Chemie der Komplexverbindungen (Koordinationsverbindungen) |
| **Kristallchemie** | Kristallstrukturkunde |
| **Lebensmittelchemie** | Erforschung der Chemie und Technologie der Lebensmittel |
| **Makromolekulare Chemie** | Chemie der polymeren Stoffe (z.B. Kunststoffe) |
| **Organische Chemie** | Chemie der Verbindungen des Kohlenstoffs (mit Ausnahme einiger einfacher C-Verbindungen) |
| **Pharmazeutische Chemie** | Chemie der Arzneimittel |

| | |
|---|---|
| **Photochemie** | Teilgebiet der Chemie, das sich mit Reaktionen befaßt, die durch elektromagnetische Strahlung (z.B. Licht) hervorgerufen werden |
| **Physikalische Chemie** | Grenzgebiet zwischen Chemie und Physik, das sich mit den bei chemischen Vorgängen auftretenden physikalischen Erscheinungen beschäftigt |
| **Präparative Chemie** | Herstellung von Stoffen (Präparaten) |
| **Theoretische Chemie** | Teilgebiet der physikalischen Chemie, das sich mit der Herleitung der mathematischen Gesetzmäßigkeiten chemischer Vorgänge beschäftigt |
| **Technologische Chemie (Chemische Technologie)** | Übertragung chemischer Synthesen vom Laboratorium in den großtechnischen Maßstab |
| **Thermochemie (Chemische Thermodynamik)** | Teilgebiet der Chemie, das sich mit den bei chemischen Reaktionen auftretenden Wärmeenergieumsätzen beschäftigt |

## 1.2 Chemische Reaktionen

Vorgänge, bei denen sich nur die Form oder der Aggregatzustand (fest, flüssig, gasförmig) ändert, sind keine chemischen Reaktionen.
Man bezeichnet sie als **physikalische Vorgänge**.

*Beispiele:*

- Sieden von Wasser
- Schmelzen von Glas
- Mahlen von Getreide
- Lösen von Zucker

Bei chemischen Reaktionen entstehen stets neue Stoffe.

Die entstehenden Stoffe bezeichnet man als Produkte. Sie unterscheiden sich in ihren Eigenschaften von den Edukten (Ausgangsstoffen).

**Edukt(e)** $\longrightarrow$ **Produkt(e)**

*Beispiele:*

- Rosten von Eisen
- Verbrennen einer Kerze
- Zerlegung von Wasser
- Entkalken eines Heißwasserbereiters

Durch chemische Reaktionen lassen sich auch Stoffe herstellen, die in der Natur nicht oder nur in geringen Mengen vorkommen.

Wichtige Grundtypen chemischer Reaktionen:

**Synthese** = Aufbau von Stoffen

Der Begriff Synthese stammt von den griechischen Wörtern *syn* = zusammen und *thesis* = Setzung.

*Beispiel:*

Bildung von Ammoniak aus Stickstoff und Wasserstoff

**Analyse** = Zerlegung von Stoffen

Der Begriff Analyse stammt von den griechischen Wörtern *ana* = auf und *lysis* = Lösung.

*Beispiel:*

Beim Erhitzen von Quecksilberoxid bilden sich Quecksilber und Sauerstoff

Von den chemischen Reaktionen sind die **Kernreaktionen (Kernumwandlungen)** deutlich zu unterscheiden. Hierbei handelt es sich um physikalische Vorgänge, bei denen andere Atomkerne gebildet werden.

Bei chemischen Reaktionen treten Veränderungen in den Elektronenhüllen der Atome auf.

## 1.3 Stoffe und ihre Eigenschaften

Alle Dinge bestehen aus Stoffen.

Stoffe lassen sich durch ihre Eigenschaften beschreiben.

Einige Eigenschaften lassen sich mit Hilfe der Sinnesorgane ermitteln.

**Auge:** Farbe, Glanz, Kristallform

**Hände:** Härte, Verformbarkeit, Sprödigkeit, Elastizität

**Nase:** Geruch (Geruchsproben müssen vorsichtig durchgeführt werden; Zufächeln mit der Hand)

**Zunge:** Geschmack (Geschmacksproben mit gefährlichen oder unbekannten Stoffen dürfen nicht durchgeführt werden)

Andere charakteristische Eigenschaften lassen sich mit Hilfsmitteln bestimmen.

## Dichte:

Die Dichte $\rho$ ist der Quotient aus der Masse *m* und dem Volumen *V* eines Stoffes.

$$\text{Dichte} = \frac{\text{Masse}}{\text{Volumen}} \qquad \rho = \frac{m}{V}$$

*Beispiel:*

Zur Bestimmung der Dichte der Luft wird ein Glaskolben luftleer gepumpt und gewogen. Nach dem Füllen mit 300 cm³ Luft wird die Kugel erneut gewogen. Die Zunahme der Masse beträgt 0,36 g.

$$\rho_{\text{Luft}} = \frac{0{,}36\ \text{g}}{300\ \text{cm}^3} = 0{,}0012\,\frac{\text{g}}{\text{cm}^3}$$

## Dichten einiger Stoffe bei 20°C und 1 bar

| Stoff | Dichte in $\frac{g}{cm^3}$ |
|---|---|
| Wasserstoff | 0,000084 |
| Sauerstoff | 0,00133 |
| Ethanol | 0,79 |
| Wasser | 1,00 |
| Magnesium | 1,74 |
| Schwefel | 2,07 |
| Diamant | 3,51 |
| Eisen | 7,87 |
| Quecksilber | 13,55 |
| Gold | 19,32 |

## Schmelz- und Siedetemperatur

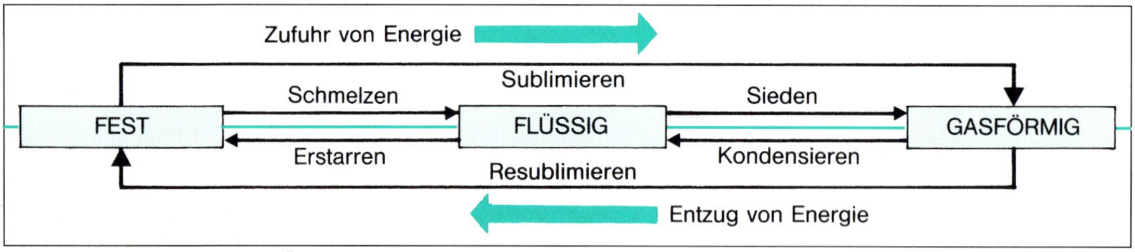


Aggregatzustände und ihre Änderungen

Stoffe können fest, flüssig oder gasförmig sein. Diese Zustandsformen werden als Aggregatzustände bezeichnet. Der Begriff stammt vom lateinischen Wort *aggregare* = hinzufügen, zusammenlagern.

Durch Zufuhr bzw. Entzug von Energie lassen sich die Aggregatzustände ändern.

Die Aggregatzustände werden häufig durch Symbole verdeutlicht.

| | |
|---|---|
| (s): fest | *solid* (engl.) = fest |
| (l): flüssig | *liquid* (engl.) = flüssig |
| (g): gasförmig | *gaseous* (engl.) = gasförmig |

Die Bestimmung der Schmelztemperatur läßt sich leicht mit Hilfe der abgebildeten Vorrichtung durchführen. Während des Schmelzvorganges erfolgt kein weiterer Anstieg der Temperatur.

**Schmelztemperatur:** Temperatur, bei der ein Stoff vom festen in den flüssigen Aggregatzustand übergeht

**Siedetemperatur:** Temperatur, bei der ein Stoff vom flüssigen in den gasförmigen Aggregatzustand übergeht

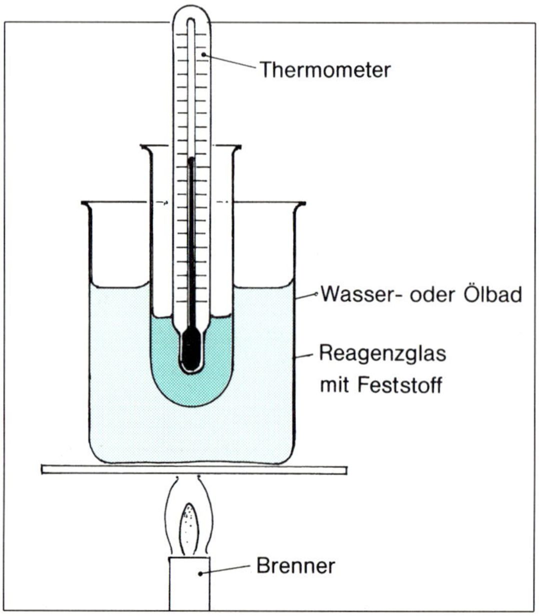


Bestimmung der Schmelztemperatur

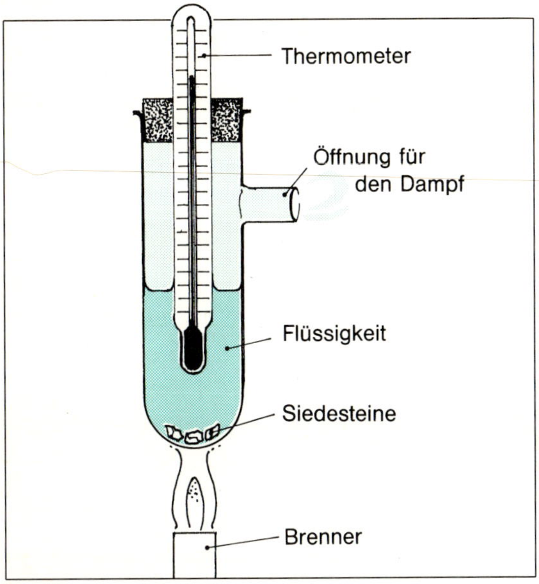


Bestimmung der Siedetemperatur

Die Siedetemperatur ist im Gegensatz zur Schmelztemperatur stark druckabhängig. Die genaue Bestimmung ist schwieriger. Beim Sieden zeigt das Thermometer keine weitere Temperaturerhöhung an.

## Schmelz- und Siedetemperaturen einiger Stoffe bei 1 bar

| Stoff | Schmelztemperatur in °C | Siedetemperatur in °C |
|---|---|---|
| Helium | – 270 | – 269 |
| Sauerstoff | – 219 | – 183 |
| Ethanol | – 114 | 78 |
| Wasser | 0 | 100 |
| Ameisensäure | 8 | 100 |
| Schwefel | 119 | 445 |
| Zinn | 232 | 2270 |
| Silber | 961 | 2210 |
| Eisen | 1535 | 3070 |
| Wolfram | 3410 | 5930 |

# 1.4 Stoffgemische

Man unterscheidet zwischen Reinstoffen und Stoffgemischen. Stoffgemische werden auch als Gemenge, Mischungen oder einfach als Gemische bezeichnet.

Ein **Reinstoff** besteht aus gleichen Teilchen.

*Beispiele:*
Wasser, Kochsalz, Zink, Sauerstoff

Ein **Gemisch** besteht aus Teilchen unterschiedlicher Reinstoffe.

*Beispiele:*
Luft, Granit, Zuckerlösung, Messing

Gemische können homogen oder heterogen sein.

Ein **homogenes Gemisch** sieht völlig einheitlich aus.

Der Begriff homogen stammt vom griechischen Wort *homo* = gleichartig.

*Beispiele:*
- Luft ist ein homogenes Gemisch aus Stickstoff, Sauerstoff und anderen Gasen.
- Eine Zuckerlösung ist ein homogenes Gemisch aus Zucker und Wasser.

Lösungen sind immer homogene Gemische.

Ein **heterogenes Gemisch** ist nicht einheitlich aufgebaut, d.h., man kann die verschiedenen Bestandteile erkennen.

Der Begriff heterogen stammt vom griechischen Wort *heteros* = ungleichartig.

*Beispiel:*
Granit ist ein heterogenes Gemisch aus Feldspat (grau), Quarz (weiß) und Glimmer (schwarz).

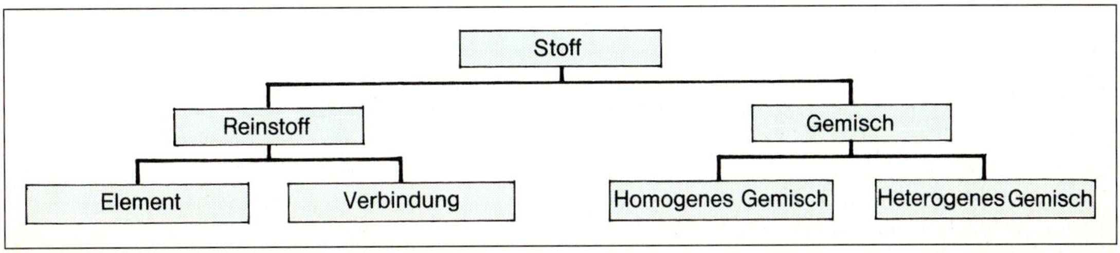


Übersicht über die Stoffe

### Arten von Gemischen

| Aggregatzustände | homogenes Gemisch | heterogenes Gemisch |
|---|---|---|
| fest – fest | Legierung (Messing) | Haufwerk, Gestein (Granit) |
| fest – flüssig | Lösung (Salzlösung) | Suspension (Sand in Wasser) |
| fest – gasförmig | Wasserstoff in Platin | Rauch, Staub |
| flüssig – flüssig | Lösung (Alkohol in Wasser) | Emulsion (Milch) |
| flüssig – gasförmig | Lösung (Sauerstoff in Wasser) | Nebel, Schaum |
| gasförmig – gasförmig | Luft | |

## 1.5 Trennung von Stoffgemischen

Stoffgemische lassen sich durch physikalische Verfahren trennen.

### Trennung homogener Stoffgemische

| Gemischart | unterschiedliche Eigenschaften | Trennverfahren | Beispiel |
|---|---|---|---|
| fest – fest | Löslichkeit | Extrahieren | Gewinnung von Fett |
| Lösung (fest – flüssig) | Siedetemperaturen | Eindampfen Kristallisieren | Salz aus Meerwasser |
| Lösung (fest – flüssig) | Siedetemperaturen | Destillieren | Gewinnung von Benzin aus Erdöl |
| gasförmig – gasförmig | Anlagern an eine Oberfläche | Adsorption | Holzkohlefilter in einer Gasmaske (Aktivkohle) |

### Trennung heterogener Stoffgemische

| Gemischart | unterschiedliche Eigenschaften | Trennverfahren | Beispiel |
|---|---|---|---|
| fest – fest | Korngröße | Sieben | Sand sieben |
| fest – flüssig | Dichte | Sedimentieren und Dekantieren | Sand und Wasser |
| | Teilchengröße | Zentrifugieren | Honig aus Waben |
| | | Filtrieren | Kaffeezubereitung |
| fest – gasförmig | Teilchengröße | Filtrieren | Staubfilter |
| flüssig – flüssig | Dichte | Absetzenlassen | Ölabscheidung |

## Beschreibung ausgewählter Verfahren zur Stofftrennung

### Eindampfen wäßriger Lösungen

Eine Abdampfschale aus Porzellan wird etwa zur Hälfte mit der Lösung gefüllt. Man erhitzt das Wasser bis zum Sieden. Der feste Stoff kristallisiert dabei häufig aus.

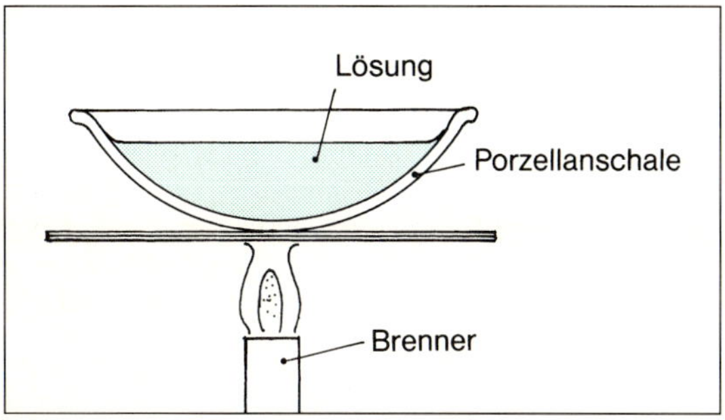


Eindampfen

### Trennung von Suspensionen durch Filtration

Eine Suspension aus Feststoff und Flüssigkeit wird in einen Papierfilter, der sich in einem Trichter befindet, gegeben. Die Flüssigkeit (z.B. eine Lösung) läuft durch den Filter in die Vorlage. Im Filter bleibt der Rückstand; das Filtrat befindet sich in der Vorlage.

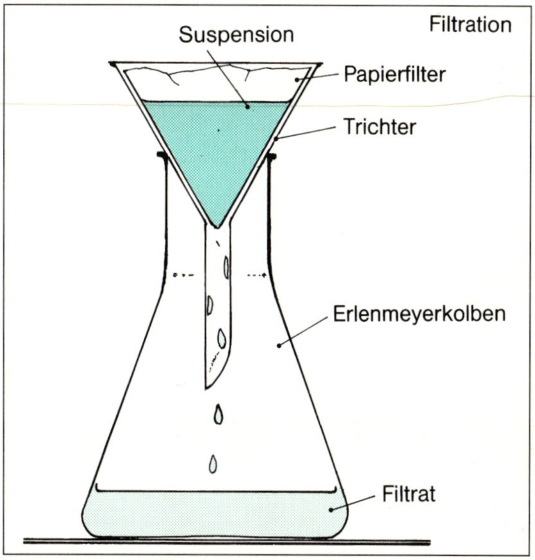


Filtration

### Destillation zur Trennung von Flüssigkeitsgemischen

Das Gemisch wird erhitzt. Die Flüssigkeit mit der geringsten Siedetemperatur beginnt zuerst zu verdampfen. Mit Hilfe eines Kühlers wird der Dampf wieder in den flüssigen Aggregatzustand überführt (Kondensation). Das Kondensat wird in der Vorlage als Destillat aufgefangen. Bei weiterem Erhitzen und nach dem Wechsel der Vorlage lassen sich andere Flüssigkeiten aus dem Gemisch erhalten.

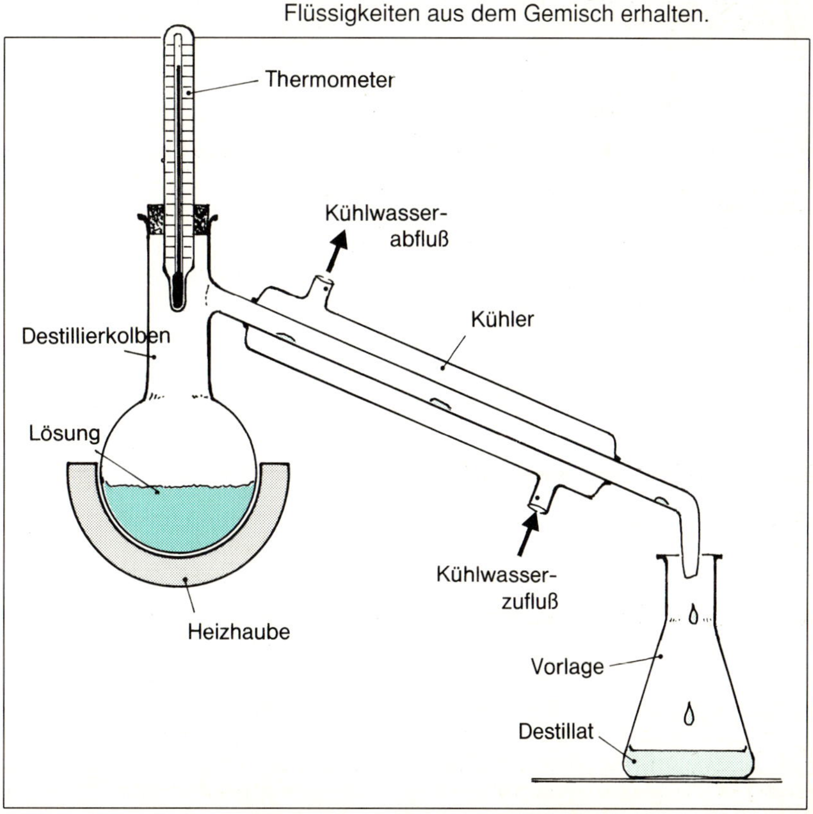


Destillation

## 1.6 Elemente und Verbindungen

In der Gruppe der Reinstoffe lassen sich Elemente und Verbindungen unterscheiden.

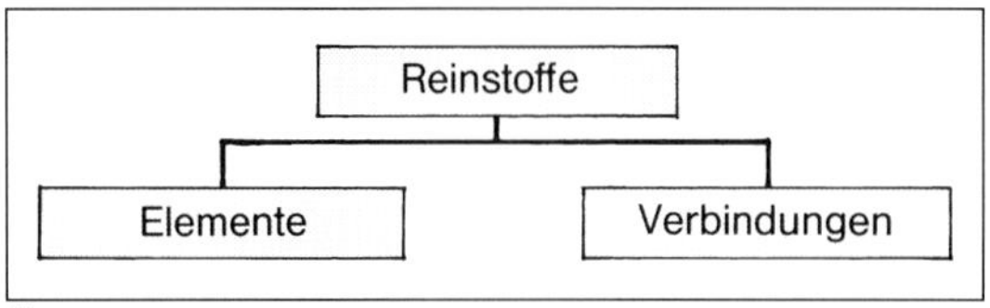


Übersicht über die Reinstoffe

*Beispiel:*
Erhitzt man rotes Quecksilberoxid, so erhält man Quecksilber und Sauerstoff.

Quecksilberoxid (s) → Quecksilber (l) + Sauerstoff (g)

Aus der Verbindung Quecksilberoxid erhält man zwei Elemente. Quecksilber und Sauerstoff können durch chemische Reaktionen nicht mehr in andere Stoffe zerlegt werden.

**Verbindungen** sind Reinstoffe, die in andere Stoffe zerlegt werden können.

**Elemente** sind Reinstoffe, die durch chemische Reaktionen nicht in andere Stoffe zerlegt werden können.

Chemische Verbindungen setzen sich aus den Elementen zusammen.

*Beispiele:*

- Wasser ist eine Verbindung aus den Elementen Wasserstoff und Sauerstoff.
- Kochsalz ist eine Verbindung aus den Elementen Natrium und Chlor.

Chemische Verbindungen zeigen andere Eigenschaften als die Elemente, die in ihnen gebunden vorliegen.

So besitzt Wasser völlig andere Eigenschaften als Wasserstoff (brennbares Gas) und Sauerstoff (Gas, das die Verbrennung fördert).

### Elemente

Bis zum Jahr 1994 sind 111 Elemente oder Grundstoffe bekannt. Demgegenüber gibt es über 12 Millionen chemische Verbindungen.

Jedes Element besteht aus einer besonderen Art von Atomen. Sie sind mit chemischen Methoden nicht teilbar.

Der Begriff Atom stammt vom griechischen Wort *atomos* = unteilbar.

Das wesentliche Merkmal der Atome ist ihre Kernladungszahl oder Ordnungszahl* (Protonenzahl).

Elemente bestehen aus Atomen gleicher Kernladungszahl (Ordnungszahl).

Jedes chemische Element wird mit einem Symbol gekennzeichnet. Diese Kurzschreibweise wurde 1815 von dem schwedischen Chemiker *Jöns Jakob Berzelius* (1779 bis 1848) eingeführt.

| | | |
|---|---|---|
| *Beispiele:* | Magnesium | Mg |
| | Stickstoff | N |
| | Eisen | Fe |
| | Kohlenstoff | C |
| | Calcium | Ca |

Für die Namen und Symbole der Elemente ab der Ordnungszahl 104 hatte die IUPAC (International Union of Pure and Applied Chemistry) ursprünglich systematische Bezeichnungen vorgeschlagen. Sie sind von lateinischen und griechischen Zahlwörtern abgeleitet.

| | |
|---|---|
| 0 = nil | 1 = un |
| 2 = bi | 3 = tri |
| 4 = quad | 5 = pent |
| 6 = hex | 7 = sept |
| 8 = oct | 9 = enn |

Damit werden die folgenden Namen und Symbole erhalten:

| | |
|---|---|
| 104 Unnilquadium | (Unq) |
| 105 Unnilpentium | (Unp) |
| 106 Unnilhexium | (Unh) |
| 107 Unnilseptium | (Uns) |
| 108 Unniloctium | (Uno) |
| 109 Unnilennium | (Une) |
| 110 Ununnilium | (Uun) |
| 111 Unununium | (Uuu) |

In der Zwischenzeit sind diese Elemente „normal" bezeichnet worden (siehe Hinweis auf S. 152).

Im Anhang dieses Buches befindet sich eine Tabelle mit allen chemischen Elementen und ihren Symbolen.

Die Elemente ab der Ordnungszahl 95 sind künstliche Elemente. Sie kommen in der Natur nicht vor

Die übrigen Elemente kommen in der Natur in sehr unterschiedlicher Häufigkeit vor.

### Häufigkeit der Elemente in der Erdrinde, Massenanteil in %

| | |
|---|---|
| Sauerstoff | 49,4 |
| Silicium | 25,8 |
| Aluminium | 7,5 |
| Eisen | 4,7 |
| Calcium | 3,4 |
| Natrium | 2,6 |
| Kalium | 2,4 |
| Magnesium | 1,9 |
| Wasserstoff | 0,9 |
| Titan | 0,6 |
| Rest | 0,8 |

# 2 Bindungsgesetze und quantitative Beziehungen

## 2.1 Gesetz von der Erhaltung der Masse

Führt man eine chemische Reaktion durch, so ist die Masse der Produkte gleich der Masse der Edukte.

*Beispiel:*

Silber reagiert mit Schwefel zu Silbersulfid.

Silber + Schwefel ⟶ Silbersulfid

Aus 1,08 g Silber erhält man durch Reaktion mit 0,32 g Schwefel 1,40 g Silbersulfid.

**Gesetz von der Erhaltung der Masse:**
Bei jeder chemischen Reaktion ist die Masse der Edukte gleich der Masse der Produkte.

Das Gesetz wurde 1785 von dem französischen Chemiker *Antoine Lavoisier* (1743 bis 1794) formuliert. Seine Entdeckung war nur möglich, weil ihm Waagen mit einer Genauigkeit von einigen Milligramm zur Verfügung standen. *Lavoisier* gilt als der Begründer der modernen wissenschaftlichen Chemie. Er wurde während der französischen Revolution hingerichtet.
Bei der experimentellen Überprüfung des Gesetzes von der Erhaltung der Masse muß darauf geachtet werden, daß keine Reaktionsteilnehmer entweichen. Dies kann besonders leicht bei Reaktionen mit gasförmigen Stoffen auftreten.

*Beispiel:*

Bei der Verbrennung von Papier entsteht Asche, die eine geringere Masse als das eingesetzte Papier aufweist. Die gasförmigen Produkte werden nicht erfaßt. Man spricht hier von einem offenen System.

Man unterscheidet drei Systeme für chemische Reaktionen.

**Offenes System:** Stoff- und Energieaustausch mit der Umgebung
**Geschlossenes System:** Kein Stoffaustausch; nur Energieaustausch
**Isoliertes System:** Weder Stoff- noch Energieaustausch (abgeschlossenes System)

Der in Deutschland geborene Physiker *Albert Einstein* (1879 bis 1955) entwickelte im Jahre 1905 die Vorstellung von der Äquivalenz (= Gleichwertigkeit) von Masse und Energie.

Gemäß der *Einstein*-Gleichung

$$E = m \cdot c^2$$

läßt sich Masse in Energie und Energie in Masse umwandeln.

$E$ = Energie in Joule (J)
$m$ = Masse in Kilogramm (kg)
$c$ = Lichtgeschwindigkeit ($3 \cdot 10^8$ m/s)

Bei chemischen Reaktionen sind diese Umwandlungen so gering, daß sie mit den besten Waagen nicht festgestellt werden können.

## 2.2 Gesetz der konstanten Proportionen

Gemische lassen sich im allgemeinen in einem beliebigen Massenverhältnis herstellen.

*Beispiele:*

- 10 g Eisen können mit 5 g, 10 g oder 20 g Schwefel gemischt werden.
- In 100 g Wasser lassen sich 7 g, 13 g oder 21 g Zucker lösen.

In Gemischen können im Prinzip beliebige Massenverhältnisse auftreten.

Bei homogenen Gemischen werden Grenzen durch die Löslichkeit gesetzt. So lösen sich bei 20°C z.B. maximal 36 g Kochsalz in 100 g Wasser.

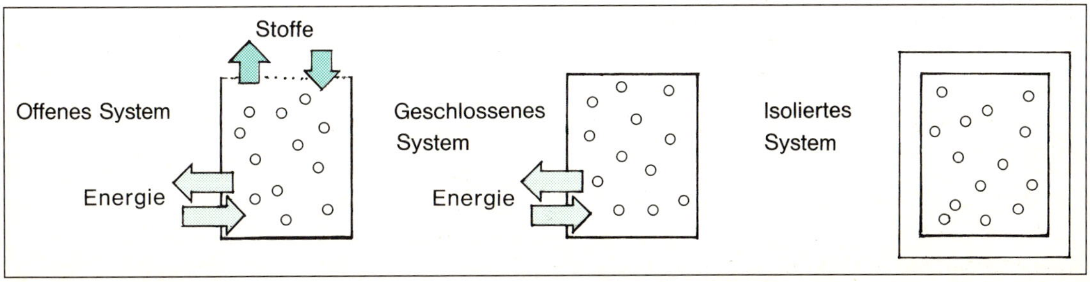


Systeme für Reaktionen

Will man eine chemische Verbindung herstellen, so müssen die Reaktionspartner (Edukte) in einem bestimmten Massenverhältnis stehen.

*Beispiel:*

- Aus 5,6 g Eisen und 3,2 g Schwefel erhält man 8,8 g Eisensulfid.
- Aus 11,2 g Eisen und 6,4 g Schwefel erhält man 17,6 g Eisensulfid.
- Aus 5,6 g Eisen und 5,0 g Schwefel erhält man ebenfalls nur 8,8 g Eisensulfid. 1,8 g Schwefel reagieren nicht.

**Gesetz der konstanten Proportionen:**
Die Elemente verbinden sich in einem bestimmten Massenverhältnis.

Dieses Gesetz wurde zuerst von dem französischen Chemiker *Joseph-Louis Proust* (1754 bis 1826) im Jahre 1799 erkannt.

*Beispiele* für Massenverhältnisse in Verbindungen:

Wasser
$m$ (Wasserstoff) : $m$ (Sauerstoff) = 1 : 8

Kupfersulfid
$m$ (Kupfer) : $m$ (Schwefel) = 4 : 1

Stickstoffmonoxid
$m$ (Stickstoff) : $m$ (Sauerstoff) = 7 : 8

Der englische Naturforscher *John Dalton* (1766 bis 1844) zog aus dem Gesetz der konstanten Proportionen weitere Schlußfolgerungen. In seinem Werk „A new System of Chemical Philosophy" entwickelte er 1808 die Atomhypothese. Eine Hypothese ist eine wissenschaftliche Annahme. Der Begriff kommt aus der griechischen Sprache und bedeutet „Unterstellung".

**Daltons Atomhypothese:**
Jedes Element ist aus gleichen Teilchen aufgebaut. Sie werden als Atome bezeichnet. Atome können sich in einfachen Zahlenverhältnissen zu Molekülen verbinden.

*Beispiele:*

- Zwei Wasserstoffatome und ein Sauerstoffatom verbinden sich zu einem Wassermolekül.
- Ein Stickstoffatom verbindet sich mit drei Wasserstoffatomen zu einem Ammoniakmolekül.

Elemente können sich teilweise auch in unterschiedlichen Massenverhältnissen verbinden.

| Stickstoffoxid | Massen verhältnis $m(N):m(O)$ | Zahlen-verhältnis der Atome N : O |
|---|---|---|
| Distickstoffmonoxid | 7 : 4 | 2 : 1 |
| Stickstoffmonoxid | 7 : 8 | 1 : 1 |
| Stickstoffdioxid | 7 : 16 | 1 : 2 |

Bereits *Dalton* erkannte 1808 die dahinter stehende Gesetzmäßigkeit.

**Gesetz der multiplen Proportionen:**
Bilden zwei Elemente mehrere Verbindungen, so stehen die Massenverhältnisse zueinander im Verhältnis kleiner ganzer Zahlen.

## 2.3 Atom- und Molekülmasse

### Masse der Atome

Nach der Atomhypothese von *Dalton* lassen sich Atome als kleinste Massekügelchen vorstellen. Die Atome eines Elementes sind gleich. Atome verschiedener Elemente unterscheiden sich in ihrer Masse.

Die Masse eines einzelnen Atoms ist außerordentlich klein. Sie läßt sich nicht mit einer Waage bestimmen. Heute kann man die Massen der Atome sehr genau mit Hilfe eines Massenspektrometers ermitteln. Für das Wasserstoffatom, das die geringste Masse aller Atome besitzt, ergibt sich:

**Die Masse eines Wasserstoffatoms** beträgt
$m$ = 0,000000000000000000000001674 g
= $1{,}674 \cdot 10^{-24}$ g

Für Berechnungen in der Chemie ist aber im allgemeinen nicht die Masse der einzelnen Atome erforderlich. Man benötigt das Verhältnis zwischen den Massen unterschiedlicher Atome.

Man verwendet daher nicht die tatsächliche (absolute) Atommasse, sondern die relative Atommasse.

Das Wasserstoffatom als leichtestes Atom erhielt dabei den Wert 1. Für jedes Element berechnete man, wievielmal so schwer dessen Atome sind wie das Wasserstoffatom. Die so ermittelten Vergleichszahlen wurden auch als Atomgewichte bezeichnet.

1960 wurde die Bezugsbasis für die relativen Atommassen geändert. Seitdem verwendet man das häufigste Isotop* des Kohlenstoffs ($^{12}C$), dessen relative Atommasse auf genau 12 festgelegt wurde.

Die (relative) **Atommasse** ist der Quotient aus der absoluten Masse eines Atoms und dem zwölften Teil der absoluten Masse des Kohlenstoffisotops $^{12}C$.

*Beispiel:*

Dividiert man die absolute Masse eines Natriumatoms durch ein Zwölftel der absoluten Masse eines Kohlenstoffatoms $^{12}C$, so erhält man die relative Atommasse des Natriums.

Nur wenige Elemente bestehen aus einem Isotop*. Sie werden als Reinelemente bezeichnet (Beispiele: Fluor, Natrium, Aluminium). Die meisten Elemente sind Isotopengemische. Sie bestehen aus mehreren Isotopen und werden als Mischelemente bezeichnet.

Die Atommasse für ein Element ist die durchschnittliche Masse der Isotope dieses Elements.

Die Atommassen werden von der *Internationalen Union für Reine und Angewandte Chemie* (IUPAC) ständig überprüft und gegebenenfalls korrigiert. Für Lehrzwecke werden vierziffrige (gerundete) Atommassen empfohlen.

*Beispiele* für Atommassen:

| Element | Symbol | Atommasse |
|---|---|---|
| Wasserstoff | H | 1,008 |
| Sauerstoff | O | 16,00 |
| Schwefel | S | 32,07 |
| Eisen | Fe | 55,85 |
| Silber | Ag | 107,9 |

In der Atomphysik wurde die *atomare Masseneinheit* eingeführt, die sich auch in der Chemie durchgesetzt hat. Als Einheitenzeichen wählte man das Symbol u von der englischen Bezeichnung „atomic mass unit".

Die **atomare Masseneinheit u** ist der zwölfte Teil der absoluten Masse eines Atoms des Kohlenstoffisotops $^{12}C$.
1 u = 0,000000000000000000000001661 g
1 u = $1{,}661 \cdot 10^{-24}$ g

Die absolute Masse des Atoms eines Elements in der Masseneinheit u hat den gleichen Zahlenwert wie die relative Atommasse dieses Elements.

In diesem Buch werden die Atommassen *m* in der atomaren Masseneinheit u angegeben.

*Beispiele:*

Atommasse des Wasserstoffs: $m$ (H) = 1,008 u
Atommasse des Aluminiums: $m$ (Al) = 26,98 u
Atommasse des Quecksilbers: $m$ (Hg) = 200,6 u

Im Anhang befindet sich eine Tabelle mit allen Elementen und ihren Atommassen in u.

## Masse der Moleküle

Atome können sich verbinden und z.B. Moleküle bilden.

**Moleküle** sind kleine Teilchen, die aus fest verbundenen Atomen bestehen.

Die Zusammensetzung eines Moleküls läßt sich durch eine Molekülformel angeben.

*Beispiel:*

Die Molekülformel des Wassers lautet $H_2O$, d.h., ein Sauerstoffatom ist mit zwei Wasserstoffatomen verbunden.

Auch für Moleküle läßt sich die Masse angeben. Sinnvollerweise verwendet man auch hier die relative Molekülmasse.

Die (relative) **Molekülmasse** ist der Quotient aus der Masse eines Moleküls und dem zwölften Teil der Masse des Kohlenstoffisotops $^{12}C$.

Die relative Molekülmasse wird häufig nur als Molekülmasse bezeichnet. Ebenso wie die Atommasse wird auch die Molekülmasse in der atomaren Masseneinheit u angegeben.

**Die Molekülmasse einer Verbindung** erhält man, indem man die Atommassen der am Aufbau beteiligten Atome addiert.

*Beispiele:*

Molekülmasse des Wassers:
$m(H_2O) = m(H) + m(H) + m(O)$
$m(H_2O)$ = 1,008 u + 1,008 u + 16,00 u = 18,016 u

Molekülmasse des Benzols:
$m(C_6H_6) = 6 \cdot m(C) + 6 \cdot m(H)$
$m(C_6H_6) = 6 \cdot 12{,}01$ u + $6 \cdot 1{,}008$ u = 78,108 u

Nicht in allen Verbindungen liegen Moleküle vor. So können Stoffe auch unter Bildung von Ionen* reagieren. Für solche Verbindungen lassen sich daher auch keine Molekülformeln angeben.

*Beispiel:*

Natrium und Chlor reagieren im Atomzahlverhältnis 1 : 1 miteinander. Bei der Reaktion bildet sich Natriumchlorid (Kochsalz). Da keine Moleküle vorliegen, gibt man eine Verhältnisformel (empirische Formel) an. Sie lautet für Natriumchlorid NaCl.

Auch für Verbindungen, die keine Moleküle bilden, gibt man die „Molekülmasse" an. Der Begriff Formelmasse hat sich nicht durchgesetzt.
Man geht bei der Berechnung von einer Formeleinheit des Stoffes aus.

*Beispiele:*

Molekülmasse (Formelmasse) des Natriumchlorids
$m(NaCl) = m(Na) + m(Cl)$
$m(NaCl)$ = 22,99 u + 35,45 u = 58,44 u

Molekülmasse (Formelmasse) des Calciumcarbonats
$m(CaCO_3) = m(Ca) + m(C) + 3 \cdot m(O)$
$m(CaCO_3)$ = 40,08 u + 12,01 u + $3 \cdot 16{,}00$ u
= 100,09 u

## 2.4 Formeln und Reaktionsgleichungen

Für eine eindeutige Formulierung chemischer Fragestellungen wird eine Symbolschreibweise verwendet, die international einheitlich festgelegt ist.

Die Symbolschreibweise beinhaltet immer qualitative und quantitative Gesichtspunkte.

**qualitativ** = der Beschaffenheit nach
Der Ausdruck stammt vom lateinischen Wort *qualis* = wie beschaffen.

**quantitativ** = mengenmäßig
Der Ausdruck stammt vom lateinischen Wort *quantus* = wie groß, wieviel.

### Symbole der Elemente

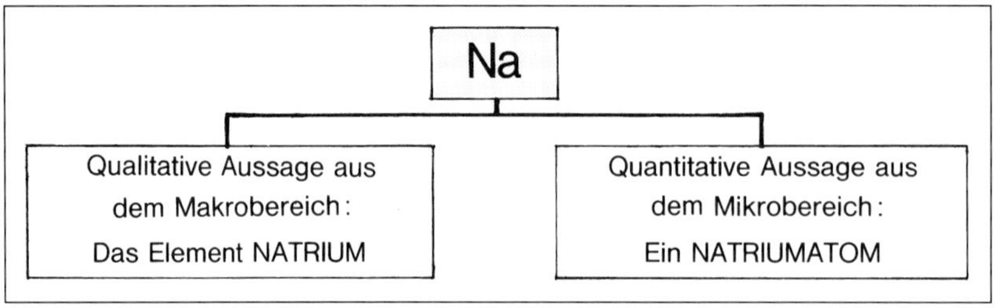


Aussagen des Elementsymbols

Jedes chemische Element wird durch ein Symbol gekennzeichnet.

Das Symbol charakterisiert das Element (qualitative Aussage) und beinhaltet eine quantitative Aussage (ein Atom des betreffenden Elements).

Der Begriff *makro* stammt aus der griechischen Sprache und bedeutet groß.
Der Begriff *mikro* stammt ebenfalls aus der griechischen Sprache und bedeutet klein.

Symbole bestehen aus einem oder zwei Buchstaben, wobei der erste groß und der zweite klein geschrieben wird.

*Beispiele:*
Li für Lithium
P für Phosphor

Die Symbole stimmen häufig nicht mit den deutschen Namen der Elemente überein. Sie stammen meist von den lateinischen oder griechischen Bezeichnungen.

*Beispiele:*

| | | |
|---|---|---|
| C | für Kohlenstoff | (von *Carboneum*) |
| N | für Stickstoff | (von *Nitrogenium*) |
| Pb | für Blei | (von *Plumbum*) |

Die Symbole aller Elemente sind im Anhang dieses Buches zu finden.

### Chemische Formeln

Chemische Formeln sind Zeichen für chemische Verbindungen. Auch hier sind qualitative und quantitative Aussagen enthalten:
- Elemente, die in einer Verbindung enthalten sind
- Angabe des Atomzahlenverhältnisses

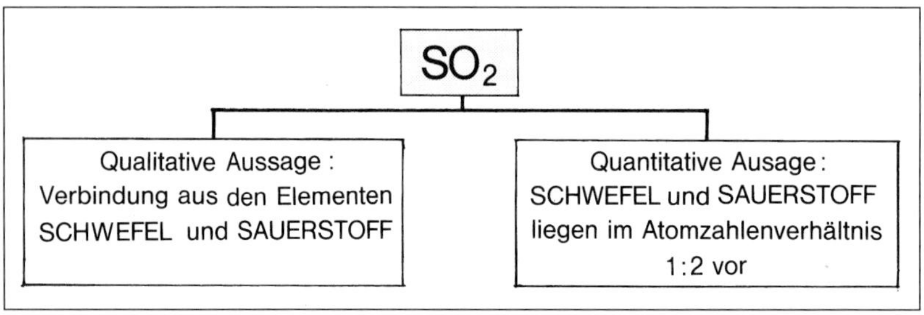


Aussagen der chemischen Formel

Die oben angegebene Formel des Schwefeldioxids ist eine Molekülformel, d.h., der Stoff Schwefeldioxid besteht aus Molekülen der Zusammensetzung $SO_2$.

Nicht alle Stoffe bestehen aus Molekülen. Für solche Stoffe lassen sich **Verhältnisformeln** angeben.

Bei der Aufstellung chemischer Formeln sind einige Regeln zu beachten:

1. Die Symbole der beteiligten Elemente werden aneinandergereiht.
2. Symbole für metallische Elemente stehen im allgemeinen vor den Symbolen für nichtmetallische Elemente.
3. Das Verhältnis der gebundenen Atome wird durch Indizes (tiefgestellte Zahlen) ausgedrückt. Der Begriff Index stammt vom lateinischen Wort *indicare* = anzeigen.
4. Das Verhältnis der gebundenen Atome läßt sich aus den Wertigkeiten (s.u.) ermitteln.

Herleitung von Formeln von Verbindungen, die aus zwei Elementen bestehen (binäre Verbindungen):

1. Formel des Wassers

a) Die Elemente Wasserstoff und Sauerstoff liegen gebunden vor: H O

b) Berücksichtigung der Wertigkeiten:
Wasserstoff ist einwertig (H: I)
Sauerstoff ist zweiwertig (O: II)

c) Ermittlung des kleinsten gemeinsamen Vielfachen (KGV) der Wertigkeiten: 2

d) Man erhält die Anzahl der gebundenen Atome, indem man das KGV durch die jeweilige Wertigkeit dividiert. Die Indizes betragen:
Wasserstoff 2 : 1 = 2
Sauerstoff 2 : 2 = 1
Die Formel lautet: $H_2O_1$ bzw. $H_2O$
(Die1 als Index wird weggelassen.)

2. Formel des roten Eisenoxids

a) Elemente Eisen und Sauerstoff: Fe O

b) Wertigkeiten: Eisen (Fe: III)
Sauerstoff (O: II)

c) Kleinstes gemeinsames Vielfaches: 6

d) Division des KGV durch die Wertigkeit:

Eisen 6 : 3 = 2
Sauerstoff 6 : 2 = 3
Formel: $Fe_2O_3$

Auch für Elemente, die Moleküle bilden, lassen sich chemische Formeln angeben:

| | |
|---|---|
| Wasserstoff: | $H_2$ |
| Sauerstoff: | $O_2$ |
| Stickstoff: | $N_2$ |
| Fluor: | $F_2$ |
| Chlor: | $Cl_2$ |
| Brom: | $Br_2$ |
| Iod: | $I_2$ |
| Phosphor: | $P_4$ |
| Schwefel: | $S_8$ |

## Die Wertigkeit

Ein Hilfsmittel für die Ermittlung chemischer Formeln ist die Wertigkeit oder auch stöchiometrische Wertigkeit.

**Stöchiometrie** ist das Arbeitsgebiet der Chemie, das sich mit den mathematischen Berechnungen chemischer Reaktionen beschäftigt. Der Begriff ist aus den griechischen Wörtern *stoicheion* = Grundstoff und *metron* = Maß gebildet worden.

Unter der **Wertigkeit eines Elements** versteht man die Anzahl der Wasserstoffatome, die ein Atom des betreffenden Elements bindet oder ersetzt.

*Beispiele:*

Schwefel ist im $H_2S$ zweiwertig
Phosphor ist im $PH_3$ dreiwertig
Sauerstoff ist im $H_2O$ zweiwertig
Magnesium ist im MgO zweiwertig

Wertigkeiten werden in römischen Ziffern angegeben. Man kann sie auch in Verbindungsnamen in Klammern setzen. Dies ist insbesondere dann sinnvoll, wenn Elemente in unterschiedlichen Wertigkeiten auftreten können.

*Beispiele:*

| | |
|---|---|
| $Cu_2O$ | Kupfer(I)-oxid |
| CuO | Kupfer(II)-oxid |
| $FeCl_3$ | Eisen(III)-chlorid |

Die unterschiedlichen Wertigkeiten der Elemente sind durch den Aufbau der Atome zu erklären. Der Wertigkeitsbegriff wird bei der Einführung der Oxidationszahl* wieder aufgegriffen und erweitert.

## Häufige Wertigkeiten einiger Elemente

| Element | Symbol | Wertigkeit |
|---|---|---|
| Aluminium | Al | III |
| Blei | Pb | II, IV |
| Brom | Br | I |
| Calcium | Ca | II |
| Chlor | Cl | I |
| Eisen | Fe | II, III |
| Fluor | F | I |
| Kalium | K | I |
| Kohlenstoff | C | IV |
| Kupfer | Cu | I, II |
| Magnesium | Mg | II |
| Natrium | Na | I |
| Phosphor | P | III, V |
| Sauerstoff | O | II |
| Schwefel | S | II, IV, VI |
| Silber | Ag | I |
| Stickstoff | N | III, IV |
| Wasserstoff | H | I |
| Zink | Zn | II |

## Reaktionsgleichungen

In einer Reaktionsgleichung (Reaktionsschema) kommt zum Ausdruck, welche Stoffe miteinander reagieren (Edukte) und welche Stoffe entstehen (Produkte).

Edukte ⟶ Produkte

Die einfachste Form einer Reaktionsgleichung ist die Wortgleichung. Edukte und Produkte werden durch einen Reaktionspfeil verbunden.

*Beispiel:*

Stickstoff + Wasserstoff ⟶ Ammoniak
(Man liest: Stickstoff und Wasserstoff reagieren zu Ammoniak)

Für die in der Wortgleichung enthaltenen Stoffe werden die Formeln eingesetzt:

$$N_2 + H_2 \longrightarrow NH_3$$

Stickstoff und Wasserstoff bilden Moleküle, die jeweils aus zwei Atomen bestehen. Stickstoff ist im Ammoniak dreiwertig.

Die bisher formulierte „Gleichung“ ist aber noch unvollständig. Nach dem Gesetz von der Erhaltung der Masse* ist die Masse der Edukte gleich der Masse der Produkte. Dies ist aber noch nicht erfüllt.

$m(N_2) = 28$ u $\quad m(NH_3) = 17$ u
$m(H_2) = 2$ u

$$m(\text{Edukte}) \neq m(\text{Produkte})$$

Um eine vollständige Reaktionsgleichung zu erhalten, müssen noch Stöchiometriezahlen eingeführt werden. Damit wird die Bilanz der Gleichung ausgeglichen.

Die Stöchiometriezahlen sind ganzzahlige Faktoren und stehen vor der Formel. Die Eins wird auch hier nicht geschrieben.

$$N_2 \;+\; 3\,H_2 \longrightarrow 2\,NH_3$$
$$28\text{ u} \quad 3 \cdot 2\text{ u} \qquad 2 \cdot 17\text{ u}$$
$$m(\text{Edukte}) \;=\; m(\text{Produkte})$$

Das Gesetz von der Erhaltung der Masse ist erfüllt. Außer der Massenbilanz läßt sich auch immer die Atombilanz überprüfen:

Linke Seite der Gleichung (Edukte):
2 N-Atome (in einem Stickstoffmolekül $N_2$)
6 H-Atome (in drei Wasserstoffmolekülen $H_2$)

Rechte Seite der Gleichung (Produkt):
2 N-Atome
6 H-Atome (in zwei Ammoniakmolekülen $NH_3$)

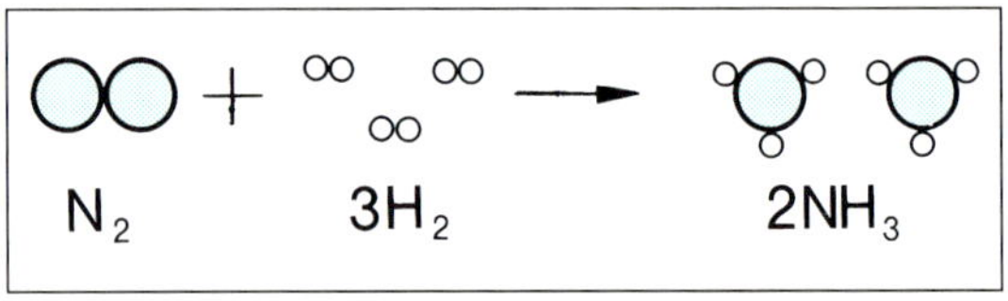


Synthese von Ammoniak

Zusammenfassend noch einmal die Vorgehensweise zur Aufstellung von Reaktionsgleichungen:

1. Die Formeln bzw. Symbole der Edukte und Produkte werden durch Pluszeichen verbunden und mit einem Reaktionspfeil versehen.
2. Es werden geeignete Stöchiometriezahlen (Faktoren) ermittelt. Die Formeln dürfen auf keinen Fall durch andere Indizes geändert werden.
3. Überprüfung der Atombilanz der fertigen Gleichung.

An einem komplizierteren Beispiel soll die Aufstellung einer Reaktionsgleichung noch einmal verdeutlicht werden:

Zur Gewinnung von Schwefeldioxid ($SO_2$) für die Schwefelsäureherstellung wurde früher Pyrit ($FeS_2$) „geröstet“, d.h. mit dem Sauerstoff ($O_2$) der Luft zur Reaktion gebracht. Dabei entstand als Nebenprodukt Eisen(III)-oxid ($Fe_2O_3$).

$$FeS_2 + O_2 \longrightarrow Fe_2O_3 + SO_2$$

Im $Fe_2O_3$ sind 2 Fe-Atome gebunden, im $FeS_2$ nur eines:

$$2\,FeS_2 + O_2 \longrightarrow Fe_2O_3 + SO_2$$

Aus 4 S-Atomen entstehen 4 $SO_2$-Moleküle:

$$2\,FeS_2 + O_2 \longrightarrow Fe_2O_3 + 4\,SO_2$$

Auf der linken Seite stehen 2 O-Atome, auf der rechten 11 O-Atome. Ein Ausgleich ist durch den Faktor 5,5 möglich.

$$2\ FeS_2 + 5{,}5\ O_2 \longrightarrow Fe_2O_3 + 4\ SO_2$$

Da es keine halben Sauerstoffmoleküle gibt, müssen alle Faktoren noch einmal mit 2 multipliziert werden. Man erhält so die richtigen Stöchiometriezahlen:

$$4\ FeS_2 + 11\ O_2 \longrightarrow 2\ Fe_2O_3 + 8\ SO_2$$

Überprüfung der Atombilanz:

8 S-Atome, 4 Fe-Atome und 22 O-Atome jeweils auf der linken und der rechten Seite der Gleichung.

## 2.5 Stoffmenge und molare Masse

Chemische Reaktionen lassen sich im allgemeinen nicht mit einzelnen Atomen oder Molekülen durchführen, sondern nur mit wägbaren Mengen.

Notwendig ist daher eine Beziehung zwischen dem Mikrobereich (den kleinsten Teilchen) und dem Makrobereich (den wägbaren Mengen).

Hierfür wurde die Stoffmenge *n* eingeführt.

Die Einheit der Stoffmenge ist das Mol (Symbol: mol).

**Stoffmenge *n*:**
1 Mol ist die Stoffmenge, die ebensoviel Teilchen enthält, wie Atome in 12 g des Kohlenstoffisotops $^{12}C$ vorhanden sind.

Teilchen können hier z.B. Atome, Moleküle, Ionen* und Elektronen* sein. Ihre Art muß immer angegeben werden.

Die Anzahl der Teilchen in einem Mol wird als *Avogadro*-Konstante $N_A$ bezeichnet.

***Avogadro*-Konstante** $N_A = 6{,}022 \cdot 10^{23}\ mol^{-1}$

Für die meisten Berechnungen ist es ausreichend, mit dem ungefähren Wert $6 \cdot 10^{23}\ mol^{-1}$ zu arbeiten.

Die Konstante ist nach dem italienischen Physiker *Amedeo Avogadro* (1776 - 1856) benannt. Der Zahlenwert der *Avogadro*-Konstante wird auch als *Loschmidt*sche Zahl bezeichnet. *Joseph Loschmidt* (1821 - 1895) war ein österreichischer Chemiker.

*Beispiele für Stoffmengen:*

$n(H) = 1\ mol$ ($6 \cdot 10^{23}$ Wasserstoffatome)

$n(H_2) = 0{,}5\ mol$ ($3 \cdot 10^{23}$ Wasserstoffmoleküle)

$n(Cl^-) = 1/3\ mol$ ($2 \cdot 10^{23}$ Chloridionen)

$n(e^-) = 0{,}1\ mol$ ($0{,}6 \cdot 10^{23}$ Elektronen)

| Basisgröße | | Basiseinheit | |
|---|---|---|---|
| Länge | *s* | Meter | m |
| Zeit | *t* | Sekunde | s |
| Masse | *m* | Kilogramm | kg |
| Stromstärke | *I* | Ampere | A |
| Temperatur | *T* | Kelvin | K |
| Lichtstärke | $I_V$ | Candela | cd |
| Stoffmenge | *n* | Mol | mol |

Das Mol gehört zu den sieben Basiseinheiten des Internationalen Einheitensystems (SI).

Die Anzahl der Teilchen in einem Mol scheint recht willkürlich festgelegt worden zu sein. Wie man den folgenden Beispielen entnehmen kann, besteht jedoch ein sehr sinnvoller Zusammenhang.

$m(C) = 12\ u$
$6 \cdot 10^{23}$ C-Atome besitzen die Masse 12 g

$m(N_2) = 28\ u$
$6 \cdot 10^{23}$ $N_2$-Moleküle besitzen die Masse 28 g

$m(H_2O) = 18\ u$
$6 \cdot 10^{23}$ $H_2O$-Moleküle besitzen die Masse 18 g

### Die molare Masse

Die molare Masse *M* stellt die Beziehung zwischen der Stoffmenge *n* und der Masse *m* her.

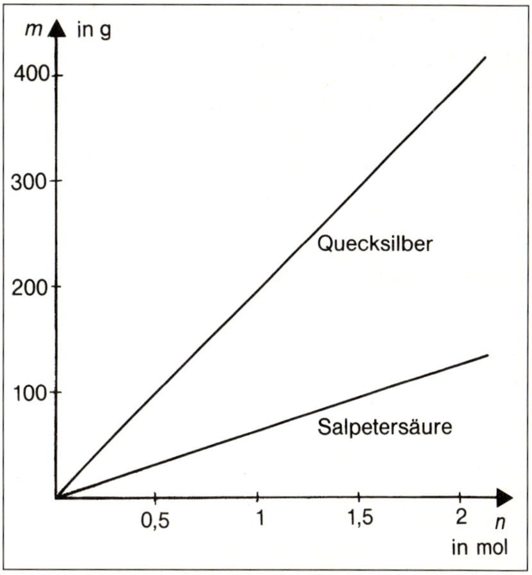


Graphische Darstellung des Zusammenhangs zwischen Stoffmenge *n* und Masse *m*

Die **molare Masse** eines Stoffes ist der Quotient aus der Masse und der Stoffmenge: $M = m/n$. Die Einheit der molaren Masse ist 1 g/mol.

*Beispiele:*

1. Quecksilber
$m(Hg) = 200{,}6$ u $\quad M(Hg) = 200{,}6$ g/mol
1 mol Quecksilber besitzt die Masse 200,6 g.

2. Natriumchlorid
$m(NaCl) = 58{,}5$ u $\quad M(NaCl) = 58{,}5$ g/mol
1 mol Natriumchlorid besitzt die Masse 58,5 g.

3. Salpetersäure
$m(HNO_3) = 63$ u $\quad M(HNO_3) = 63$ g/mol
1 mol Salpetersäure besitzt die Masse 63 g.

Der graphischen Darstellung läßt sich entnehmen:

$$m \sim n$$

Die Masse $m$ ist der Stoffmenge $n$ proportional.

$$m/n = \text{konstant} \qquad m/n = M$$

Die molare Masse ist eine stoffspezifische Größe. Der Zahlenwert der molaren Masse ist gleich der relativen Atom- bzw. Molekülmasse.

## 2.6 Gasgesetze

Das Volumen von Gasen ist sehr stark vom Druck und der Temperatur abhängig.

**Druck $p = F/A$**
$[p] = [F] / [A] = 1 \text{ N}/(1 \text{ m}^2) = 1$ Pa (Pascal)

Erläuterungen:

$p$ = Druck $\quad F$ = Kraft
$A$ = Fläche $\quad$ N = Newton

Die Einheit des Druckes ist nach dem französischen Physiker, Mathematiker und Philosophen *Blaise Pascal* (1623 - 1662) benannt.

Die Einheit der Kraft ist nach dem englischen Physiker und Mathematiker *Isaac Newton* (1643 - 1727) benannt.

Ein Druck von 1 Pa ist außerordentlich gering. So beträgt der normale Luftdruck 100000 Pa. Daher sind auch andere Druckeinheiten zulässig. Die wichtigste ist 1 bar.

$$1 \text{ bar} = 100000 \text{ Pa}$$

Die Temperatur kann in °C (Grad Celsius) oder in K (Kelvin) angegeben werden.

**Temperatur**

| | | | |
|---|---|---|---|
| Celsiusskala: | $\vartheta$ | $[\vartheta]$ | = 1 °C |
| absolute Temperatur: | $T$ | $[T]$ | = 1 K |

Die Einheiten der Temperatur sind benannt nach dem schwedischen Astronomen *Anders Celsius* (1701 - 1744) und nach *William Thomson* (Lord *Kelvin*), einem englischen Physiker, der von 1824 bis 1907 lebte.

Die beiden Temperaturskalen unterscheiden sich nur in ihren Nullpunkten:

$T = 0$ K entspricht $\vartheta = -273{,}15$ °C
$\vartheta = 0$ °C entspricht $T = 273{,}15$ K

Temperaturdifferenzen werden grundsätzlich in K angegeben.

*Beispiel:*

Steigt die Temperatur von $\vartheta = -7$ °C auf $\vartheta = +31$°C, so beträgt die Temperaturdifferenz $\Delta\vartheta = \vartheta_2 - \vartheta_1 = 38$ K (Sprechweise: Delta Theta gleich Theta 2 minus Theta 1 gleich 38 Kelvin).

### Gesetz von *Boyle* und *Mariotte*

Das Produkt aus Druck $p$ und Volumen $V$ eines Gases ist konstant.

$$p \cdot V = \text{konstant}$$

Das Gesetz wurde von dem britischen Physiker und Chemiker *Robert Boyle* (1627 - 1691) und dem französischen Physiker *Edmé Mariotte* (1620 - 1684) entdeckt.

Die Konstante ist temperatur- und stoffabhängig. Die graphische Darstellung der Gesetzmäßigkeit ergibt eine Hyperbel.

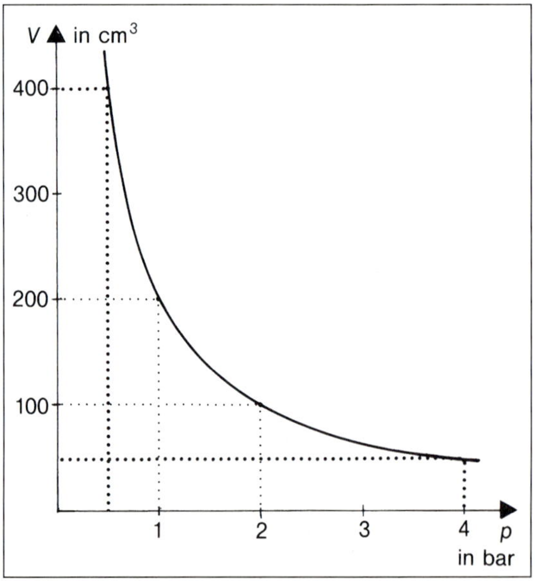


Gesetz von Boyle und Mariotte

## Gesetz von *Gay-Lussac*

Der Quotient aus Volumen *V* und absoluter Temperatur *T* eines Gases ist konstant.

$V/T$ = konstant

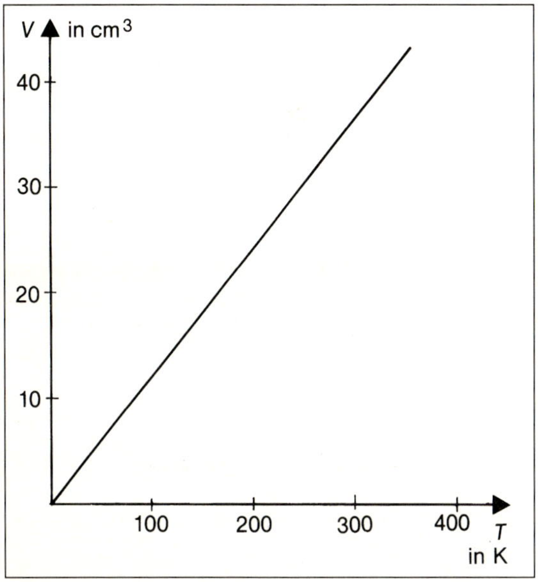


Gesetz von Gay-Lussac

Das Gesetz wurde zuerst von dem französischen Physiker und Chemiker *Louis Gay-Lussac* (1778 - 1850) entdeckt. Es wird häufig auch in der folgenden Form angegeben:

$$V_1/T_1 = V_2/T_2$$

Die Konstante ist von der Masse und vom Druck des Gases abhängig. Die graphische Darstellung der Gesetzmäßigkeit ergibt eine Gerade.

## Satz von *Avogadro*

*Avogadro** formulierte 1811 eine sehr wichtige Hypothese:

**Satz von *Avogadro*:**
Gleiche Volumina unterschiedlicher Gase enthalten bei gleichem Druck und bei gleicher Temperatur die gleiche Anzahl an Teilchen.

*Beispiele:*

1 Volumenteil Wasserstoff enthält *x* $H_2$-Moleküle

1 Volumenteil Helium enthält *x* He-Atome

1 Volumenteil Ammoniak enthält *x* $NH_3$-Moleküle

Findet eine chemische Reaktion zwischen Gasen statt, so treten immer einfache Volumenverhältnisse auf.

Gase reagieren in einfachen Volumenverhältnissen.

*Beispiele:*

1. 1 Volumenteil Wasserstoff und 1 Volumenteil Chlor reagieren zu 2 Volumenteilen Chlorwasserstoff.

2. 2 Volumenteile Wasserstoff und 1 Volumenteil Sauerstoff reagieren zu 2 Volumenteilen Wasserdampf.

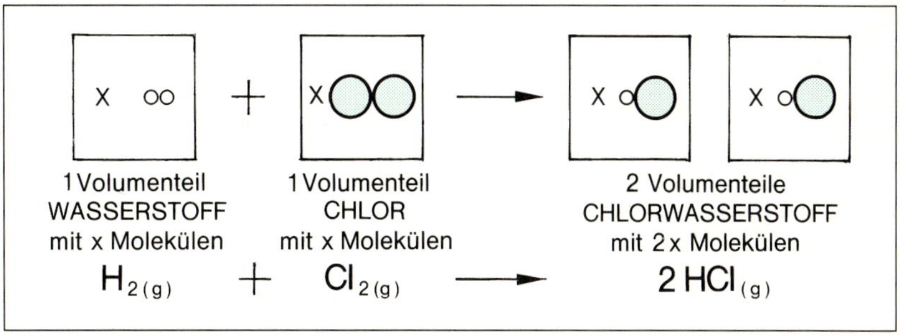


Chlorwasserstoff-Synthese

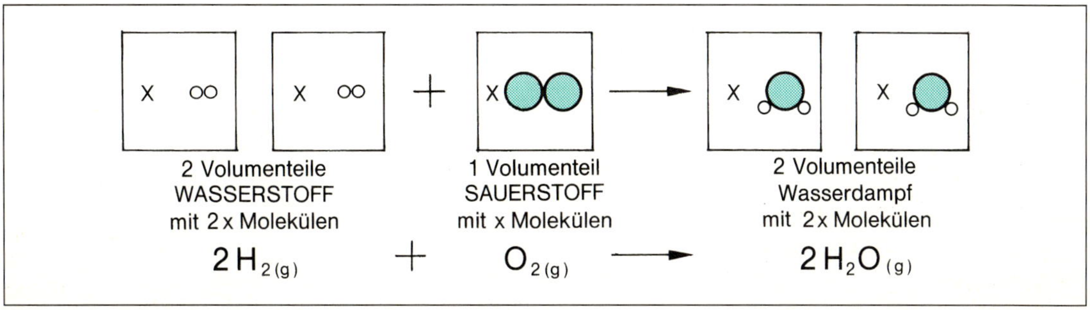


Wasser-Synthese

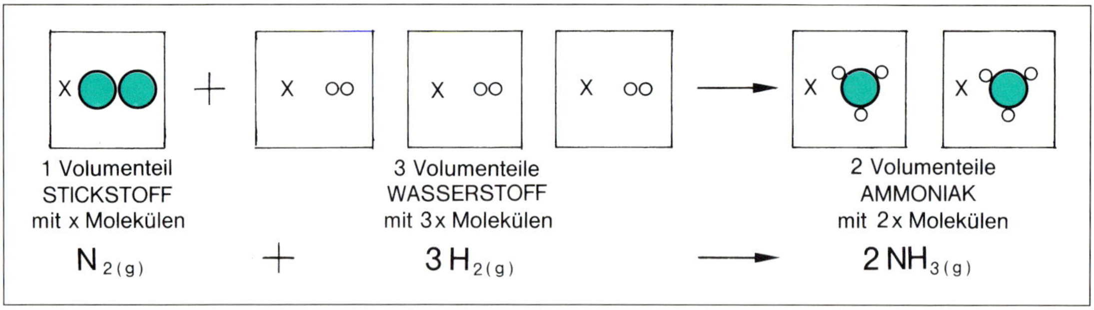


Ammoniak-Synthese

3. 1 Volumenteil Stickstoff und 3 Volumenteile Wasserstoff reagieren zu 2 Volumenteilen Ammoniak.

## Das molare Volumen

Jede Stoffmenge *n* eines Gases besitzt ein bestimmtes Volumen *V*.
Gleiche Stoffmengen unterschiedlicher Gase besitzen nach *Avogadro* bei gleichen Bedingungen das gleiche Volumen.

Ein Mol eines jeden Gases hat bei gleichen Bedingungen das gleiche Volumen.

Das Volumen, das 1 mol Teilchen (z.B. Moleküle) enthält, wird als molares Volumen $V_m$ bezeichnet.

**Molares Volumen** $V_m = V/n$
Im Normzustand (Normbedingungen)
$p = 1{,}013$ bar = 1013 hPa, $\vartheta = 0$ °C,
beträgt das molare Volumen $V_m = 22{,}4$ l/mol.

*Beispiele:*

1 mol Wasserstoff besitzt unter Normbedingungen ein Volumen von 22,4 l.

1 mol Stickstoff besitzt unter Normbedingungen ein Volumen von 22,4 l.

## Die Zustandsgleichung der Gase

Das Gesetz von *Boyle* und *Mariotte* und das Gesetz von *Gay-Lussac* lassen sich zu einer Zustandsgleichung verknüpfen.

*Boyle* und *Mariotte*: $V \sim 1/p$
($T$ und $n$ sind konstant)

*Gay-Lussac*: $V \sim T$
($p$ und $n$ sind konstant)

Man erhält: $V \sim T/p$
oder $(p \cdot V)/T = \text{konstant}$

Mit Hilfe dieser Beziehung läßt sich z.B. das Volumen $V_o$ unter Normbedingungen berechnen.

Normbedingungen: $p_o = 1{,}013$ bar
$T_o = 273{,}15$ K

$$\frac{p_0 \cdot V_0}{T_0} = \frac{p_1 \cdot V_1}{T_1} = \text{konstant}$$

*Beispiel:*

Ein Gas besitzt bei $T_1 = 293{,}15$ K ($\vartheta = 20$°C) ein Volumen $V_1 = 151$ cm³. Der Luftdruck beträgt $p_1 = 1{,}100$ bar. Wie groß ist das Volumen $V_o$ bei Normbedingungen?

$V_o = (p_1 \cdot V_1 \cdot T_o) / (p_o \cdot T_1)$

$$V_0 = \frac{1{,}100 \text{ bar} \cdot 151 \text{ cm}^3 \cdot 273{,}15 \text{ K}}{1{,}013 \text{ bar} \cdot 293{,}15 \text{ K}} = 152{,}8 \text{ cm}^3$$

Die Zustandsgleichung läßt sich auch zusammen mit dem Satz von *Avogadro* formulieren.

*Avogadro*: $V \sim n$ ($p$ und $T$ konstant)

Man erhält: $V \sim (n \cdot T) / p$

Der Proportionalitätsfaktor $R$ ist die **universelle Gaskonstante**.

**Allgemeine Zustandsgleichung der Gase**

$p \cdot V = n \cdot R \cdot T$

$$R = 0{,}08315 \frac{\text{l} \cdot \text{bar}}{\text{mol} \cdot \text{K}} = 8{,}315 \frac{\text{J}}{\text{mol} \cdot \text{K}}$$

# 2.7 Rechnen in der Chemie

Der Teilbereich der Chemie, der sich mit Berechnungen beschäftigt, wird als Stöchiometrie* bezeichnet.
In diesem Kapitel werden einige typische Aufgaben vollständig durchgerechnet. Die theoretischen Grundlagen sind in den vorstehenden Kapiteln enthalten.

1. Wieviel Wassermoleküle befinden sich in 100 cm³ Wasser? Wie groß ist die Stoffmenge?

$V(H_2O) = 100$ cm³ $N(H_2O) = ?$ $n(H_2O) = ?$

Aus dem Volumen $V$ und der Dichte $\rho$ des Wassers läßt sich die Masse $m$ berechnen:

$m(H_2O) = \rho \cdot V = 1$ g/cm³ $\cdot$ 100 cm³ = 100 g

Die molare Masse des Wassers beträgt:

$$M(H_2O) = 18\ g/mol$$

Berechnung der Stoffmenge $n$:

$n(H_2O) = m(H_2O) : M(H_2O)$
$= 100\ g : 18\ g/mol = 5{,}56\ mol$

Berechnung der Teilchenzahl (Wassermoleküle):

$N(H_2O) = n(H_2O) \cdot N_A$
$= 5{,}56\ mol \cdot 6 \cdot 10^{23}\ 1/mol = 3{,}33 \cdot 10^{24}$

Ergebnis:

In 100 $cm^3$ Wasser befinden sich $3{,}33 \cdot 10^{24}$ Wassermoleküle. Die Stoffmenge beträgt 5,56 mol.

2. Wieviel g Kohlenstoff sind in 10 g Kohlenstoffdioxid gebunden?

$m(CO_2) = 10\ g \qquad m(C) = ?$

Molare Masse von Kohlenstoffdioxid:

$M(CO_2) = M(C) + 2\ M(O)$
$= 12\ g/mol + 2 \cdot 16\ g/mol$
$= 44\ g/mol$

In 44 g $CO_2$ sind 12 g C gebunden.

Verhältnisgleichung:

$M(CO_2) : M(C) = m(CO_2) : m(C)$
$m(C) = m(CO_2) \cdot M(C) : M(CO_2) = 2{,}73\ g$

Ergebnis:

In 10 g Kohlenstoffdioxid sind 2,73 g Kohlenstoff gebunden.

3. Wieviel l Wasserstoff sind in 20 g Wasser unter Normbedingungen gebunden?

$m(H_2O) = 20\ g \qquad V(H_2) = ?$

$M(H_2O) = 2 \cdot M(H) + M(O)$
$= 2 \cdot 1\ g/mol + 16\ g/mol$
$= 18\ g/mol$

In 18 g $H_2O$ sind 2 g Wasserstoff gebunden.

2 g Wasserstoff $\hat{=}$ 1 mol $H_2$

Das Volumen von 1 mol $H_2$ beträgt 22,4 l ($V_m$).

Verhältnisgleichung:

$V_m : V(H_2) = M(H_2O) : m(H_2O)$
$V(H_2) = V_m \cdot m(H_2O) : M(H_2O) = 24{,}9\ l$

Ergebnis:

In 20 g Wasser sind unter Normbedingungen 24,9 l Wasserstoff gebunden.

4. Welche Masse besitzen 90 mmol Natriumchlorid?

$n(NaCl) = 90\ mmol \qquad m(NaCl) = ?$

$M(NaCl) = M(Na) + M(Cl)$
$= 23\ g/mol + 35{,}5\ g/mol = 58{,}5\ g/mol$

$n(NaCl) = 90\ mmol = 0{,}09\ mol$
$n(NaCl) = m(NaCl) : M(NaCl)$
$m(NaCl) = n(NaCl) \cdot M(NaCl)$
$m(NaCl) = 0{,}09\ mol \cdot 58{,}5\ g/mol = 5{,}27\ g$

Ergebnis: 90 mmol Natriumchlorid besitzen die Masse von 5,27 g.

5. Welches Volumen besitzt 1 kg Sauerstoff unter Normbedingungen?

$m(O_2) = 1\ kg \qquad V(O_2) = ?$

Molares Volumen: $V_m = V(O_2) : n(O_2)$

Stoffmenge: $n(O_2) = m(O_2) : M(O_2)$

$V(O_2) = V_m \cdot n(O_2)$
$= V_m \cdot m(O_2) : M(O_2) = 700\ l$

Ergebnis: 1 kg Sauerstoff besitzt unter Normbedingungen das Volumen von 700 l.

6. Stickstoffgas besitzt bei einer Temperatur von 20 °C und einem Druck von 1,030 bar ein Volumen von 2000 ml. Welches Volumen tritt bei 15 °C und 995 mbar auf?

$\vartheta_1 = 20\ °C \qquad \vartheta_2 = 15\ °C$
$T_1 = 293{,}15\ K \qquad T_2 = 288{,}15\ K$
$p_1 = 1{,}030\ bar \qquad p_2 = 0{,}995\ bar$
$V_1 = 2{,}0\ l \qquad V_2 = ?$

Zustandsgleichung der Gase:

$p_1 \cdot V_1 : T_1 = p_2 \cdot V_2 : T_2$
$V_2 = (p_1 \cdot V_1 \cdot T_2) : (T_1 \cdot p_2) = 2035\ ml$

Ergebnis:

Das Volumen des Stickstoffs beträgt jetzt 2035 ml.

7. Wieviel g Magnesiumoxid erhält man bei der Verbrennung von 2 g Magnesium?

$m(Mg) = 2\ g \qquad m(MgO) = ?$
$M(Mg) = 24{,}3\ g/mol \qquad M(MgO) = 40{,}3\ g/mol$

Aufstellen der Reaktionsgleichung:

$$2\ Mg + O_2 \longrightarrow 2\ MgO$$

Aus 2 mol Mg erhält man 2 mol MgO.

Aus 1 mol Mg erhält man 1 mol MgO.

Daraus folgt: $n(Mg) = n(MgO)$

$m(MgO) = n(MgO) \cdot M(MgO)$
$= n(Mg) \cdot M(MgO)$

Es gilt: $n(Mg) = m(Mg) : M(Mg)$

Einsetzen: $m(MgO) = m(Mg) \cdot M(MgO) : M(Mg)$
$= 3{,}3\ g$

Man kann auch auf diesem Weg zur Lösung kommen:

Aus 1 mol Mg erhält man 1 mol MgO.

Aus 24,3 g Mg erhält man 40,3 g MgO.

Aus 2 g Mg erhält man $x$ g MgO.

Verhältnisgleichung:

24,3 g Mg : 2 g Mg = 40,3 g MgO : *x* g MgO

*x* g MgO = 3,3 g

Ergebnis:

Bei der Verbrennung von 2 g Magnesium erhält man 3,3 g Magnesiumoxid.

8. Wieviel l Stickstoff sind zur Synthese von 10 l Ammoniak notwendig?

$V(NH_3) = 10$ l $V(N_2) = ?$

$V_m = 22{,}4$ l/mol

Reaktionsgleichung:

$$N_2 + 3\ H_2 \longrightarrow 2\ NH_3$$

Aus 1 mol Stickstoff erhält man 2 mol Ammoniak.

Aus 22,4 l Stickstoff erhält man 44,8 l Ammoniak.

Aus *x* l Stickstoff erhält man 10 l Ammoniak.

Verhältnisgleichung:

22,4 l $N_2$ : *x* l $N_2$ = 44,8 l $NH_3$ : 10 l $NH_3$

*x* l $N_2$ = 5 l

Ergebnis:

Zur Synthese von 10 l Ammoniak sind 5 l Stickstoff notwendig.

9. Wieviel g Zink sind erforderlich, um durch Reaktion mit verdünnter Schwefelsäure 0,5 l Wasserstoff unter Normbedingungen zu erhalten?

$V(H_2) = 0{,}5$ l $m(Zn) = ?$

$V_m = 22{,}4$ l/mol $M(Zn) = 65{,}39$ g/mol

Reaktionsgleichung:

$$Zn + H_2SO_4 \longrightarrow H_2 + ZnSO_4$$

Aus 1 mol Zink erhält man 1 mol Wasserstoff.

Aus 65,39 g Zink erhält man 22,4 l Wasserstoff.

Aus *x* g Zink erhält man 0,5 l Wasserstoff.

Verhältnisgleichung:

65,39 g Zn : *x* g Zn = 22,4 l $H_2$ : 0,5 l $H_2$

*x* g Zn = 1,46 g

Ergebnis:

Aus 1,46 g Zn erhält man durch Reaktion mit verdünnter Schwefelsäure 0,5 l Wasserstoff.

Weitere chemische Berechnungen finden sich in den folgenden Kapiteln dieses Bandes:

- Energetik chemischer Reaktionen
- Reaktionsgeschwindigkeit und chem. Gleichgewicht

und im zweiten Band.

# 3 Energetik chemischer Reaktionen

## 3.1 Reaktionsenthalpie

Bei allen chemischen Reaktionen treten neben stofflichen Änderungen auch Energieumsetzungen auf.

*Beispiele:*

- Bei der Verbrennung einer Kerze wird Energie in Form von Wärme und Licht frei.
- Um Quecksilberoxid in die Elemente Quecksilber und Sauerstoff zu zerlegen, ist eine ständige Zufuhr von Wärmeenergie notwendig.

Das Teilgebiet der Chemie, das sich mit den Energieänderungen bei chemischen Reaktionen beschäftigt, wird als **Thermodynamik** oder **Energetik** bezeichnet.

Jeder Stoff besitzt eine **innere Energie $U$**, die nicht mit der Temperatur des Stoffes verwechselt werden darf. Bei chemischen Reaktionen ändern sich die chemischen Energien. Meßbar sind nicht die inneren Energien selbst, sondern nur ihre Änderungen ($\Delta U$).

Die meisten chemischen Reaktionen werden bei konstantem Druck (Atmosphärendruck) durchgeführt. Die bei konstantem Druck auftretende Reaktionswärme wird als **Reaktionsenthalpie $\Delta H$** bezeichnet.
Der Begriff „Enthalpie“ stammt vom griechischen Wort *enthalpein* = heizen, das Symbol $H$ vom englischen Wort *heat* = Wärme.

Sind an einer Reaktion nur feste und flüssige Stoffe beteiligt, so ist $\Delta H$ annähernd gleich $\Delta U$.

Treten jedoch gasförmige Stoffe auf, so ist zu beachten, daß sich $\Delta H$ und $\Delta U$ um $\Delta(p \cdot V) = \Delta n \cdot R \cdot T$ unterscheiden.

Der allgemeine Zusammenhang lautet:

$$\Delta H_R = \Delta U + (p \cdot \Delta V) = \Delta U + (\Delta n \cdot R \cdot T)$$

Diese Beziehung wird als **erster Hauptsatz der Thermodynamik** bezeichnet.

Erläuterungen:

$\Delta H_R$ = Reaktionsenthalpie
$\Delta U$ = Änderung der inneren Energie
$p$ = Druck des Gases
$\Delta V$ = Volumenänderung des Gases
$\Delta n$ = Änderung der Stoffmenge des Gases
$R$ = universelle Gaskonstante*
$T$ = absolute Temperatur*

Bei chemischen Reaktionen unterscheidet man zwischen **exothermen** und **endothermen** Reaktionen.

Bei einer exothermen Reaktion ist die innere Energie der Produkte kleiner als die innere Energie der Edukte.

Der Begriff „exotherm“ kommt vom griechischen Wort *exo* = heraus.

Bei der exothermen Reaktion wird Wärme (Energie) freigesetzt. Die Reaktionsenthalpie $\Delta H_R$ erhält ein negatives Vorzeichen.

Bei einer endothermen Reaktion ist die innere Energie der Produkte größer als die innere Energie der Edukte.

Der Begriff „endotherm“ kommt vom griechischen Wort *endo* = hinein.

Bei der endothermen Reaktion wird Wärme (Energie) aufgenommen. Die Reaktionsenthalpie $\Delta H_R$ erhält ein positives Vorzeichen.

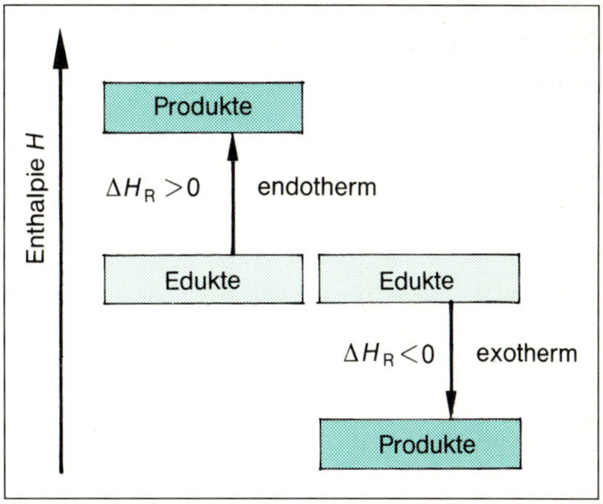


Exotherme und endotherme Reaktionen

Reaktionsenthalpien sind druck- und temperaturabhängig. Sie werden auf den **Standardzustand** (Standardbedingungen) bezogen:

$\vartheta = 25\ °C$

$p = 1{,}013\ bar = 1013\ hPa$

Man kennzeichnet die Standardbedingungen durch eine hochgestellte Null. Der Betrag der Reaktionsenthalpie bezieht sich immer auf den mit der Gleichung angegebenen molaren Formelumsatz.

$\Delta H_R°$ ist die molare Standardreaktionsenthalpie, die häufig nur als **Reaktionsenthalpie** bezeichnet wird.

Die Einheit der Reaktionsenthalpie ist 1 Joule (1 J). Die Einheit der Energie (bzw. Enthalpie) ist nach dem englischen Physiker und Brauereibesitzer *James Prescott Joule* (1818 - 1889) benannt. Bei der Angabe der Reaktionsenthalpie bezieht sich der Zahlenwert immmer auf die in der Gleichung festgelegten Stoffmengen.

*Beispiele:*

1. Verbrennung von Kohlenstoff

$C(s) + O_2(g) \longrightarrow CO_2$

$\Delta H_R^\circ = -394$ kJ (exotherme Reaktion)

2. Zerlegung von Quecksilberoxid

$2\,HgO(s) \longrightarrow 2\,Hg(l) + O_2(g)$

$\Delta H_R^\circ = +181$ kJ (endotherme Reaktion)

## Experimentelle Bestimmung von Reaktionsenthalpien

Reaktionsenthalpien werden in isolierten Gefäßen (Kalorimetern) ermittelt. Die bei einer exothermen Reaktion auftretende Wärmemenge $Q$ führt zu einem Temperaturanstieg $\Delta\vartheta$ des im Gefäß befindlichen Wassers mit der Masse $m$. Die abgegebene Wärmemenge $Q$ läßt sich berechnen:

**Wärmemenge $Q = c_{H_2O} \cdot m \cdot \Delta\vartheta$**

$c_{H_2O}$ = spezifische Wärmekapazität des Wassers

$c_{H_2O} = 4{,}18$ kJ/(kg · K)

$m$ = Masse des Wassers (in kg)

$\Delta\vartheta$ = Temperaturänderung des Wassers (in K)

Auch für verdünnte wäßrige Lösungen läßt sich die spezifische Wärmekapazität des Wassers verwenden. Bezieht man die gemessene Wärmemenge auf ein Mol, so erhält man die molare Reaktionsenthalpie.

Das Produkt aus spezifischer Wärmekapazität $c$ und Masse $m$ wird als Wärmekapazität $C$ bezeichnet. Bei genauen Messungen muß auch die Wärmekapazität des Kalorimeters berücksichtigt werden.

*1. Beispiel*

**Reaktionsenthalpie der Bildung von Eisensulfid**

$Fe + S \longrightarrow FeS \qquad \Delta H_R = ?$

Ein Gemisch aus 2,8 g Eisen und 1,6 g Schwefel (jeweils 0,05 mol) werden in ein Reagenzglas gefüllt. Dieses wird in ein größeres Reagenzglas gestellt und in ein Kalorimeter gebracht, das mit 300 g Wasser der Temperatur 21,2 °C gefüllt ist. Die Reaktion wird durch eine glühende Stricknadelspitze ausgelöst. Das Wasser im Kalorimeter wird gerührt und nach einiger Zeit die höchste Temperatur von 25,1 °C abgelesen.

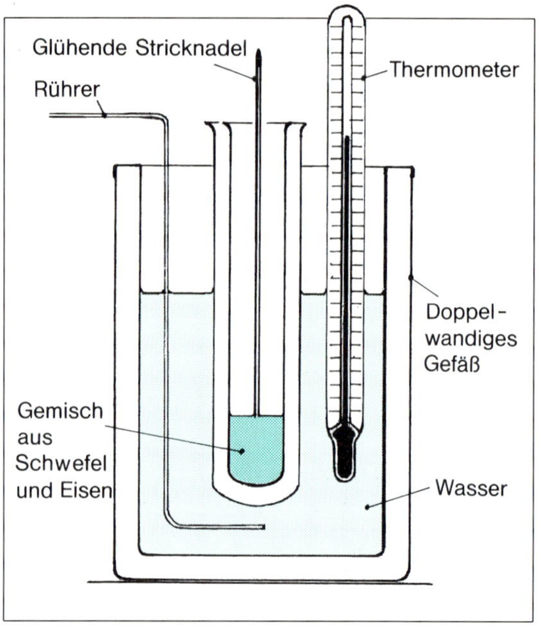


Kalorimeter

$m = 0{,}3$ kg

$\vartheta_1 = 21{,}2$ °C, $\vartheta_2 = 25{,}1$ °C $\Big\}$ $\Delta\vartheta = 3{,}9$ K

$Q = c_{H_2O} \cdot m \cdot \Delta\vartheta$

$Q = 4{,}18$ kJ/(kg · K) · 0,3 kg · 3,9 K
$= 4{,}9$ kJ

Die Reaktionsenthalpie bezieht sich auf ein Mol. Der erhaltene Wert muß daher mit 20 multipliziert werden.

Da es sich um eine exotherme Reaktion handelt, ist $\Delta H_R = -98$ kJ.

Der Literaturwert beträgt $\Delta H_R^\circ = -100$ kJ.

*2. Beispiel*

**Molare Neutralisationsenthalpie**

Eine Neutralisation ist eine Reaktion zwischen einer Säure und einer Base. In wäßriger Lösung reagieren dabei die Oxoniumionen $H_3O^+$ der Säure mit den Hydroxidionen $OH^-$ der Base zu Wasser:

$H_3O^+(aq) + OH^-(aq) \longrightarrow 2\,H_2O(l) \qquad \Delta H_R = ?$

Das Symbol (aq) bedeutet, daß sich die angegebenen Teilchen in wäßriger Lösung befinden. Es stammt vom lateinischen Wort *aqua* = Wasser.

In einem Kalorimeter werden 100 ml ($m$ = 100 g) Salzsäure der Konzentration $c$ = 1 mol/l und 100 ml ($m$ = 100 g) Natronlauge der Konzentration $c$ = 1 mol/l mit einer Ausgangstemperatur von 20,3 °C gemischt. Es stellt sich eine Endtemperatur von 26,9 °C ein.

$m = 0{,}2$ kg

$$\left.\begin{array}{l}\vartheta_1 = 20{,}3\ ^\circ C \\ \vartheta_2 = 26{,}9\ ^\circ C\end{array}\right\} \Delta\vartheta = 6{,}6\ K$$

$Q = c_{H_2O} \cdot m \cdot \Delta\vartheta$

$Q = 4{,}18\ kJ/(kg \cdot K) \cdot 0{,}2\ kg \cdot 6{,}6\ K = 5{,}52\ kJ$

Der erhaltene Wert muß mit 10 multipliziert werden.

Da es sich bei der Neutralisation um eine exotherme Reaktion handelt, ist $\Delta H_R = -55{,}2$ kJ.

Der Literaturwert beträgt $\Delta H_R^\circ = -56$ kJ.

## 3.2 Standardbildungsenthalpie

Die Enthalpien der Stoffe sind nicht meßbar. Feststellbar sind die Enthalpieänderungen. So wurden die Enthalpien der Elemente im Standardzustand* willkürlich gleich null gesetzt.

Reagieren nun Elemente im Standardzustand, so bezeichnet man die pro Mol auftretende Enthalpieänderung als
**molare Standardbildungsenthalpie $\Delta H_f^\circ$.**

Der Index *f* kommt vom englischen Wort *formation* = Bildung.

Treten in einer Reaktion Ionen* auf, so ist zu beachten, daß die Bestimmung der Standardbildungsenthalpie einer einzelnen Ionensorte nicht möglich ist.

Die molare Standardbildungsenthalpie des $H^+$-Ions in wäßriger Lösung wurde mit null festgelegt. So konnten die Bildungsenthalpien anderer Ionen angegeben werden.

Mit Hilfe der molaren Standardbildungsenthalpien lassen sich molare Reaktionsenthalpien $\Delta H_R^\circ$ berechnen.

Man erhält die Reaktionsenthalpie, indem man von der Summe der Bildungsenthalpien der Produkte die Summe der Bildungsenthalpien der Edukte subtrahiert.

$$\Delta H_R^\circ = \sum \Delta H_f^\circ \text{ (Produkte)} - \sum \Delta H_f^\circ \text{ (Edukte)}$$

*Beispiele:*

1. Reaktion zwischen Magnesium und Kohlenstoffdioxid

$$2\ Mg(s) + CO_2(g) \longrightarrow 2\ MgO(s) + C(s)$$

$\Delta H_f^\circ(Mg) = 0$ $\quad \Delta H_f^\circ(MgO) = -601$ kJ/mol

$\Delta H_f^\circ(CO_2) = -393$ kJ/mol $\quad \Delta H_f^\circ(C) = 0$

$\Delta H_R^\circ = 2\ (-601\ kJ) - (-393\ kJ) = -809\ kJ$

2. Reaktion zwischen Bariumionen und Sulfationen

$$Ba^{2+}(aq) + SO_4^{2-}(aq) \longrightarrow BaSO_4(s)$$

$\Delta H_f^\circ(BaSO_4) = -1473$ kJ/mol

$\Delta H_f^\circ(Ba^{2+}) = -538$ kJ/mol

$\Delta H_f^\circ(SO_4^{2-}) = -909$ kJ/mol

$\Delta H_R^\circ = -1473\ kJ - [-538\ kJ + (-909\ kJ)]$
$= -26\ kJ$

**Molare Standardbildungsenthalpien in kJ/mol**

| | |
|---|---|
| $Al_2O_3(s)$ | −1676 |
| $NH_3(g)$ | −46 |
| $NH_4^+(aq)$ | −132 |
| $Ba^{2+}(aq)$ | −538 |
| $BaSO_4(s)$ | −1473 |
| $Pb^{2+}(aq)$ | −2 |
| $PbO(s)$ | −217 |
| $Br^-(aq)$ | −121 |
| $HBr(g)$ | −36 |
| $Ca^{2+}(aq)$ | −543 |
| $CaCO_3(s)$ | −1207 |
| $CaSO_4(s)$ | −1434 |
| $Cl^-(aq)$ | −167 |
| $HCl(g)$ | −92 |
| $Fe^{2+}(aq)$ | −89 |
| $Fe^{3+}(aq)$ | −49 |
| $Fe_2O_3(s)$ | −824 |
| $FeS(s)$ | −100 |
| $K^+(aq)$ | −251 |
| $CO(g)$ | −111 |
| $CO_2(g)$ | −393 |
| $CO_3^{2-}(aq)$ | −677 |
| $CS_2(l)$ | +90 |
| $Cu^{2+}(aq)$ | +65 |
| $CuO(s)$ | −157 |
| $Mg^{2+}(aq)$ | −467 |
| $MgO(s)$ | −601 |
| $Na^+(aq)$ | −240 |
| $S^{2-}(aq)$ | +33 |
| $SO_2(g)$ | −297 |
| $SO_4^{2-}(aq)$ | −909 |
| $Ag^+(aq)$ | +106 |
| $SiO_2(s)$ | −911 |
| $NO(g)$ | +90 |
| $NO_2(g)$ | +33 |
| $H^+(aq)$ | 0 |
| $OH^-(aq)$ | −230 |
| $H_3O^+(aq)$ | −285 |
| $H_2O(l)$ | −285 |
| $Zn^{2+}(aq)$ | −154 |

## 3.3 Satz von *Hess*

Oft ist es nicht möglich, Reaktionsenthalpien direkt zu bestimmen. Dafür können z.B. experimentelle Gründe verantwortlich sein.

Nach dem Satz von *Hess* hängt die Reaktionsenthalpie nicht vom Weg ab, auf dem man zu einem bestimmten Produkt gelangt. Es ist gleich, ob man direkt oder auf einem Umweg zu einem Stoff kommt.

**Satz von *Hess*:** Die Enthalpieänderung einer Reaktion hängt nicht vom Reaktionsweg ab, sondern nur vom Ausgangs- und Endzustand eines Systems.

*Germain Henri Hess* (1802 - 1850) war ein russischer Chemiker, der 1840 die nach ihm benannte Gesetzmäßigkeit fand. Sie wird auch als **Gesetz der konstanten Wärmesummen** bezeichnet.

*Beispiel:*

Die Reaktionsenthalpie der Verbrennung von Kohlenstoff zu Kohlenstoffmonoxid läßt sich nur ungenau bestimmen, da immer auch Kohlenstoffdioxid entsteht.

A: $C(s) + 1/2\ O_2(g) \longrightarrow CO(g) \qquad \Delta H_R°(A) = ?$

Bekannt sind die Reaktionsenthalpien für die Oxidation von Kohlenstoff bzw. Kohlenstoffmonoxid zu Kohlenstoffdioxid:

B: $C(s) + O_2(g) \longrightarrow CO_2(g)$
$\Delta H_R°(B) = -393$ kJ

C: $CO(g) + 1/2\ O_2(g) \longrightarrow CO_2(g)$
$\Delta H_R°(C) = -282$ kJ

Nach *Hess* erhält man für die molare Reaktionsenthalpie (Reaktion A):

$$\begin{aligned}\Delta H_R°(A) &= \Delta H_R°(B) - \Delta H_R°(C)\\ &= -393\ \text{kJ} - (-282\ \text{kJ})\\ &= -111\ \text{kJ}\end{aligned}$$

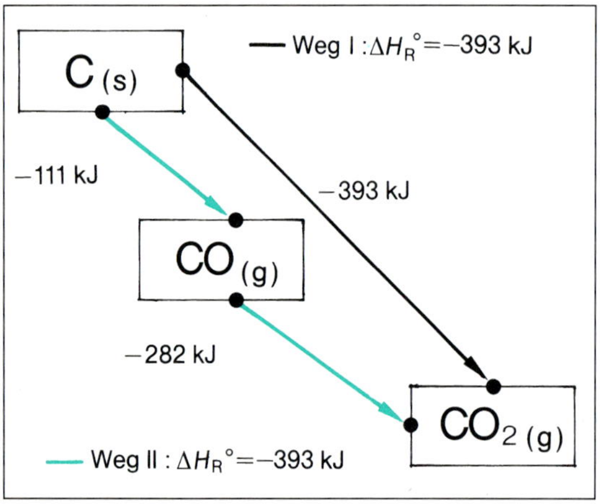


Satz von Hess

## 3.4 Entropie und freie Enthalpie

Viele Vorgänge in der Natur laufen stets in einer bestimmten Richtung ab. So oxidieren z.B. Metalle selbsttätig. Der umgekehrte Vorgang, daß aus Oxiden wieder Metalle entstehen, wird nicht beobachtet. Gase breiten sich spontan in einem Vakuum aus; der umgekehrte Vorgang tritt nicht auf. Nach dem ersten Hauptsatz* der Thermodynamik sollte dies nicht unmöglich sein. In der Mitte des vorigen Jahrhunderts glaubte man, daß Vorgänge dann bevorzugt ablaufen, wenn die negative Reaktionsenthalpie besonders groß wäre, d.h., wenn sie einem Minimum der Energie zustreben.

Danach dürften aber nur exotherme Vorgänge spontan ablaufen. Dies widerspricht allerdings den Erfahrungen. Wasser verdunstet beispielsweise freiwillig, obwohl dazu Energie notwendig ist.

Die Enthalpieänderung kann daher nicht der einzige Grund sein, warum bestimmte Vorgänge vorzugsweise in einer Richtung ablaufen.

Bringt man zwei Gase in einen Raum, so werden sie sich nach einiger Zeit durch Diffusion gleichmäßig verteilen.

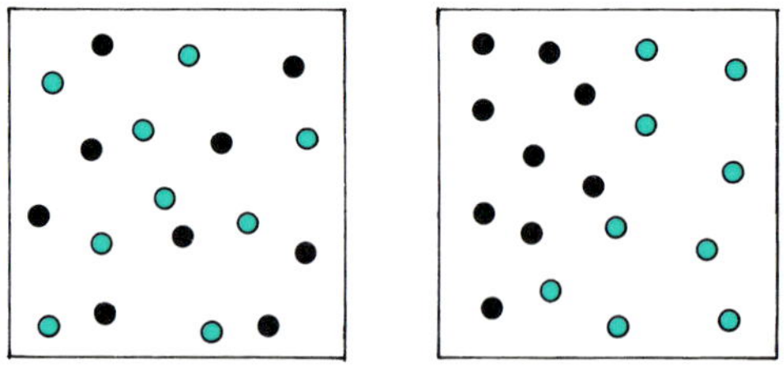


Anordnung zweier Gase in einem Raum

Die Unordnung ist nach dem Vermischen der beiden Gase größer geworden. Der ungeordnete Zustand ist statistisch betrachtet von größerer Wahrscheinlichkeit.

Als Maß für die „Unordnung", d.h. wahrscheinlichere Anordnung eines Systems dient die **Entropie *S*.**

Diese Zustandsfunktion wurde zuerst von *Clausius* eingeführt, der sie theoretisch herleitete.

*Rudolf Clausius* war ein deutscher Physiker, der von 1822 bis 1888 lebte.

**Thermodynamische Definition der Entropie**

$$\Delta S = \Delta Q / T$$

$\Delta S$ = Entropieänderung

$\Delta Q$ = aufgenommene bzw. abgegebene Wärme bei einem reversiblen (umkehrbaren) Vorgang

$T$ = absolute Temperatur

Der Entropiebegriff wurde von dem österreichischen Physiker *Ludwig Boltzmann* (1844 - 1906) aufgegriffen und mit der thermodynamischen Wahrscheinlichkeit gedeutet.

**Statistische Definition der Entropie**

$$S = k \cdot \ln W$$

$k$ = *Boltzmann*-Konstante

$\ln W$ = natürlicher Logarithmus der Wahrscheinlichkeit

$k = R/N_A = 1{,}38 \cdot 10^{-23}$ J/K

$R$ = universelle Gaskonstante*

$N_A$ = *Avogadro*-Konstante*

Eine Entropiezunahme während einer chemischen Reaktion bedeutet, daß ein System von einem weniger wahrscheinlichen in einen wahrscheinlichen Zustand übergeht.

Für spontan ablaufende Reaktionen in einem abgeschlossenen System* gilt daher:

Bei einer spontan ablaufenden chemischen Reaktion nimmt die Entropie zu. $\Delta S > 0$

Eine Reaktion läuft bevorzugt in der Richtung ab, in der eine Zunahme der Entropie erfolgt.

*Beispiel:*

$$2\ HgO(s) \longrightarrow 2\ Hg(l) + O_2(g)$$

Aus einem festen Stoff entstehen ein flüssiger und ein gasförmiger Stoff. Die „Unordnung" nimmt zu, die Entropie wird größer.

Die Entropien der Stoffe lassen sich bestimmen. Bezieht man sie auf ein Mol im Standardzustand, werden sie als **molare Standardentropien $S°$** bezeichnet.

**Molare Standardentropien $S°$ in J/(mol · K)**

| | | | |
|---|---|---|---|
| $H_2(g)$ | 131 | $Cu(s)$ | 33 |
| $O_2(g)$ | 205 | $CuO(s)$ | 43 |
| $H_2O(l)$ | 70 | $SO_2(g)$ | 248 |
| $H_2O(g)$ | 189 | $H_3O^+(aq)$ | 0 |
| $C(s)$ | 6 | $Na^+(aq)$ | 59 |
| $HgO(s)$ | 70 | $Cl^-(aq)$ | 57 |
| $Hg(l)$ | 76 | $Ca^{2+}(aq)$ | – 53 |
| $N_2(g)$ | 192 | $OH^-(aq)$ | – 11 |
| $NH_3(g)$ | 192 | $CO_3^{2-}(aq)$ | – 57 |
| $CO_2(g)$ | 214 | | |

Mit Hilfe der molaren Standardentropien $S°$ läßt sich die **molare Standard-Reaktionsentropie $\Delta S_R°$** berechnen.

$$\Delta S^o_R = \sum S^o\ (\text{Produkte}) - \sum S^o\ (\text{Edukte})$$

*Beispiele:*

1. Zerlegung von Quecksilberoxid

$$2\ HgO(s) \longrightarrow 2\ Hg(l) + O_2(g)$$

$\Delta S_R° = 2 \cdot S°[Hg(l)] + S°[O_2(g)] - 2 \cdot S°[HgO(g)]$
$\Delta S_R° = 2 \cdot 76$ J/ K $+ 205$ J/K $- 2 \cdot 70$ J/K
$\Delta S_R° = +217$ J/ K

(Zunahme der Entropie)

2. Oxidation von Kupfer

$$2\ Cu(s) + O_2(g) \longrightarrow 2\ CuO(s)$$

$\Delta S_R° = 2 \cdot S°[CuO(s)] - \{2 \cdot S°[Cu(s)] + S°[O_2(g)]\}$
$\Delta S_R° = 2 \cdot 43$ J/K $- 2 \cdot 33$ J/K $- 205$ J/K
$\Delta S_R° = -185$ J/K

(Abnahme der Entropie)

## Die freie Enthalpie

Der Ablauf chemischer Reaktionen wird durch Enthalpie- und Entropieänderungen beeinflußt. Die beiden Zustandsgrößen wurden von *Willard Gibbs*, einem amerikanischen Mathematiker und Physikochemiker (1839 - 1903) zusammengefaßt. Man bezeichnet die neue Zustandsfunktion als freie Enthalpie $G$.

**Freie Enthalpie** $\Delta G = \Delta H - T \cdot \Delta S$

Dieser Zusammenhang wird als ***Gibbs-Helmholtz*-Gleichung** bezeichnet.

Die Änderung der freien Enthalpie einer Reaktion unter Standardbedingungen und auf ein Mol bezogen wird als **freie molare Standardreaktionsenthalpie $\Delta G_R°$** bezeichnet. Die *Gibbs-Helmholtz*-Gleichung nimmt die folgende Form an:

$$\Delta G_R° = \Delta H_R° - T \cdot \Delta S_R°$$

Die freien Reaktionsenthalpien lassen sich berechnen. $\Delta G_R°$ kann positiv oder negativ sein.

$\Delta G_R° < 0$: Reaktion ist exergonisch (die freie Enthalpie nimmt ab)
$\Delta G_R° > 0$: Reaktion ist endergonisch (die freie Enthalpie nimmt zu)

Mit Hilfe der Änderung der freien Reaktionsenthalpie läßt sich entscheiden, ob eine Reaktion spontan ablaufen kann.

Eine Reaktion läuft nur dann spontan ab, wenn die Änderung der freien Enthalpie negativ ist, d.h., wenn sie exergonisch ist.

*Beispiel:*

Magnesiumkationen und Carbonatanionen reagieren spontan miteinander unter Bildung von schwerlöslichem Magnesiumcarbonat, obwohl diese Fällungsreaktion endotherm ist.

$Mg^{2+}(aq) + CO_3^{2-}(aq) \longrightarrow MgCO_3(s)$
$\Delta H_R^\circ = + 25 \text{ kJ}$

Der scheinbare Widerspruch löst sich auf, wenn man die freie molare Standardreaktionsenthalpie berechnet:

$\Delta G_R^\circ = \Delta H_R^\circ - T \cdot \Delta S_R^\circ$
$\Delta G_R^\circ = + 25 \text{ kJ} - 298 \text{ K} \cdot 0{,}238 \text{ J/K}$
$\Delta G_R^\circ = - 46 \text{ kJ}$

Die Reaktion ist exergonisch; sie wird spontan ablaufen.

## Die freie Standardbildungsenthalpie $\Delta G_f^\circ$

Die freie Standardbildungsenthalpie gibt die Änderung der freien Enthalpie bei der Bildung einer Verbindung aus den Elementen im Standardzustand an. Die freien Standardbildungsenthalpien der Elemente sind null.

**Molare freie Standardbildungsenthalpien in kJ/mol**

| | | | |
|---|---|---|---|
| $H_2O$ | – 237 | CO | – 137 |
| HCl | – 95 | $CO_2$ | – 394 |
| $SO_2$ | – 300 | $Al_2O_3$ | – 1576 |
| $SO_3$ | – 370 | $Fe_2O_3$ | – 741 |
| NO | + 87 | CuO | – 127 |
| $NO_2$ | + 52 | $NH_3$ | – 16 |

Aus den freien Standardbildungsenthalpien $\Delta G_f^\circ$ lassen sich die freien Standardreaktionsenthalpien $\Delta G_R^\circ$ berechnen:

$$\Delta G_R^o = \sum \Delta G_f^o \text{ (Produkte)} - \sum \Delta G_f^o \text{ (Edukte}$$

*Beispiel:*

Oxidation von Stickstoffmonoxid

$$2 \text{ NO} + O_2 \longrightarrow 2 \text{ NO}_2$$

$\Delta G_R^\circ = 2 \cdot \Delta G_f^\circ(NO_2) - 2 \cdot \Delta G_f^\circ(NO) + \Delta G_f^\circ(O_2)$
$\Delta G_R^\circ = 2 \cdot 52 \text{ kJ} - (2 \cdot 87 \text{ kJ} + 0 \text{ kJ})$
$\Delta G_R^\circ = - 70 \text{ kJ}$

# 4 Atombau

## 4.1 Atommodelle von *Dalton* und *Thomson*

Bereits die griechischen Philosophen machten sich Gedanken über den Aufbau der Materie. *Leukipp* (um 450 v.Chr.) und sein Schüler *Demokrit* (ca. 460 - 370 v.Chr.) zählen zu den Begründern des atomistischen Weltbildes. Danach bestehen alle Stoffe aus einzelnen Teilchen, den **Atomen**, zwischen denen sich leerer Raum befindet. Der Begriff „Atom" stammt vom griechischen Wort *atomos* = unteilbar.

Bis in die Neuzeit hinein gab es keine wesentlichen Erweiterungen dieser Modellvorstellung.

Die Entdeckung der Verbindungsgesetze der Chemie Ende des 18. Jahrhunderts führte zu einer ersten Atomhypothese, die experimentell untermauert werden konnte.
*Dalton** faßte 1808 die damals bekannten Tatsachen in seiner Schrift „A new System of Chemical Philosophy" zusammen.

**Dalton-Atommodell**

- Atome sind kleine, kugelförmige, gleichmäßig mit Materie gefüllte, elastische Körper.
- Atome eines Elements sind gleich.
- Unterschiedliche Elemente enthalten unterschiedlich schwere Atome.
- Atome können sich verbinden und auch wieder getrennt werden.
- Atome bleiben bei chemischen Reaktionen unverändert.

Dieses *Dalton*-Atommodell ist in der Lage, eine Reihe von Erscheinungen gut zu deuten. Es wird auch heute noch dafür verwendet (Teilchenmodell):
- Masse und Größe der Atome
- Gesetz von der Erhaltung der Masse*
- Gesetz der konstanten Proportionen*
- Gesetz der multiplen Proportionen*
- Gasgesetze
- Aggregatzustände

Ende des 19. Jahrhunderts zeigte es sich, daß mit dem *Dalton*-Atommodell viele Experimente der Physik und Chemie nicht gedeutet werden konnten.

1858 wurden die **Kathodenstrahlen** entdeckt. Diese Strahlen ließen sich durch elektrische und magnetische Felder ablenken. Sie mußten aus der Materie stammen und selbst Masse und Ladung aufweisen. Sie wurden später als **Elektronenstrahlen** bezeichnet.

Dem englischen Physiker *Joseph John Thomson* (1856 - 1940) gelang es 1897, die **spezifische Ladung** $e/m_e$ zu bestimmen.
$e$ = Ladung des Elektrons
$m_e$ = Masse des Elektrons

$$e/m_e = 1{,}76 \cdot 10^{11}\ \text{C/kg}$$

Die Ladung des Elektrons (**Elementarladung**) konnte bereits 1881 von dem deutschen Physiker und Mediziner *Hermann Helmholtz* (1821 - 1894) berechnet werden.

**Elementarladung $e$ = 1,6 · 10$^{-19}$ C**

Die Einheit der Ladung ist 1 C (Coulomb). Sie ist benannt nach dem französischen Physiker *Charles Augustin Coulomb* (1736 - 1806).

*Helmholtz* erhielt seine Ergebnisse aus Elektrolyseversuchen (**Elektrolyse** = Zerlegung eines Stoffes mit Hilfe des elektrischen Stromes).
So ist beispielsweise zur Abscheidung von 1 mol Silber aus einer Silbernitratlösung eine Ladungsmenge von 9,65 · 10$^4$ C notwendig. Dieser Wert wird als ***Faraday*-Konstante *F*** bezeichnet.

$$F = 9{,}65 \cdot 10^4\ \text{C/mol}$$

Sie ist benannt nach dem englischen Physiker und Chemiker *Michael Faraday* (1791 - 1867).

Zwischen *Faraday*-Konstante $F$, *Avogadro*-Konstante $N_A$ und Elementarladung $e$ besteht ein einfacher Zusammenhang:

$$F = e \cdot N_A$$

Aus der spezifischen Ladung $e/m_e$ und der Ladung des Elektrons $e$ konnte die Masse des Elektrons $m_e$ berechnet werden:

**Elektronenmasse $m_e$ = 9,1 · 10$^{-31}$ kg**

Interessant ist hier der Vergleich mit dem Wasserstoffatom, dem leichtesten aller Atome:

$$m_e \approx 1/2000\ m(\text{H})$$

Die Existenz des Elektrons als Bestandteil des Atoms war mit dem Atommodell von *Dalton* nicht vereinbar. Dazu kam 1896 die Entdeckung der **radioaktiven Strahlen** durch den französischen Physiker *Henri Becquerel* (1852 - 1908). Diese Strahlung, die im Abschnitt „Atomkerne" genauer erläutert wird, stammt ebenfalls aus den Atomen.

1904 faßte *J. J. Thomson** die damals bekannten Ergebnisse zusammen und formulierte die nach ihm benannte Atomvorstellung:

***Thomson*-Atommodell**

- Atome sind kleine Kugeln.
- Die Atome sind gleichmäßig mit Masse und positiver Ladung ausgefüllt.
- Negativ geladene Elektronen sind in der Atommasse eingebettet.
- Elektronen können von den Atomen abgegeben und aufgenommen werden.

## 4.2 Atommodell von *Rutherford*

Der deutsche Physiker *Philipp Lenard* (1862 - 1947) stellte bereits 1894 fest, daß Kathodenstrahlen (die aus Elektronen bestehen) aus einer Entladungsröhre in der Lage sind, eine dünne Aluminiumfolie zu durchdringen. Die Dicke der 0,002 mm starken Folie entspricht etwa 7500 Aluminiumatomen. Da man annehmen muß, daß die Atome dicht gepackt liegen, müssen die Elektronen durch die Atome hindurchgeflogen sein. Diese Vorstellung stand allerdings im Widerspruch zu den Atommodellen von *Dalton* und *Thomson*, nach denen Atome vollständig mit Materie gefüllt sein sollen.

Der englische Physiker *Ernest Rutherford* (1871 - 1937) vertiefte diese Untersuchungen. Statt Elektronen verwendete er Alphastrahlen ( α-Strahlen). Diese Strahlen gehören zu den **radioaktiven Strahlen***, die z.B. vom Element Radium abgegeben werden. Die α-Teilchen der Strahlung sind Heliumionen $He^{2+}$ (Atomkerne des Heliums). Sie besitzen eine wesentlich größere Masse als die Elektronen.

*Rutherford* ließ α-Strahlen aus einem Radiumpräparat auf dünne Metallfolien (z.B. aus Gold) treffen. Der größte Teil der Strahlung ging ungehindert durch das Metall, ein geringer Teil wurde abgelenkt bzw. reflektiert („gestreut").

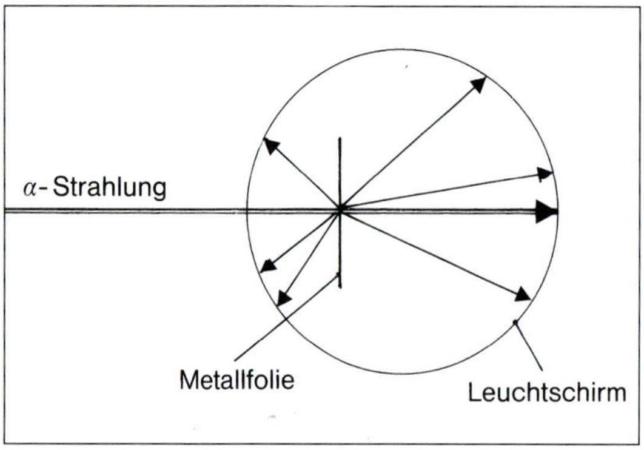


Streuversuch von Rutherford

Schlußfolgerungen aus *Rutherfords* Streuversuch:

- Atome müssen zum größten Teil leer sein (Bestätigung des Versuchs von *Lenard*).
- Die starke Ablenkung der Strahlung kann nicht durch die Elektronen der Metallatome erfolgen (großer Massenunterschied).
- Die Ablenkungen sind nur dadurch zu erklären, daß im Atom ein kleiner Bereich mit relativ großer Masse und positiver Ladung vorhanden sein muß. Da die α-Teilchen ebenfalls positiv geladen sind, treten elektrostatische Abstoßungskräfte auf.

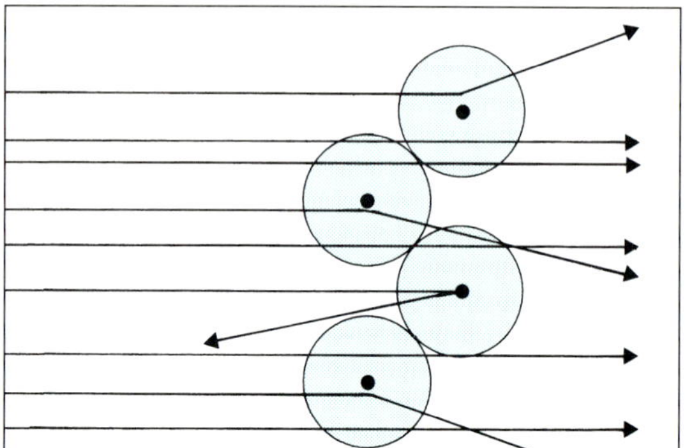

Streuung der α-Teilchen

1911 veröffentlichte *Rutherford* das nach ihm benannte Atommodell:

***Rutherford*-Atommodell**

- Die positive Ladung und fast die gesamte Masse des Atoms befinden sich im sehr kleinen Zentrum des Atoms, dem Atomkern.
- Da das Atom ungeladen ist und der Kern eine positive Ladung aufweist, müssen sich im übrigen Bereich des Atoms (Atomhülle) die negativ geladenen Elektronen befinden.
- Damit die Elektronen nicht auf den Kern stürzen, kreisen sie um den Atomkern (wie die Planeten um die Sonne). Die elektrostatische Anziehungskraft und die Fliehkraft sind dabei dem Betrage nach gleich groß.
- Während die Atomhülle einen Durchmesser von ca. $10^{-10}$ m aufweist, beträgt der Kerndurchmesser nur ca. $10^{-14}$ m.

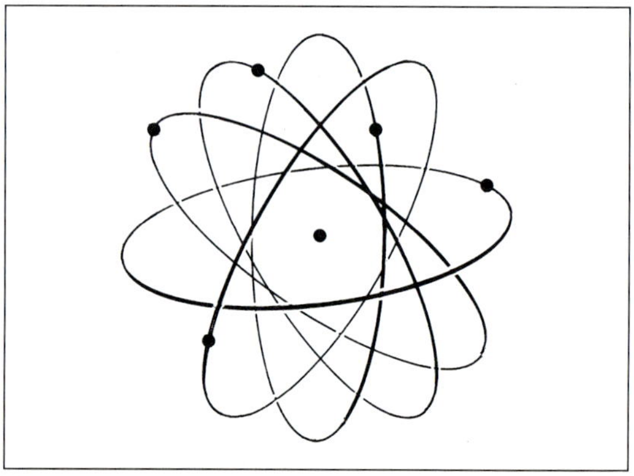

Kern-Hülle-Modell (Planetenmodell) von *Rutherford*

So verdienstvoll die Modellvorstellung von *Rutherford* auch war, so zeigten sich auch hier bald Widersprüche zur klassischen Physik.

Bewegte Elektronen erzeugen ein Magnetfeld. Verändert sich dieses Magnetfeld, wird ein elektrisches Feld erzeugt. Diese Felder breiten sich im Raum aus und beinhalten Energie. Die um den Atomkern kreisenden Elektronen müßten daher laufend Energie abgeben und sich in einer Spiralbahn in ca. $10^{-6}$ s auf den Kern stürzen. Die meisten Atome sind jedoch sehr beständig.

Bleibend an dem Atommodell *Rutherfords* ist die Vorstellung, daß ein Atom aus Kern und Elektronenhülle besteht.

*Rutherford*-Atommodell: Kern-Hülle-Modell (Planetenmodell)

## 4.3 Das Atommodell von *Bohr* und das Schalenmodell

Zerlegt man das Licht einer Wasserstofflampe (mit Wasserstoff gefüllte Entladungsröhre) mit Hilfe eines Prismas oder eines optischen Strichgitters, so erhält man ein **Linienspektrum**, d.h., es treten scharf begrenzte farbige Linien auf. Linienspektren erhält man immer, wenn Atome zum Leuchten angeregt werden und das Licht zerlegt wird.

**Linien im sichtbaren Bereich des H-Spektrums**

| | | | |
|---|---|---|---|
| $H_\alpha$-Linie | rot | $\lambda = 656$ nm | $m = 3$ |
| $H_\beta$-Linie | blau | $\lambda = 486$ nm | $m = 4$ |
| $H_\gamma$-Linie | violett | $\lambda = 434$ nm | $m = 5$ |
| $H_\delta$-Linie | violett | $\lambda = 410$ nm | $m = 6$ |

Der Baseler Physiker *Balmer* (1825 - 1898) fand im Jahre 1884 durch Zufall eine Formel zur Berechnung der Wellenlängen λ der Linien des Wasserstoffspektrums:

***Balmer*-Formel** $\lambda = C \cdot m^2/(m^2 - 2^2)$

Die Konstante beträgt $C = 365 \cdot 10^{-9}$ m.
Erläuterung: $1 \cdot 10^{-9}$ m = 1 nm (Nanometer)
Man erhält die Wellenlängen mit Hilfe der *Balmer*-Formel, indem man für *m* die Zahlen 3, 4, 5 und 6 einsetzt.

Die *Balmer*-Formel wird häufig auch anders geschrieben. Statt der Wellenlänge λ verwendet man die Wellenzahl σ.

$\sigma = 1/\lambda = 4/C\,(1/2^2 - 1/m^2) = R\,(1/2^2 - 1/m^2)$

*R* ist die *Rydberg*-Konstante: $R = 1{,}1 \cdot 10^7\ \text{m}^{-1}$.
Sie ist nach dem schwedischen Physiker *Rydberg* (1854 - 1919) benannt.

Weitere wichtige Beiträge zur Entwicklung der Atomvorstellung stammen von den deutschen Physikern *Albert Einstein* (1879 - 1955) und *Max Planck* (1858 - 1947).
So entdeckte *Planck* 1900, daß die Aufnahme und Abgabe von Strahlungsenergie unstetig erfolgt. Die abgegebenen oder aufgenommenen Energieportionen werden als **Energiequanten** bezeichnet. Diese Energiequanten können unterschiedliche Energien besitzen, die von der Frequenz bzw. der Wellenlänge der Strahlung abhängen. Die *Planck*sche Gleichung stellt den Zusammenhang zwischen der Energie *E* und der Frequenz *f* her.

***Planck*sche Gleichung** $E = h \cdot f$

Die Konstante *h* ist das *Planck*sche Wirkungsquantum.

$$h = 6{,}6261 \cdot 10^{-34}\ \text{J} \cdot \text{s}$$

*Einstein* erkannte 1905, daß auch das Licht Energiequanten enthält. Diese Lichtteilchen wurden als **Photonen** bezeichnet. Sie stellen die kleinsten Energiebeträge eines Lichtes dar.
Diese Vorstellungen von *Planck* und *Einstein* standen im Widerspruch zur klassischen Physik. Energie kann danach nicht in beliebig kleinen Portionen abgegeben oder aufgenommen werden, sondern immer nur in bestimmten „Energiepaketen“, den Quanten. Diese Vorstellung bildet die Grundlage der sogenannten **Quantentheorie**.

Der dänische Physiker *Niels Bohr* (1885 - 1962) entwickelte im Jahre 1913 ein neues Atommodell, das zwar die Grundvorstellung von *Rutherford* beibehielt, gleichzeitig aber die Überlegungen von *Balmer* (Linienspektren) und die Quantentheorie von *Planck* und *Einstein* berücksichtigte.

Nach *Rutherford* können die Elektronen in einem beliebigen Abstand um den Kern kreisen. *Bohr* kam zu der kühnen Annahme, daß sich die Elektronen nur auf ganz bestimmten Bahnen bewegen können.

Wasserstoffspektrum im sichtbaren Bereich

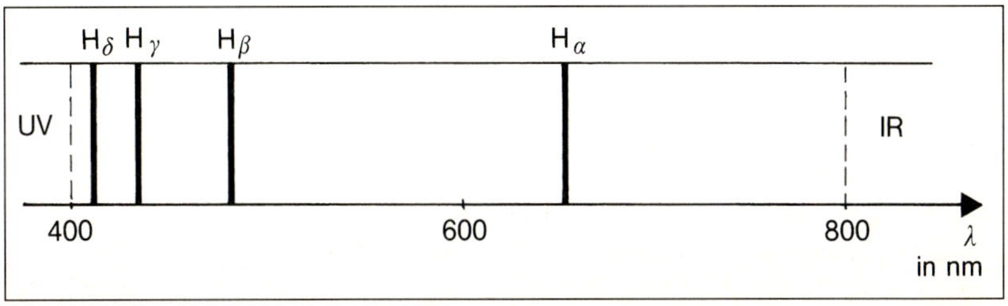

Dies war mit den Gesetzen der klassischen Physik nicht zu erklären. Seine Vorstellungen beruhen auf zwei Postulaten (Forderungen):

## Das erste *Bohr*-Postulat

Die Elektronen in der Hülle der Atome können nur ganz bestimmte Energiestufen einnehmen. Jeder Energiestufe entspricht eine Kreisbahn, auf der sich die Elektronen ohne Abgabe von Strahlung bewegen. Die Radien $r_n$ der Elektronenbahnen müssen die folgende Bedingung erfüllen:

$$m_e \cdot r \cdot v = n \cdot h / (2 \cdot \pi)$$

$m_e$ = Masse des Elektrons

$r$ = Radius der Elektronenbahn

$v$ = Geschwindigkeit des Elektrons

$h$ = *Planck*sches Wirkungsquantum

$n$ = Hauptquantenzahl ($n$ = 1, 2, 3...)

## Das zweite *Bohr*-Postulat

Elektronen können ihre Quantenbahnen durch Aufnahme oder Abgabe von Energie ändern. Der Übergang von einer Energiestufe zu einer anderen wird als **Quantensprung** bezeichnet.

Bei einem Quantensprung eines Elektrons wird Energie absorbiert oder emittiert.

Absorption = Aufnahme von Energie

Emission = Abgabe von Energie (in Form von Strahlung)

Für die Frequenz $f$ der Strahlung gilt:

$$h \cdot f = \Delta E = E_2 - E_1$$

Mit Hilfe der *Bohr*schen Überlegungen lassen sich die Geschwindigkeiten, Radien und Energien des Elektrons im **Wasserstoffatom** berechnen.

Geschwindigkeit $v = e^2/(2 \cdot \varepsilon_0 \cdot h \cdot n)$

$\varepsilon_0$ = elektrische Feldkonstante

$\varepsilon_0 = 8{,}8542 \cdot 10^{-12}$ F/m

Radius der Elektronenbahn

$r = (\varepsilon_0 \cdot h^2 \cdot n^2)/(\pi \cdot m_e \cdot e^2)$

Gesamtenergie des Elektrons

$E = -(m_e \cdot e^4)/(8 \cdot \varepsilon_0^2 \cdot h^2 \cdot n^2)$

## Gesamtenergie des Elektrons im Wasserstoffatom

für die Hauptquantenzahlen $n$ = 1 bis $n$ = 5

$E_1 = -2{,}179 \cdot 10^{-18}$ J

$E_2 = -0{,}545 \cdot 10^{-18}$ J

$E_3 = -0{,}242 \cdot 10^{-18}$ J

$E_4 = -0{,}136 \cdot 10^{-18}$ J

$E_5 = -0{,}087 \cdot 10^{-18}$ J

Auch die Entstehung der Linienspektren konnte durch das Atommodell von *Bohr* erklärt werden. In einem Atom befinden sich die Elektronen im Normalfall im energieärmsten Zustand, dem sogenannten **Grundzustand**. Nehmen die Elektronen Energiequanten auf, so gelangen sie in einen höheren Energiezustand. Dieser wird als **angeregter Zustand** bezeichnet. Da er nicht stabil ist, nehmen die Elektronen sofort wieder einen niedrigeren Energiezustand ein. Dabei wird Lichtenergie freigesetzt, die sich durch eine Spektrallinie zu erkennen gibt. Aus dem Spektrum lassen sich also die unterschiedlichen Quantensprünge herauslesen. Jeder Spektrallinie entspricht ein Quantensprung.

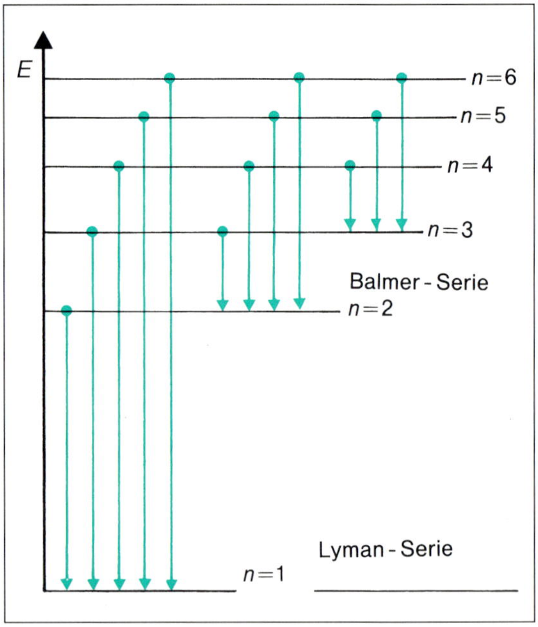


Energiestufenschema des Wasserstoffatoms

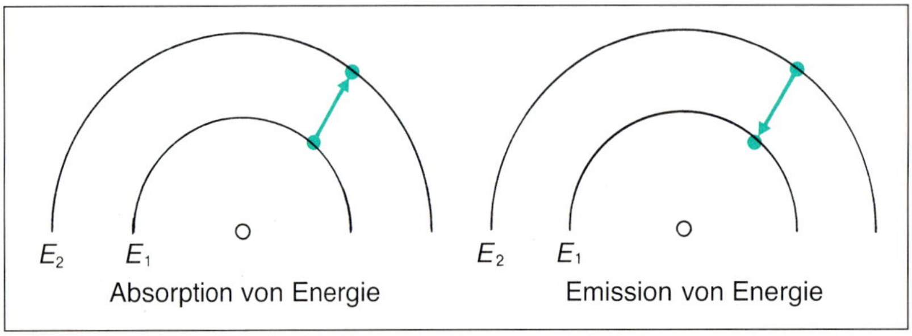


Quantensprünge der Elektronen

Alle Quantensprünge des Elektrons im Wasserstoffatom, die auf einer Energiestufe enden, werden zu einer Serie zusammengefaßt.

$\longrightarrow n = 1$: *Lyman*-Serie

$\longrightarrow n = 2$: *Balmer*-Serie

$\longrightarrow n = 3$: *Paschen*-Serie

$\longrightarrow n = 4$: *Bracket*-Serie

$\longrightarrow n = 5$: *Pfund*-Serie

$\longrightarrow n = 6$: *Humphrey*-Serie

Lediglich bei den Quantensprüngen der *Balmer*-Serie tritt sichtbares Licht auf. Alle anderen Spektrallinien liegen im ultravioletten und infraroten Bereich. Es zeigte sich auch, daß die im Jahre 1884 von *Balmer* empirisch gefundene Formel richtig war.

$$\sigma = 1/\lambda = R\,(1/2^2 - 1/m^2)$$

Setzt man für $m = 3, 4, 5, 6...$, so erhält man die Wellenzahlen für die Linien der *Balmer*-Serie im Wasserstoffspektrum (Quantensprünge von $n = 3 \longrightarrow n = 2$, $n = 4 \longrightarrow n = 2$ usw.).

Die Gleichung läßt sich verallgemeinern. Mit ihr kann man die Wellenzahlen $\sigma$ aller Energiequanten, die ein Wasserstoffatom emittiert, berechnen.

$$\sigma = 1/\lambda = R\,(1/n^2 - 1/m^2)$$

$$n \in \mathbb{N}\ ,\quad m \in \mathbb{N}\ ,\quad n < m$$

**Das *Bohr*-Atommodell**

- Ein Atom besteht aus einem positiv geladenen Kern und negativ geladenen Elektronen.
- Die Elektronen haben bestimmte Energien und bewegen sich in der Atomhülle auf festgelegten Kreisbahnen.
- Bei der Bewegung um den Atomkern verlieren die Elektronen keine Energie.
- Die Elektronen können Energie aufnehmen und abgeben. Sie gelangen dadurch in andere Kreisbahnen.

Das *Bohr*-Atommodell hat sich insbesondere für Berechnungen beim Wasserstoffatom bewährt. Bei Atomen mit zwei oder mehr Elektronen werden die Berechnungen falsch. Die strahlungsfreie Bewegung der Elektronen konnte nicht erklärt werden. Die Physiker suchten daher nach besseren Modellen zur Beschreibung der Atomhüllen.
Erhalten hat sich bis heute das sogenannte „Schalenmodell“, das im wesentlichen auf der Vorstellung von *Bohr* beruht.

## Das Schalenmodell

Die wesentlichen Aussagen aus der *Bohr*schen Atomvorstellung finden sich im Schalenmodell wieder. Nach *Bohr* besitzen die Elektronen unterschiedliche Energien, wobei allerdings nur ganz bestimmte Energiezustände eingenommen werden können.

Die Energien der Elektronen können experimentell ermittelt werden. Man entfernt ein Elektron aus einem Atom und bestimmt die dazu notwendige Energie. Der Vorgang wird als Ionisierung bezeichnet. Die erforderliche Energie nennt man **Ionisierungsenergie**.

Ionisierungsenergie ist die Energie, die zur Abtrennung eines Elektrons vom Atom aufgewendet werden muß.

Die Ionisierungsenergie wird meist in der Einheit 1 eV (Elektronvolt) angegeben.
1 eV ist die Energie, die ein Elektron beim Durchlaufen einer Spannung von 1 V erhält.

$$1\ \text{eV (Elektronvolt)} = 1{,}6022 \cdot 10^{-19}\ \text{J}$$

Befindet sich ein Elektron bereits auf einer höheren Energiestufe, so ist eine relativ kleine Ionisierungsenergie notwendig.

Durch eine schrittweise Abtrennung der Elektronen lassen sich auf diese Weise Aussagen über die Energiestufen in einem Atom vornehmen.

Betrachtet man die Ionisierungsenergien der Elektronen für ein Element, so fällt auf, daß an bestimmten Stellen größere Sprünge auftreten. Sie sind durch die stufenförmigen Linien verdeutlicht.

*Beispiel:*

Für die Abtrennung der ersten vier Elektronen des Kohlenstoffatoms sind relativ geringe Ionisierungsenergien erforderlich. Für das fünfte und sechste Elektron sind dagegen erheblich größere Ionisierungsenergien notwendig.

Den unterschiedlichen **Energiestufen** werden **Elektronenschalen** zugeordnet. Sie befinden sich konzentrisch um den Atomkern.

Die Schalen werden durch große Buchstaben charakterisiert. Die innerste Schale, die dem Kern am nächsten ist, wird als K-Schale bezeichnet (K wie Kern). Die anderen Schalen werden fortlaufend mit den Buchstaben L, M, N, O, P und Q versehen. Die Elektronenschalen entsprechen den Hauptquantenzahlen des *Bohr*schen Atommodells.

Die einzelnen Schalen können jeweils eine bestimmte Maximalzahl an Elektronen aufweisen. Sie läßt sich durch die Formel $2n^2$ berechnen. Allerdings wird bei den bisher bekannten Elementen für die größeren Hauptquantenzahlen die maximale Elektronenbesetzung nicht erreicht.

| | Element | | Elektron | | | | | | | |
|---|---|---|---|---|---|---|---|---|---|---|
| | | | 1. | 2. | 3. | 4. | 5. | 6. | 7. | 8. |
| 1 | **H** | Wasserstoff | 13,6 | | | | | | | |
| 2 | **He** | Helium | 24,6 | 54,4 | | | | | | |
| 3 | **Li** | Lithium | 5,4 | 75,6 | 122,5 | | | | | |
| 4 | **Be** | Beryllium | 9,3 | 18,2 | 153,9 | 217,7 | | | | |
| 5 | **B** | Bor | 8,3 | 25,2 | 37,9 | 259,4 | 340,2 | | | |
| 6 | **C** | Kohlenstoff | 11,3 | 24,4 | 47,9 | 64,5 | 392,1 | 490,0 | | |
| 7 | **N** | Stickstoff | 14,5 | 29,6 | 47,4 | 77,5 | 97,9 | 552,1 | 667,0 | |
| 8 | **O** | Sauerstoff | 13,6 | 35,2 | 54,9 | 77,4 | 113,9 | 138,1 | 739,3 | 871,4 |
| 9 | **F** | Fluor | 17,4 | 35,0 | 62,7 | 87,1 | 117,2 | 157,2 | 185,2 | 953,9 |
| 10 | **Ne** | Neon | 21,6 | 41,0 | 63,5 | 97,1 | 126,2 | 157,9 | 207,3 | 239,1 |
| 11 | **Na** | Natrium | 5,1 | 47,3 | 71,6 | 98,9 | 138,4 | 172,1 | 208,5 | 264,2 |
| 12 | **Mg** | Magnesium | 7,6 | 15,0 | 80,1 | 109,2 | 141,3 | 186,5 | 224,9 | 265,9 |
| 13 | **Al** | Aluminium | 6,0 | 18,8 | 28,4 | 120,0 | 153,7 | 190,5 | 241,4 | 284,6 |
| 14 | **Si** | Silicium | 8,2 | 16,3 | 33,5 | 45,1 | 166,8 | 205,1 | 246,5 | 303,2 |
| 15 | **P** | Phosphor | 10,5 | 19,7 | 30,2 | 51,4 | 65,0 | 230,4 | 263,3 | 309,4 |
| 16 | **S** | Schwefel | 10,4 | 23,3 | 34,8 | 47,3 | 72,7 | 88,0 | 280,9 | 328,2 |
| 17 | **Cl** | Chlor | 13,0 | 23,8 | 39,6 | 53,5 | 67,8 | 98,0 | 114,2 | 348,3 |
| 18 | **Ar** | Argon | 15,8 | 27,6 | 40,7 | 59,8 | 75,0 | 91,0 | 124,3 | 143,5 |

Tabelle mit Ionisierungsenergien für die Elemente 1 bis 18 (in eV)

| Hauptquantenzahl | Elektronenschale | Maximalzahl an Elektronen |
|---|---|---|
| $n = 1$ | K-Schale | 2 |
| $n = 2$ | L-Schale | 8 |
| $n = 3$ | M-Schale | 18 |
| $n = 4$ | N-Schale | 32 |
| $n = 5$ | O-Schale | 50 (32) |
| $n = 6$ | P-Schale | 72 (32) |
| $n = 7$ | Q-Schale | 98 (32) |

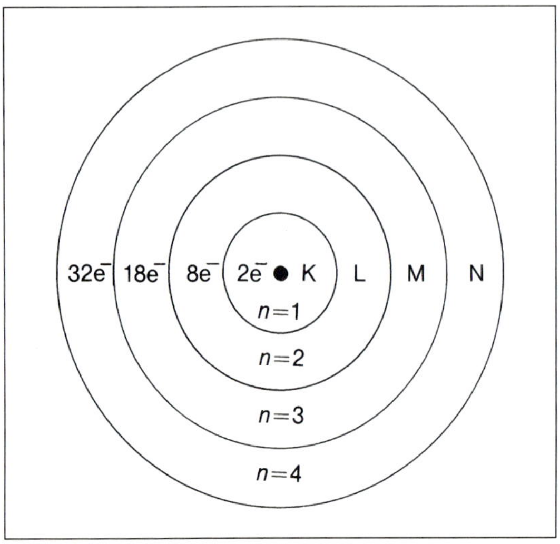


Schalenmodell der Atomhülle

Die Besetzung der Schalen mit Elektronen erfolgt nach steigender Energie. Die Elektronen befinden sich im energieärmsten Zustand, dem Grundzustand.
In der folgenden Tabelle ist die Besetzung der Elektronenschalen nach steigender Energie für die ersten 18 Elemente dargestellt.

| | Elemente | | Elektronenschalen | | |
|---|---|---|---|---|---|
| | | | K-Schale $n=1$ | L-Schale $n=2$ | M-Schale $n=3$ |
| 1 | **H** | Wasserstoff | 1 | | |
| 2 | **He** | Helium | 2 | | |
| 3 | **Li** | Lithium | 2 | 1 | |
| 4 | **Be** | Beryllium | 2 | 2 | |
| 5 | **B** | Bor | 2 | 3 | |
| 6 | **C** | Kohlenstoff | 2 | 4 | |
| 7 | **N** | Stickstoff | 2 | 5 | |
| 8 | **O** | Sauerstoff | 2 | 6 | |
| 9 | **F** | Fluor | 2 | 7 | |
| 10 | **Ne** | Neon | 2 | 8 | |
| 11 | **Na** | Natrium | 2 | 8 | 1 |
| 12 | **Mg** | Magnesium | 2 | 8 | 2 |
| 13 | **Al** | Aluminium | 2 | 8 | 3 |
| 14 | **Si** | Silicium | 2 | 8 | 4 |
| 15 | **P** | Phosphor | 2 | 8 | 5 |
| 16 | **S** | Schwefel | 2 | 8 | 6 |
| 17 | **Cl** | Chlor | 2 | 8 | 7 |
| 18 | **Ar** | Argon | 2 | 8 | 8 |

Besetzung der Elektronenschalen

**Schalenmodell**

- Die Elektronenhülle der Atome läßt sich in maximal sieben Schalen unterteilen.
- Die Elektronenschalen befinden sich konzentrisch um den Atomkern. Sie werden mit den Buchstaben K bis Q bezeichnet.
- Die Schalen entsprechen den experimentell bestimmbaren Energiestufen.
- Die maximale Anzahl an Elektronen pro Schale läßt sich mit Hilfe der Formel $2n^2$ berechnen ($n$ = Hauptquantenzahl).

## 4.4 Das *Bohr-Sommerfeld*-Atommodell

*Bohr* ging von der Annahme aus, daß sich die Elektronen auf Kreisbahnen um den Kern bewegen. Mit Hilfe dieses Modells war es nicht möglich, kompliziertere Spektren zu deuten. Der deutsche Physiker *Arnold Sommerfeld* (1868 - 1951) erweiterte 1915 die *Bohr*sche Vorstellung, indem er neben Kreisbahnen auch Ellipsenbahnen zuließ. Hierbei beschreibt die **Hauptquantenzahl *n*** die große Halbachse und die **Nebenquantenzahl *l*** die kleine Halbachse einer Ellipsenbahn.

Zwischen diesen beiden Quantenzahlen gibt es eine einfache Beziehung:

$$l \leq n - 1$$

Die kreisförmigen Elektronenbahnen des *Bohr*-Modells ergeben sich für:

$$l = n - 1$$

*Beispiele:*

Bei der Hauptquantenzahl $n = 1$ ergibt sich für die Nebenquantenzahl stets $l = 0$. Es liegt also eine Kreisbahn vor.

Für die Hauptquantenzahl $n = 2$ sind die Nebenquantenzahlen $l = 1$ und $l = 0$ möglich.
$l = 1$ charakterisiert hier die Kreisbahn.

Die Elektronen erhalten nach dem Wert der Nebenquantenzahl $l$ besondere Namen:

| | |
|---|---|
| $l = 0$ | s-Elektronen |
| $l = 1$ | p-Elektronen |
| $l = 2$ | d-Elektronen |
| $l = 3$ | f-Elektronen |

Die Bezeichnungen stammen aus der Spektroskopie und haben folgende Bedeutung:

s = scharfe Nebenserie
p = Prinzipalserie
d = diffuse Nebenserie
f = Fundamentalserie

Mit Hilfe der Nebenquantenzahlen kann man die Energiestufen der Elektronen genauer unterteilen.

| Schale | Hauptquantenzahl | Nebenquantenzahl | Symbol |
|---|---|---|---|
| K-Schale | $n = 1$ | $l = 0$ | 1s |
| L-Schale | $n = 2$ | $l = 0$ | 2s |
| | | $l = 1$ | 2p |
| M-Schale | $n = 3$ | $l = 0$ | 3s |
| | | $l = 1$ | 3p |
| | | $l = 2$ | 3d |
| N-Schale | $n = 4$ | $l = 0$ | 4s |
| | | $l = 1$ | 4p |
| | | $l = 2$ | 4d |
| | | $l = 3$ | 4f |

Die Energiestufen lassen sich in einem Energieniveauschema darstellen.

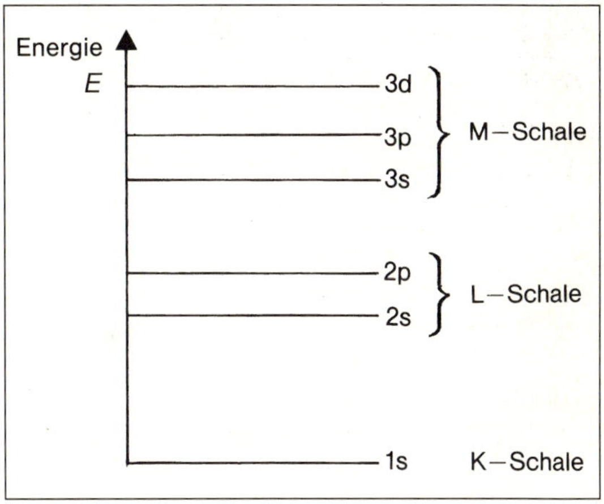


Energieniveauschema

Bereits Ende des 19. Jahrhunderts entdeckte man, daß die Spektrallinien der p-, d- und f-Serien in drei, fünf bzw. sieben Linien aufgespalten werden, wenn die Atome in ein Magnetfeld gebracht werden. Die Energie des Magnetfeldes wird hierbei auch in Quanten aufgenommen. Dies führte zur Festlegung einer weiteren Quantenzahl, die als **magnetische Quantenzahl *m*** bezeichnet wird. Eine Linie der Nebenquantenzahl $l$ wird dabei stets in $2\,l + 1$ Linien aufgespalten.

$$-l \leq m \leq +l$$

Die Werte für $m$ liegen zwischen $+l$ und $-l$.

*Beispiele:*

Für die Nebenquantenzahl $l = 1$ betragen die magnetischen Quantenzahlen
$m = 1$, $m = 0$ und $m = -1$.

Für die Nebenquantenzahl $l = 2$ betragen die magnetischen Quantenzahlen
$m = 2$, $m = 1$, $m = 0$, $m = -1$ und $m = -2$.

| *n* | *l* | *m* | *s* | Elektronenzahl | |
|---|---|---|---|---|---|
| 1 | 0 | 0 | +1/2 −1/2 | | 2 |
| 2 | 0 | 0 | +1/2 −1/2 | 2 | |
| | 1 | 1 | +1/2 −1/2 | | |
| | | 0 | +1/2 −1/2 | 6 | 8 |
| | | −1 | +1/2 −1/2 | | |
| 3 | 0 | 0 | +1/2 −1/2 | 2 | |
| | 1 | 1 | +1/2 −1/2 | | |
| | | 0 | +1/2 −1/2 | 6 | |
| | | −1 | +1/2 −1/2 | | |
| | 2 | 2 | +1/2 −1/2 | | 18 |
| | | 1 | +1/2 −1/2 | | |
| | | 0 | +1/2 −1/2 | 10 | |
| | | −1 | +1/2 −1/2 | | |
| | | −2 | +1/2 −1/2 | | |
| 4 | 0 | 0 | +1/2 −1/2 | 2 | |
| | 1 | 1 | +1/2 −1/2 | | |
| | | 0 | +1/2 −1/2 | 6 | |
| | | −1 | +1/2 −1/2 | | |
| | 2 | 2 | +1/2 −1/2 | | |
| | | 1 | +1/2 −1/2 | | |
| | | 0 | +1/2 −1/2 | 10 | |
| | | −1 | +1/2 −1/2 | | |
| | | −2 | +1/2 −1/2 | | 32 |
| | 3 | 3 | +1/2 −1/2 | | |
| | | 2 | +1/2 −1/2 | | |
| | | 1 | +1/2 −1/2 | | |
| | | 0 | +1/2 −1/2 | 14 | |
| | | −1 | +1/2 −1/2 | | |
| | | −2 | +1/2 −1/2 | | |
| | | −3 | +1/2 −1/2 | | |

Das Elektron besitzt einen Eigendrehimpuls. Er kommt durch die Rotation des kugelförmigen Elektrons um eine durch den Kugelmittelpunkt gehende Achse zustande. Dieser Eigendrehimpuls wird als **Elektronenspin *s*** bezeichnet. Es sind hierbei zwei verschiedene Drehrichtungen möglich. Die **Spinquantenzahlen** des Elektrons betragen

$$s = +1/2 \text{ und } s = -1/2$$

Der Energiezustand der Elektronen läßt sich durch die vier **Quantenzahlen** beschreiben:

*n* = Hauptquantenzahl
*l* = Nebenquantenzahl
*m* = magnetische Quantenzahl
*s* = Spinquantenzahl

Der österreichische Physiker *Wolfgang Pauli* (1900 - 1958) erkannte 1924 das nach ihm benannte Prinzip.

***Pauli*-Prinzip**: Die Elektronen in der Hülle eines Atoms unterscheiden sich in ihren vier Quantenzahlen.

Das *Pauli*-Prinzip läßt sich auch so formulieren: Jeder mögliche Energiezustand in der Atomhülle wird nur von einem Elektron eingenommen.

In der Tabelle sind die Elektronenkonfigurationen (= Elektronenanordnungen) für die ersten vier Hauptquantenzahlen („Schalen") verzeichnet.

**Das verbesserte *Bohr-Sommerfeld*-Atommodell**

Der Energiezustand der Elektronen in der Hülle der Atome läßt sich durch die vier Quantenzahlen *n*, *l*, *m* und *s* eindeutig beschreiben.
Zwei oder mehr Elektronen in einem Atom können nicht in allen vier Quantenzahlen übereinstimmen (*Pauli*-Prinzip).

Auch nach dem *Bohr-Sommerfeld*-Atommodell bleibt die Vorstellung, daß Elektronen punktförmige, identifizierbare Teilchen sind, deren Bahnen eindeutig beschrieben werden können.

## 4.5 Wellenmechanisches Atommodell und Orbitalmodell

Zur Deutung der Eigenschaften des Lichtes reicht eine Modellvorstellung nicht aus. Neben der Wellenvorstellung existiert eine Teilchenvorstellung (Korpuskelvorstellung). Die Tatsache, daß zwei Modelle herangezogen werden müssen, wird als **Dualismus von Welle und Korpuskel** bezeichnet.

Das gleiche Phänomen taucht auch bei Materiestrahlen auf, die z.B. aus Elektronen, Neutronen oder Atomen bestehen. Auch hier zeigen sich unter bestimmten Bedingungen Welleneigenschaften. So erhält man beim Auftreffen von Elektronen auf einen Doppelspalt ein typisches Interferenzmuster aus Maxima und Minima (**Interferenz** = Überlagerung von Wellen).

Bereits im Jahre 1924 hatte der französische Physiker *Louis-Victor de Broglie* (1892 - 1987) die Annahme von **Materiewellen** ausgesprochen. Nach *de Broglie* besitzen bewegte Teilchen auch Wellencharakter.
Die Wellenlänge $\lambda$ läßt sich berechnen:

***De-Broglie*-Wellenlänge:** $\lambda = h / (m v)$

*h* = *Planck*sches Wirkungsquantum*
*m* = Masse des Teilchens
*v* = Geschwindigkeit des Teilchens

Die *De-Broglie*-Wellenlängen der Elektronen liegen im Bereich der Wellenlängen der *Röntgen*-Strahlen ($\lambda \approx 10^{-9}$ bis $10^{-12}$ m).
Diese Strahlen wurden 1895 von dem deutschen Physiker *Wilhelm Conrad Röntgen* (1845 -1923) entdeckt.

Eine weitere wichtige Erkenntnis für die Entwicklung des Atommodells stammt von dem deutschen Physiker *Werner Heisenberg* (1901 - 1976). 1927 formulierte er die Unschärferelation.

***Heisenberg*sche Unschärferelation:**
Es ist unmöglich, Ort und Impuls (Produkt aus Masse und Geschwindigkeit) eines Teilchens gleichzeitig exakt anzugeben.

Nach der Unschärferelation können die Modellvorstellungen von *Bohr* und *Sommerfeld* nicht richtig sein, denn dort werden genaue Angaben über Bahnen und Geschwindigkeiten vorgenommen. Für Elektronen lassen sich die Aufenthaltsorte nur mit einer bestimmten Unschärfe angeben, d.h., es gibt nur Bereiche großer Aufenthaltswahrscheinlichkeit.

Da Elektronen auch Welleneigenschaften besitzen, war es naheliegend, Erscheinungen der Wellenlehre aus anderen Bereichen heranzuziehen. So zeigt eine eingespannte Saite verschiedene Schwingungsmöglichkeiten. Es bilden sich **stehende Wellen** aus, die sich energetisch unterscheiden.

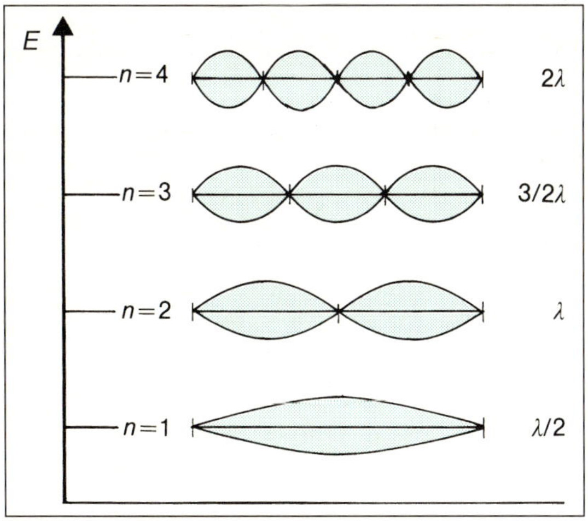


Stehende Wellen

Für eine bestimmte Saitenlänge $l$ muß hier gelten:

$l = n \cdot \lambda / 2$ $\qquad \lambda$ = Wellenlänge

Neben der Grundschwingung ($n$ = 1) treten mehrere Oberschwingungen auf ($n$ = 2, 3, 4...).

Überträgt man die Vorstellung stehender Wellen auf einen Körper, so erhält man einen Eindruck vom Verhalten eines Elektrons im Atom. Atome sind räumlich begrenzte Gebilde, und damit erfüllen sie die Bedingungen für die Ausbildung dreidimensionaler stehender Wellen.

Der österreichische Physiker *Erwin Schrödinger* (1887 - 1961) stellte 1926 eine Gleichung auf (***Schrödinger*-Gleichung**), mit der die unterschiedlichen Energiezustände des Elektrons im Wasserstoffatom als dreidimensionale stehende Wellen berechnet werden können.

Bei Mehrelektronensystemen sind solche Berechnungen nur näherungsweise möglich. Den Elektronen werden Energiestufen zugeordnet, denen bei dieser Modellvorstellung Aufenthaltsräume entsprechen. Diese Orte großer **Aufenthaltswahrscheinlichkeit** werden als **Orbitale** bezeichnet. Der Begriff stammt vom lateinischen Wort *orbis* = Umkreis.

Als Atomorbital (AO) bezeichnet man den Bereich, in dem das Elektron mit mehr als 90%iger Wahrscheinlichkeit anzutreffen ist.

**Atomorbital:** Bereich um den Atomkern, in welchem ein Elektron bestimmter Energie mit größter Wahrscheinlichkeit auftritt.

Die Atomorbitale besitzen ganz bestimmte geometrische Strukturen. Benannt werden die Orbitale in der gleichen Weise wie im erweiterten *Bohr-Sommerfeld*-Modell. Jeder magnetischen Quantenzahl $m$ entspricht ein Orbital.

Nach dem *Pauli*-Prinzip können sich in einem Atomorbital maximal zwei Elektronen aufhalten, die dann einen entgegengesetzten Spin aufweisen.

Für die Hauptquantenzahl $n$ = 1 gibt es nur ein 1s-Orbital, für $n$ = 2 ein 2s-Orbital und drei 2p-Orbitale, für $n$ = 3 ein 3s-Orbital, drei 3p-Orbitale und fünf 3d-Orbitale.

Die **s-Orbitale** sind immer kugelsymmetrisch. Beim Wasserstoffatom liegt der Ort der größten Aufenthaltswahrscheinlichkeit des Elektrons $0{,}53 \cdot 10^{-10}$ m vom Kern entfernt. Dies entspricht dem Bahnradius nach dem *Bohr*-Modell für den Grundzustand.

Die s-Orbitale größerer Quantenzahl ($n$ = 2, 3, 4 usw.) besitzen größere Durchmesser. Innerhalb dieser s-Orbitale befinden sich Bereiche mit äußerst geringer Aufenthaltswahrscheinlichkeit für Elektronen (Knoten).

Für jede Hauptquantenzahl $n > 1$ gibt es drei **p-Orbitale** in Hantelform, die senkrecht aufeinander stehen. Sie werden nach den drei Koordinatenachsen als $p_x$-, $p_y$ und $p_z$-Orbital bezeichnet.

Die Geometrien der Atomorbitale lassen sich der folgenden Abbildung entnehmen:

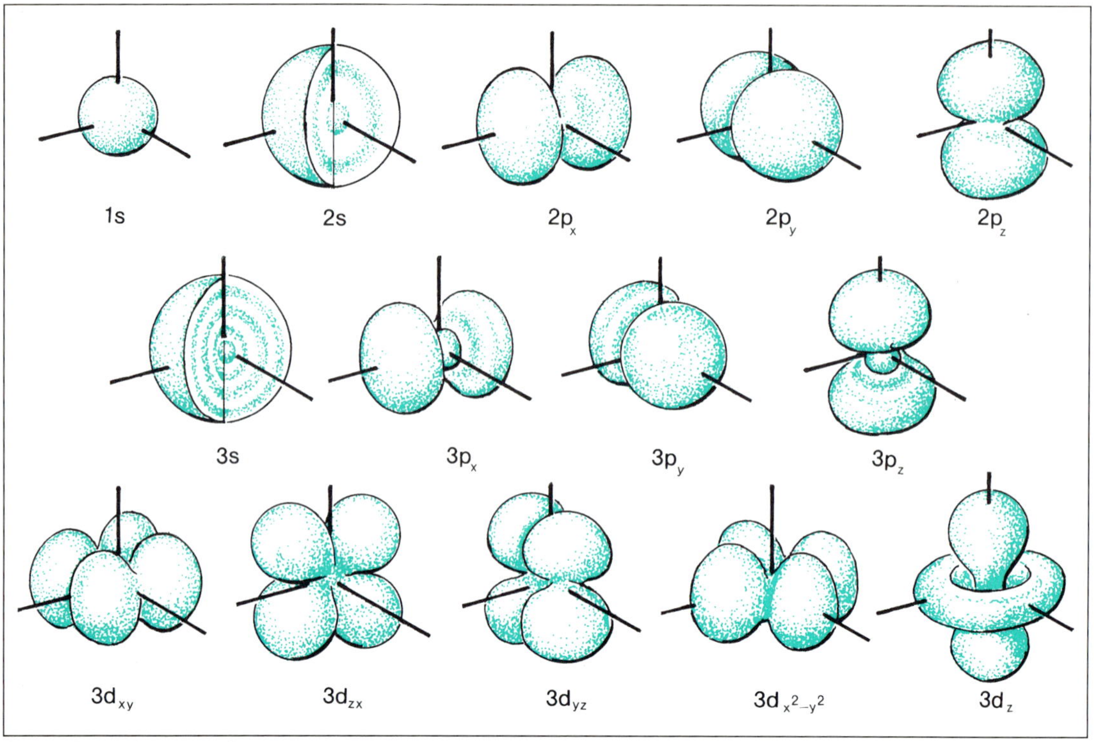


Atomorbitale für $n = 1$ bis $n = 3$

Auch im Orbitalmodell kann der Aufbau der Elektronenhülle durch die vier Quantenzahlen beschrieben werden. Zur vereinfachten Darstellung hat sich das **Kästchenschema** bewährt. Jedes Orbital wird hierbei durch ein Kästchen symbolisiert. Die Elektronen werden durch Pfeile angegeben, wobei die unterschiedlichen Richtungen den Spin (Umlaufsinn) verdeutlichen.

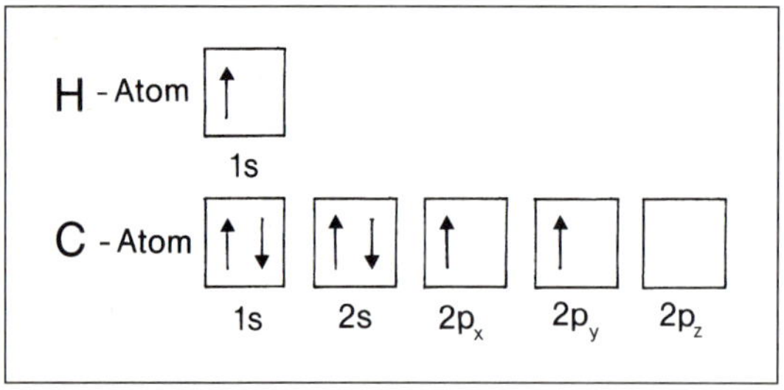


Kästchenschema

Die **Elektronenkonfiguration** (Elektronenanordnung) des Wasserstoffatoms lautet $1s^1$ (man liest: „eins s eins"), die des Kohlenstoffatoms $1s^2\ 2s^2\ 2p^2$.

Die Besetzung der Orbitale mit Elektronen wird im Kapitel „Periodensystem" beschrieben.

## 4.6 Atomkerne

Bei allen chemischen Reaktionen treten nur Änderungen in den Atomhüllen auf, während die Atomkerne unverändert bleiben.

Die Frage, welches Element vorliegt, wird jedoch nur durch den Aufbau des Atomkerns beantwortet.

Alle Atomkerne sind aus **Protonen** und **Neutronen** aufgebaut. Eine Ausnahme bildet hierbei das leichteste Wasserstoffatom, dessen Kern nur aus einem Proton besteht. Protonen und Neutronen werden als Kernbausteine oder **Nukleonen** bezeichnet.

Der Begriff „Nukleon" stammt vom lateinischen Wort *nucleus* = Kern.

### Nukleonen

| Art/Symbol | Ladung | Masse |
|---|---|---|
| Proton p | positiv<br>$e = 1{,}6 \cdot 10^{-19}$ C | $m = 1{,}6726 \cdot 10^{-24}$g |
| Neutron n | keine | $m = 1{,}6749 \cdot 10^{-24}$g |

Unterschiedliche Elemente unterscheiden sich in der Anzahl der Protonen, d.h., jedes Element zeichnet sich durch Kerne mit einer bestimmten Protonenzahl aus.

Die Anzahl der Protonen im Kern wird als Ordnungszahl *Z* oder Kernladungszahl bezeichnet.

**Ordnungszahl** (Kernladungszahl, **Protonenzahl**) *Z*: Anzahl der Protonen im Kern

*Beispiele:*

Das Element Wasserstoff besitzt die Ordnungszahl 1. Im Kern des Wasserstoffatoms befindet sich ein Proton.

Das Sauerstoffatom besitzt acht Protonen im Kern. Die Ordnungszahl des Elements Sauerstoff beträgt 8.

Neben den Protonen können die Atomkerne eine unterschiedliche Anzahl an **Neutronen** aufweisen. Man erhält die Anzahl der Neutronen, indem man von der gerundeten Atommasse die Kernladungszahl (Ordnungszahl) subtrahiert.

*Beispiele:*

Helium besitzt die Atommasse ≈ 4. Die Ordnungszahl beträgt 2. Folglich sind zwei Neutronen im Kern vorhanden.

Fluor besitzt die Atommasse ≈ 19. Die Ordnungszahl beträgt 9. Im Kern sind daher zehn Neutronen vorhanden.

## Isotope

Bei den Atomen eines Elements ist die Anzahl der Protonen im Kern immer gleich. Die Anzahl der Neutronen kann allerdings unterschiedlich sein.

Die meisten Elemente besitzen mehrere Kernarten, die als **Nuklide** bezeichnet werden.

Ein Nuklid ist eine Kernart mit einer bestimmten Anzahl an Protonen und Neutronen.

Die Nuklide eines Elements besitzen gleiche Protonenzahl, aber unterschiedliche Neutronenzahl. Man bezeichnet sie als isotope Nuklide oder **Isotope**.

Der Begriff stammt von den griechischen Wörtern *isos* = gleich und *topos* = Ort.

Isotope sind Nuklide mit gleicher Anzahl an Protonen, aber unterschiedlicher Neutronenzahl.

*Beispiele:*

Das „normale" Wasserstoffatom besitzt ein Proton. Das Deuterium ist ein Isotop des Wasserstoffs. Es besitzt im Kern außer dem Proton ein Neutron.

Das Tritium ist ein weiteres Isotop des Wasserstoffs. Es besitzt im Kern neben dem Proton zwei Neutronen.

In der Natur gibt es Elemente mit einem oder mehreren Nukliden.

**Reinelement** = Element mit einem natürlichen Nuklid

**Mischelement** = Element mit mehreren natürlichen Nukliden

*Beispiele* für Reinelemente:

Fluor, Natrium, Aluminium, Phosphor, Mangan, Cobalt, Arsen, Iod, Gold, Bismut.

Die **relative Atommasse** von Mischelementen ist ein Mittelwert des natürlichen Isotopengemisches.

*Beispiel:*

Chlor besteht zu 75,8% aus Chloratomen mit 35 Nukleonen (17 Protonen und 18 Neutronen) und zu 24,2% aus Chloratomen mit 37 Nukleonen (17 Protonen und 20 Neutronen). Daraus erhält man eine relative Atommasse von 35,45.

Zur eindeutigen Kennzeichnung eines Nuklids ist eine besondere Symbolschreibweise eingeführt worden: Links oben vom Elementsymbol steht die sogenannte Massenzahl, links unten die Ordnungszahl.

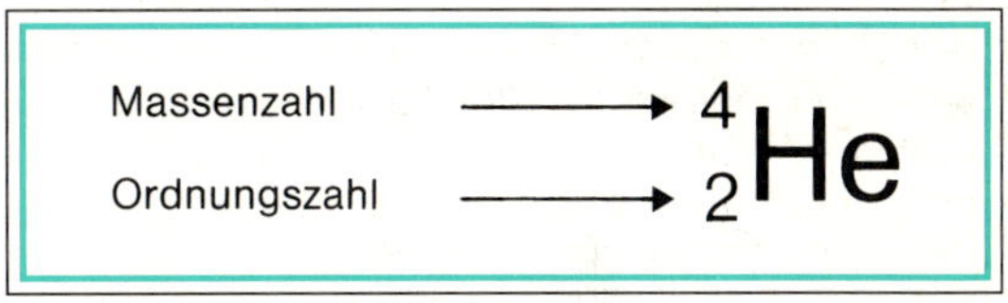


Symbolschreibweise der Nuklide

Unter der **Massenzahl** (**Nukleonenzahl**) *A* eines Nuklids versteht man die Anzahl der Nukleonen.

Jeder Kernbaustein (Proton, Neutron) besitzt die Massenzahl 1. Die Massenzahl ist näherungsweise gleich der relativen Atommasse.

*Beispiele:*

Die Symbolschreibweisen $^{1}_{1}H$, $^{2}_{1}H$ und $^{3}_{1}H$ kennzeichnen die drei Isotope des Wasserstoffs („normaler" Wasserstoff, Deuterium, Tritium).

Die beiden natürlichen Isotope des Chlors werden in folgender Weise gekennzeichnet: $^{35}_{17}Cl$ und $^{37}_{17}Cl$.

## Radioaktivität

Ein Teil der natürlichen Nuklide ist nicht stabil und zerfällt unter Aussendung **radioaktiver Strahlung**. Die Erscheinung der Radioaktivität wurde im Jahre 1896 von dem französischen Physiker *Antoine Henri Becquerel* (1852 - 1908) entdeckt.

Bringt man die radioaktive Strahlung, die z.B. von einem Radiumpräparat ausgeht, in ein starkes Magnetfeld, so kann man feststellen, daß die Strahlung aus drei verschiedenen Anteilen besteht.

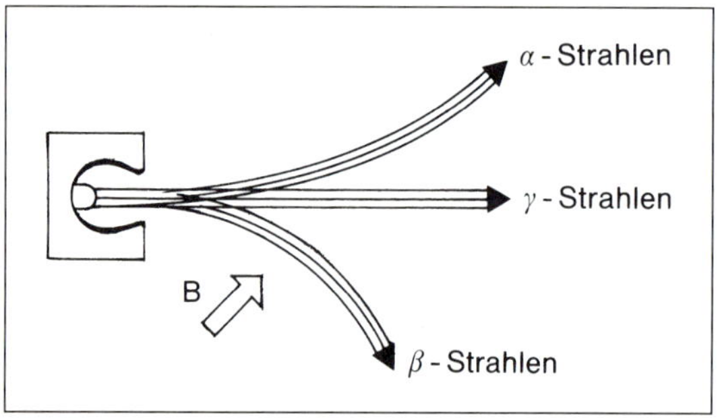


Radioaktive Strahlung im Magnetfeld
(Feldrichtung in die Papierebene)

Die drei Strahlenarten werden als α-, β- und γ-Strahlen bezeichnet.

**α-Strahlen:** Bestehen aus Heliumkernen. Diese sind zweifach positiv geladen und besitzen die Massenzahl 4.

**β-Strahlen:** Bestehen aus schnellen Elektronen mit negativer Ladung.

**γ-Strahlen:** Elektromagnetische Strahlung (ohne Ladung).

Der Zerfall der Radionuklide (radioaktive Nuklide) erfolgt nach dem Zerfallsgesetz. Er ist durch äußere Bedingungen (z.B. Druck oder Temperatur) nicht zu beeinflussen.

Radioaktives Zerfallsgesetz

$$N(t) = N(0) \cdot 2^{-\frac{t}{T_{1/2}}}$$

$N(t)$ = Teilchenzahl zum Zeitpunkt $t$
$N(0)$ = Teilchenzahl zum Zeitpunkt $t = 0$
$T_{1/2}$ = Halbwertszeit

Die **Halbwertszeit** $T_{1/2}$ ist die Zeit, in der eine bestimmte Zahl von Radionukliden einer Sorte zur Hälfte zerfallen ist.

Die Halbwertszeit ist eine für jedes Radionuklid charakteristische Größe. Halbwertszeiten können außerordentlich unterschiedlich sein.

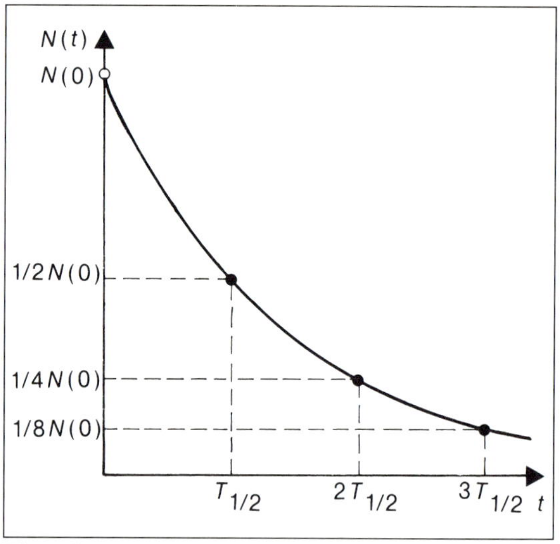


Die radioaktive Zerfallskurve

*Beispiele:*

| | | |
|---|---|---|
| Halbwertszeit von | $^{238}_{92}U$ : | $4{,}5 \cdot 10^{9}$ Jahre |
| | $^{226}_{88}Ra$ : | 1600 Jahre |
| | $^{222}_{86}Rn$ : | 3,8 Tage |
| | $^{212}_{84}Po$ : | $3 \cdot 10^{-7}$ Sekunden |

Die radioaktive Strahlung stammt aus den Atomkernen. Die Elektronen der Betastrahlung stammen aus dem Zerfall von Neutronen in Protonen und Elektronen.

Durch die Abgabe von α- und β-Teilchen entstehen neue Nuklide. Die Gesetzmäßigkeiten, die sogenannten **Verschiebungsgesetze**, wurden von dem englischen Chemiker *Frederick Soddy* (1877 -1956) und dem deutsch-amerikanischen Physikochemiker *Kasimir Fajans* (1887 - 1975) im Jahre 1912 entdeckt.

**α-Zerfall:** Es entsteht ein Nuklid mit einer um zwei Einheiten kleineren Ordnungszahl und einer um vier Einheiten kleineren Massenzahl.

*Beispiel:*

$^{235}_{92}U \longrightarrow {}^{231}_{90}Th + {}^{4}_{2}He$ (α-Teilchen)

**β-Zerfall:** Es entsteht ein Nuklid mit einer um eine Einheit größeren Ordnungszahl und mit unveränderter Massenzahl.

*Beispiel:*

$^{231}_{90}Th \longrightarrow {}^{231}_{91}Pa + {}^{0}_{-1}e$ (β-Teilchen)

β-Teilchen (Elektronen) werden häufig durch das Symbol $^{0}_{-1}e$ charakterisiert. Die Massenzahl beträgt 0, die „Kernladungszahl" –1. Der α- und β-Zerfall kann mit der Aussendung von γ-Strahlen verbunden sein.

## Kernumwandlungen

Bereits im Jahre 1919 beobachtete *Rutherford* die erste Kernumwandlung. Beim Beschuß von Stickstoffkernen mit Alphateilchen bilden sich instabile Fluorkerne, die in Sauerstoffkerne und Protonen zerfallen.

$$^{14}_{7}N + ^{4}_{2}He \longrightarrow ^{18}_{9}F \longrightarrow ^{17}_{8}O + ^{1}_{1}H$$

Die Verwendung einer Reaktionsgleichung darf nicht zu der Annahme führen, daß es sich um eine chemische Reaktion handelt.

Bei chemischen Reaktionen treten nur Änderungen der Atomhüllen auf, während die Kerne unverändert bleiben.

1932 klärte der englische Physiker *James Chadwick* (1891 - 1974) die folgende Kernumwandlung zur Erzeugung von **Neutronen** auf:

$$^{9}_{4}Be + ^{4}_{2}He \longrightarrow ^{13}_{6}C \longrightarrow ^{12}_{6}C + ^{1}_{0}n$$

Das Neutron wird durch das Symbol $^{1}_{0}n$ abgekürzt. Die Massenzahl beträgt 1, die Kernladungszahl ist 0.

Durch Beschuß von stabilen Nukliden mit Neutronen lassen sich radioaktive Nuklide herstellen, die in der Natur nicht vorhanden sind. In diesem Zusammenhang wird häufig von der „künstlichen" Radioaktivität gesprochen.

Die ersten künstlichen Radionuklide wurden 1934 von den französischen Physikern *Fréderic Joliot* (1900 - 1958) und *Irène Joliot-Curie* (1897 - 1956) hergestellt.

Bis heute sind über 1200 künstliche Radionuklide bekannt. Sie werden auch als **Radioisotope** bezeichnet.

*Beispiel* : $^{107}_{47}Ag + ^{1}_{0}n \longrightarrow ^{108}_{47}Ag$

## Kernspaltung

1938 stellte der deutsche Chemiker *Otto Hahn* (1879 -1968) fest, daß beim Beschuß von Uran mit Neutronen Nuklide entstehen, deren Massen sich wie ungefähr 2 : 3 verhalten. Der schwere Atomkern wurde offensichtlich gespalten. Diese Entdeckung war sehr überraschend, weil man bis dahin annahm, daß bei Kernumwandlungen lediglich Teilchen bis zur Größe von Heliumkernen abgegeben werden. Gespalten wurde das Uranisotop mit der Masse 235. Gleichzeitig wurden zwei oder drei Neutronen frei.

*Beispiel:*

$$^{235}_{92}U + ^{1}_{0}n \longrightarrow ^{236}_{92}U \longrightarrow ^{144}_{56}Ba + ^{89}_{36}Kr + 3\,^{1}_{0}n$$

Außerdem wird bei der Spaltung eines Kerns $^{235}_{92}U$ die Energie 198 MeV frei (1 Megaelektronvolt = $10^6$ eV).

Die Bruchstücke besitzen eine geringere Masse als der Ausgangskern. Es tritt ein **Massendefekt** $\Delta m$ auf.

Nach dem *Einstein*-Gesetz über die Äquivalenz (Gleichwertigkeit) von Masse $m$ und Energie $E$ wird hier Masse in Energie umgewandelt:

$$E = \Delta m \cdot c^2$$

$c$ = Lichtgeschwindigkeit

Durch die Kernspaltung können daher sehr große Energiemengen freigesetzt werden. Um diese Energie zu nutzen, muß eine **Kettenreaktion** stattfinden. Hierbei sind zwei Fälle besonders wichtig:

Die Neutronenzahl nimmt laufend zu. Es kommt zu einem lawinenartigen Anwachsen der Spaltvorgänge. Voraussetzung ist eine bestimmte Mindestmasse an spaltbarem Material („kritische Masse"). Die Kettenreaktion ist ungesteuert. Diese Verhältnisse liegen bei einer **Atombombe** vor.

Man kann auch erreichen, daß die Neutronenzahl gleich bleibt. Pro Spaltvorgang wird nur ein Neutron für eine weitere Spaltung wirksam. Die anderen Neutronen werden weggefangen. Die Kettenreaktion ist gesteuert. Dieser Fall liegt beim Betrieb eines **Kernreaktors** vor.

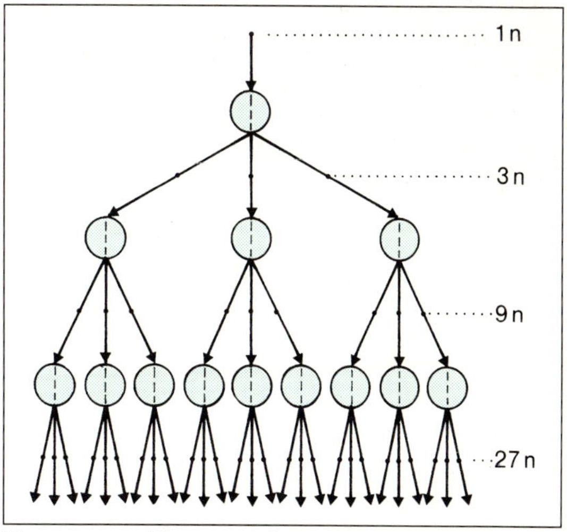


Ungesteuerte Kettenreaktion

# 5 Periodensystem der Elemente

## 5.1 Entwicklung zum Periodensystem

Schon recht früh wurde versucht, die chemischen Elemente zu ordnen.

Der deutsche Chemiker *Johann Wolfgang Döbereiner* (1780 - 1849) stellte 1829 fest, daß sich jeweils drei Elemente in ihren Eigenschaften ähneln. Diese Gruppen aus drei Elementen nannte er Triaden (*tri* = drei).

**Triaden** nach *Döbereiner*

- Calcium, Strontium, Barium
- Lithium, Natrium, Kalium
- Chlor, Brom, Iod

Um 1850 waren bereits fast 60 Elemente bekannt. Man konnte ihre Atommassen und Eigenschaften bestimmen, aber es fehlte immer noch ein sinnvolles Ordnungsprinzip.

Im Jahre 1869 kamen der deutsche Chemiker *Lothar Meyer* (1830 - 1895) und der russische Chemiker *Dimitri Mendelejew* (1834 - 1907) unabhängig voneinander auf den Gedanken, die zu diesem Zeitpunkt bekannten Elemente nach steigender Atommasse in einer Spalte anzuordnen. Es wurde immer dann eine neue Spalte begonnen, wenn ein Element mit ähnlichen Eigenschaften auftrat. Auf diese Weise standen in den Zeilen verwandte Elemente. Die Eigenschaften der Elemente wechseln in periodischer (regelmäßig wiederkehrender) Weise. Die beschriebene Anordnung stellt das erste **Periodensystem der Elemente** (abgekürzt PSE) dar.

Die Periodensysteme von *Meyer* und *Mendelejew* zeigten noch viele Lücken. *Mendelejew* war in der Lage, für einige noch nicht entdeckte Elemente Eigenschaften vorherzusagen.

So war das Element zwischen Silicium (Si) und Zinn (Sn) 1869 noch nicht bekannt. Es wurde erst 1886 von dem deutschen Chemiker *Clemens Winkler* (1838 - 1904) entdeckt und als Germanium (Ge) bezeichnet. Erstaunlich ist auch heute noch die Genauigkeit der Vorhersage.

| Eigenschaft | Vorhersage *Mendelejews* | Eigenschaft des Germaniums |
|---|---|---|
| Atommasse | ca. 72 u | 72,61 u |
| Stoffart | Metall | Metall |
| Farbe | dunkelgrau | hellgrau |
| Dichte | 5,5 g/cm³ | 5,32 g/cm³ |
| Oxid | $XO_2$ | $GeO_2$ |
| Dichte des Oxids | 4,7 g/cm³ | 4,7 g/cm³ |
| Chlorid | $XCl_4$ | $GeCl_4$ |
| Siedetemperatur des Chlorids | unter 100 °C | 83 °C |

Bereits *Mendelejew* hatte Zweifel an der Verwendung der Atommasse als Ordnungsprinzip des Periodensystems. An einigen Stellen (z.B. Iod/Tellur) stehen Elemente untereinander, obwohl die Atommasse abnimmt. Bald wurde erkannt, daß die Anzahl

| | | | | | |
|---|---|---|---|---|---|
| | | | Ti = 50 | Zr = 90 | ? = 180 |
| | | | V = 51 | Nb = 94 | Ta = 182 |
| | | | Cr = 52 | Mo = 96 | W = 186 |
| | | | Mn = 55 | Rh = 104,4 | Pt = 197,4 |
| | | | Fe = 56 | Ru = 104,4 | Ir = 198 |
| | | | Ni = Co = 59 | Pd = 106,6 | Os = 199 |
| H = 1 | | | Cu = 63,4 | Ag = 108 | Hg = 200 |
| | Be = 9,4 | Mg = 24 | Zn = 65,2 | Cd = 112 | |
| | B = 11 | Al = 27,4 | ? = 68 | Ur = 116 | Au = 197 ? |
| | C = 12 | Si = 28 | ? = 70 | Sn = 118 | |
| | N = 14 | P = 31 | As = 75 | Sb = 122 | Bi = 210 |
| | O = 16 | S = 32 | Se = 79,4 | Te = 128 ? | |
| | F = 19 | Cl = 35,5 | Br = 80 | J = 127 | |
| Li = 7 | Na = 23 | K = 39 | Rb = 85,4 | Cs = 133 | Tl = 204 |
| | | Ca = 40 | Sr = 87,6 | Ba = 137 | Pb = 207 |
| | | ? = 45 | Ce = 92 | | |
| | | ? Er = 56 | La = 94 | | |
| | | ? Yt = 60 | Di = 95 | | |
| | | ? In = 75,6 | Th = 118 ? | | |

Periodensystem nach *Mendelejew*

der Protonen im Atomkern (Kernladungszahl, Ordnungszahl $Z$) die Reihenfolge der Elemente im Periodensystem bestimmt.

Die Ordnungszahlen konnten sehr genau aus den ***Röntgen*spektren** der Elemente ermittelt werden. Für die Wellenzahlen* $\sigma_{K_\alpha}$, die bei einem Quantensprung* der Elektronen von $n = 2$ nach $n = 1$ auftreten, gilt folgender Zusammenhang:

$$\sigma_{K_\alpha} = R\,(Z-1)^2\,(1/1^2 - 1/2^2)$$

$R$ = *Rydberg*-Konstante*

$Z$ = Ordnungszahl

Die Gesetzmäßigkeit wurde 1913 von dem englischen Physiker *Henry Moseley* (1887 - 1915) entdeckt.

## 5.2 Aufbau des Periodensystems

Die Elemente sind im Periodensystem nach steigender Ordnungszahl $Z$ (Kernladungszahl, Anzahl der Protonen) geordnet.

Links oben steht das Element mit $Z = 1$ (Wasserstoff). Geht man im Periodensystem nach rechts, nimmt die Ordnungszahl zu. In den waagerechten Zeilen, den **Perioden**, sind die Elemente so angeordnet, daß die Eigenschaften periodisch auftreten. Dadurch stehen Elemente mit ähnlichen Eigenschaften untereinander. Die entstehenden senkrechten Spalten werden als **Gruppen** bezeichnet.

Es gibt im Periodensystem sieben Perioden, die jeweils eine bestimmte Anzahl an Elementen aufweisen:

1. Periode: 2 Elemente
2. Periode: 8 Elemente
3. Periode: 8 Elemente
4. Periode: 18 Elemente
5. Periode: 18 Elemente
6. Periode: 32 Elemente
7. Periode: 25 Elemente sind bisher bekannt (bis Element 111)

Es treten im Periodensysten acht Hauptgruppen (I bis VIII) und acht Nebengruppen (Ia bis VIIIa) auf.

Teilweise werden in der chemischen Literatur die Hauptgruppen auch mit einem kleinen „a" gekennzeichnet und die Nebengruppen mit einem kleinen „b" (Beispiele: IIa, VIb).

Hauptgruppen

| Perioden | I | II | III | IV | V | VI | VII | VIII |
|---|---|---|---|---|---|---|---|---|
| 1 | 1,008 1 H Wasserstoff | | | | | | | 4,003 2 He Helium |
| 2 | 6,941 3 Li Lithium | 9,012 4 Be Beryllium | 10,81 5 B Bor | 12,01 6 C Kohlenstoff | 14,01 7 N Stickstoff | 16,00 8 O Sauerstoff | 19,00 9 F Fluor | 20,18 10 Ne Neon |
| 3 | 22,99 11 Na Natrium | 24,31 12 Mg Magnesium | 26,98 13 Al Aluminium | 28,09 14 Si Silicium | 30,97 15 P Phosphor | 32,07 16 S Schwefel | 35,45 17 Cl Chlor | 39,95 18 Ar Argon |
| 4 | 39,10 19 K Kalium | 40,08 20 Ca Calcium | 69,72 31 Ga Gallium | 72,61 32 Ge Germanium | 74,92 33 As Arsen | 78,96 34 Se Selen | 79,90 35 Br Brom | 83,80 36 Kr Krypton |
| 5 | 85,47 37 Rb Rubidium | 87,62 38 Sr Strontium | 114,8 49 In Indium | 118,7 50 Sn Zinn | 121,8 51 Sb Antimon | 127,6 52 Te Tellur | 126,9 53 I Iod | 131,3 54 Xe Xenon |
| 6 | 132,9 55 Cs Caesium | 137,3 56 Ba Barium | 204,4 81 Tl Thallium | 207,2 82 Pb Blei | 209,0 83 Bi Bismut | 209 84 Po Polonium | 210 85 At Astat | 222 86 Rn Radon |
| 7 | 223 87 Fr Francium | 226,0 88 Ra Radium | | | | | | |

Verkürztes Periodensystem

Die Hauptgruppen werden häufig mit eigenen Namen bezeichnet:

I. Hauptgruppe: Alkalimetalle (außer H)
II. Hauptgruppe: Erdalkalimetalle
III. Hauptgruppe: Erdmetalle (Borgruppe)
IV. Hauptgruppe: Kohlenstoffgruppe
V. Hauptgruppe: Stickstoffgruppe
VI. Hauptgruppe: Chalkogene („Erzbildner")
VII. Hauptgruppe: Halogene („Salzbildner")
VIII. Hauptgruppe: Edelgase

Die Abbildung zeigt ein verkürztes Periodensystem, in dem nur die Hauptgruppenelemente enthalten sind. Links über dem Elementsymbol steht die gerundete Atommasse in u, links unten die Ordnungszahl *Z*.

Das vollständige Periodensystem ist bei den hinteren Umschlagseiten zu finden.

1985 hat die IUPAC (International Union of Pure and Applied Chemistry) ein neues System zur Bezeichnung der Haupt- und Nebengruppen vorgeschlagen, das sich aber bis jetzt nicht durchgesetzt hat. Es scheint auch nicht sehr zweckmäßig zu sein. Danach werden alle Haupt- und Nebengruppen von 1 bis 18 durchnumeriert.

| „alte" Bezeichnung | neue Bezeichnung |
|---|---|
| I | 1 |
| II | 2 |
| IIIa | 3 |
| IVa | 4 |
| Va | 5 |
| VIa | 6 |
| VIIa | 7 |
| VIIIa | 8, 9, 10 |
| Ia | 11 |
| IIa | 12 |
| III | 13 |
| IV | 14 |
| V | 15 |
| VI | 16 |
| VII | 17 |
| VIII | 18 |

## Atombau und Periodensystem

Zwischen dem Bau der Atome und dem Periodensystem der Elemente bestehen wichtige Beziehungen.

Alle Atome der Elemente in einer **Periode** besitzen die gleiche Anzahl von Elektronenschalen. Die Nummer der Periode entspricht dabei der Anzahl der Elektronenschalen.

*Beispiel:*

Natrium und Chlor sind Elemente der 3. Periode. Sie weisen in ihren Atomen jeweils drei Schalen auf (K,L,M), die ganz oder teilweise mit Elektronen gefüllt sind.

Alle Atome der Elemente in einer **Hauptgruppe** besitzen die gleiche Anzahl von Elektronen auf der äußeren Schale. Diese Elektronen werden als Außenelektronen oder **Valenzelektronen** bezeichnet. Der Begriff stammt vom lateinischen Wort *valere* = wert sein.

*Beispiel:*

Magnesium und Barium sind Elemente der II. Hauptgruppe (Erdalkalimetalle). Sie besitzen in ihren Atomen jeweils zwei Valenzelektronen (Elektronen auf der äußeren Schale).

Ein Atom kann höchstens acht Außenelektronen (Valenzelektronen) aufweisen. Sie werden häufig durch Punkte symbolisch dargestellt.

Die Atome der **Nebengruppenelemente** besitzen meist zwei Außenelektronen. Die Anzahl der Valenzelektronen kann aber durchaus größer sein, da hierfür auch Elektronen von inneren Schalen dienen können.

## Auffüllung der Energieniveaus mit Elektronen

Die Auffüllung mit Elektronen erfolgt nach der Ordnungszahl *Z* der Elemente. Jedes Elektron, das dazukommt, gelangt in das niedrigste noch freie Energieniveau. Die folgende Abbildung zeigt das Energieniveauschema für die Hauptquantenzahlen $n = 1$ bis $n = 4$. Die maximale Elektronenzahl steht in den Kreisen.

| Hauptgruppe | I | II | III | IV | V | VI | VII | VIII |
|---|---|---|---|---|---|---|---|---|
| Element der 3.Periode | Na | Mg | Al | Si | P | S | Cl | Ar |

Valenzelektronen der Elemente der 3. Periode

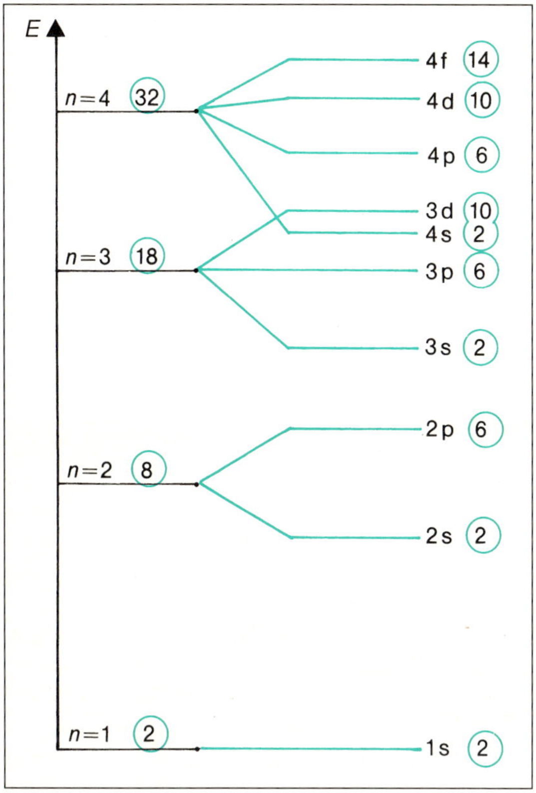


Energieniveauschema

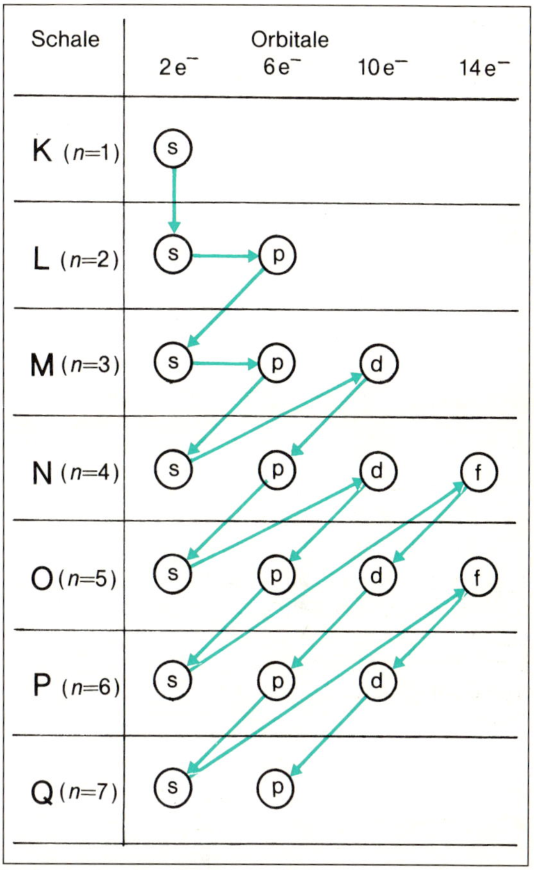


Reihenfolge der Elektronenauffüllung

Wie man dem Energieniveauschema entnehmen kann, liegt das 4s-Niveau energetisch niedriger als das 3d-Niveau. Das hat zur Folge, daß in der 4. Periode bei den Elementen Kalium ($Z = 19$) und Calcium ($Z = 20$) das 4s-Orbital gefüllt wird und anschließend vom Scandium ($Z = 21$) bis zum Zink ($Z = 30$) die fünf 3d-Orbitale. Mit dem Gallium ($Z = 31$) beginnt die Auffüllung der 4p-Orbitale.

Die folgende Abbildung zeigt die Reihenfolge der Auffüllung mit Elektronen.

Bei den **Hauptgruppenelementen** sind alle s- und p-Orbitale der inneren Schalen vollständig mit Elektronen gefüllt. Dagegen sind die d-Orbitale der zweitäußersten Schale unbesetzt (I. und II. Hauptgruppe) oder vollständig besetzt (III. bis VIII. Hauptgruppe).

Bei den Atomen der **Edelgase** tritt die Besonderheit auf, daß alle s- und p-Orbitale vollständig besetzt sind. Alle Edelgase (mit Ausnahme des Heliums) besitzen auf der äußersten Schale acht Elektronen.

Sie werden als **Elektronenoktett** bezeichnet (vom griechischen Wort *okto* = acht). Diese Elektronenkonfiguration (Elektronenanordnung) besitzt eine große Stabilität (Edelgasregel*) und erklärt die extreme Reaktionsträgheit der Edelgase.

Bei den **Nebengruppenelementen**, die auch als **Übergangselemente** bezeichnet werden, sind die beiden äußeren Schalen nicht vollständig mit Elektronen besetzt. Die d-Elektronen der zweitäußersten und die s-Elektronen der äußeren Schale bilden hier die Valenzelektronen.

Mit fünf Elektronen (halbbesetzt) bzw. zehn Elektronen (vollbesetzt) gefüllte d-Orbitale bilden einen besonders stabilen Zustand. Dadurch besitzen z.B. die Elemente Chrom ($Z = 24$) und Kupfer ($Z = 29$) jeweils nur ein 4s-Elektron, während die übrigen Nebengruppenelemente im allgemeinen zwei Außenelektronen aufweisen.

Besonders hervorzuheben sind die **inneren Übergangselemente**, bei denen die f-Orbitale der drittäußersten Schale mit Elektronen aufgefüllt werden. Die Elektronenanordnungen der beiden äußeren Schalen bleiben hier fast unverändert. Die Folge ist eine große Ähnlichkeit in den physikalischen und chemischen Eigenschaften.

Zu diesen Elementen zählen die 14 **Lanthanoide** (Elemente, die dem Lanthan ähnlich sind) von $Z = 58$ bis $Z = 71$ und die 14 **Actinoide** (Elemente, die dem Actinium ähnlich sind) von $Z = 90$ bis $Z = 103$.

Bei der Auffüllung von Orbitalen mit Elektronen muß die *Hund*sche Regel beachtet werden.

**Hundsche Regel:** Bei der Auffüllung von Orbitalen gleicher Nebenquantenzahl mit Elektronen wird erst jedes Orbital mit einem Elektron besetzt, bevor ein zweites Elektron in das Orbital kommt.

Dieser Sachverhalt ist von dem deutschen Physiker *Friedrich Hund* (geb. 1896) erkannt worden. Verkürzt läßt sich die *Hund*sche Regel auch folgendermaßen angeben: „Einfachbesetzung der Orbitale erfolgt vor Doppelbesetzung".

Die folgende Abbildung zeigt als Beispiel die Besetzung der 2p-Orbitale mit Elektronen für die Elemente Bor ($Z = 5$) bis Neon ($Z = 10$) gemäß der *Hund*schen Regel in der Kästchenschreibweise.

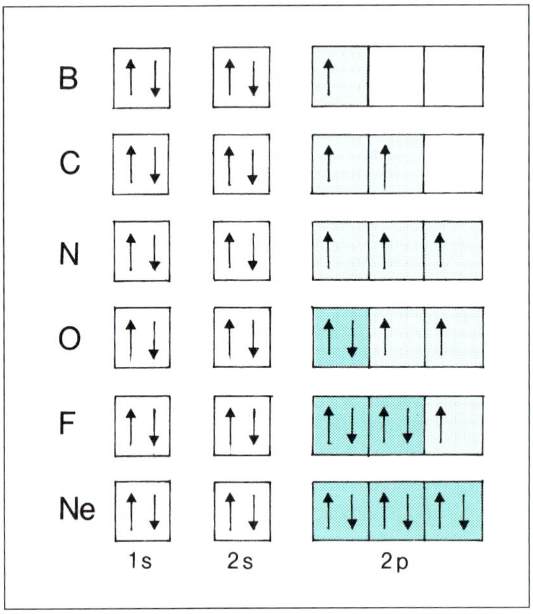


Besetzung der 2p-Orbitale nach der Hundschen Regel

Die Tabelle auf Seite 48/49 enthält die Elektronenkonfiguration (Elektronenanordnung) der Elemente. Das jeweils neu hinzukommende Elektron ist durch eine farbig gedruckte Zahl hervorgehoben.

## 5.3 Periodizität von Eigenschaften der Elemente

Viele Eigenschaften der Elemente ändern sich periodisch mit wachsender Ordnungszahl.

### Metalle, Halbmetalle, Nichtmetalle

Das wichtigste Merkmal für die drei Gruppen ist die elektrische Leitfähigkeit.

Metalle: gute elektrische Leitfähigkeit

Halbmetalle: geringe elektrische Leitfähigkeit

Nichtmetalle: Nichtleiter (Isolatoren)

Eine genaue Unterscheidung ist in einigen Fällen nicht möglich, da mehrere Elemente in verschiedenen Modifikationen (Erscheinungsformen) auftreten.

*Beispiel:*

Roter und weißer Phosphor sind typische Nichtmetalle; schwarzer Phosphor besitzt die Eigenschaften eines Halbmetalls.

Die meisten Elemente sind Metalle. Unter ihnen befinden sich alle Nebengruppenelemente einschließlich der Lanthanoide und Actinoide. In der I. und II. Hauptgruppe sind mit Ausnahme des Wasserstoffs nur Metalle zu finden. Dagegen stehen in der VII. und VIII. Hauptgruppe nur Nichtmetalle. Dazwischen sind die Halbmetalle zu finden.

Das folgende Periodensystem zeigt die Hauptgruppenelemente und die Einteilung in Metalle (dunkelgrün), Halbmetalle (hellgrün) und Nichtmetalle (grau).

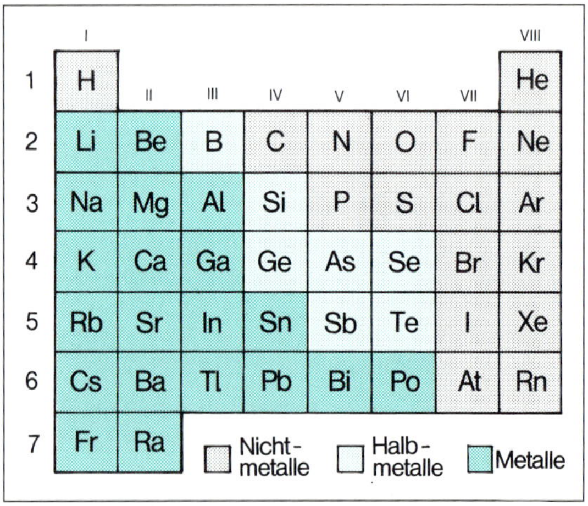


Metalle, Nichtmetalle und Halbmetalle

Wertigkeiten der Hauptgruppenelemente

| Hauptgruppe | I | II | III | IV | V | VI | VII |
|---|---|---|---|---|---|---|---|
| Größte Wertigkeit | I | II | III | IV | V | VI | VII |
| Beispiele | $Na_2O$ | $CaO$ | $Al_2O_3$ | $CO_2$ | $P_4O_{10}$ | $SO_3$ | $Cl_2O_7$ |
| Weitere Wertigkeiten | | | | II | III | II,IV | I,III,V |
| Beispiele | | | | $CO$ | $PCl_3$ | $H_2S$ $SO_2$ | $HCl$ $HOClO$ $I_2O_5$ |

## Wertigkeit*

Bei den Hauptgruppenelementen gibt die Nummer der Hauptgruppe die größtmögliche Wertigkeit an.

Es treten einige Besonderheiten auf:

1. **Sauerstoff** ist in seinen Verbindungen immer zweiwertig.

2. **Fluor** und **Wasserstoff** sind in ihren Verbindungen immer einwertig.

3. Die **Edelgase** wurden lange Zeit als nullwertig eingestuft, da keine Verbindungen bekannt waren. 1962 wurden die ersten Edelgasverbindungen hergestellt. Es können hierbei unterschiedliche Wertigkeiten auftreten.

4. Bei den **Nebengruppenelementen** wird die größte Wertigkeit gemäß der Gruppenzugehörigkeit häufig nicht erreicht.

## Atomradius

Zur Deutung der physikalischen und chemischen Eigenschaften von Stoffen ist die Kenntnis der Atomradien wichtig. Sie können durch Beugung von *Röntgen*- oder Elektronenstrahlen an Kristallgittern ermittelt werden (Band 2: Strukturaufklärung).

Innerhalb einer **Gruppe** nehmen die Atomradien von oben nach unten zu, da die Anzahl der Elektronenschalen zunimmt.

Innerhalb einer **Periode** nehmen die Atomradien von links nach rechts ab, da die Kernladungszahl (Anzahl der Protonen) zunimmt und die Anzahl der Elektronenschalen gleich bleibt. Daraus folgt eine Zusammenziehung der Atome.

In der folgenden Tabelle sind die Atomradien der Hauptgruppenelemente bis $Z = 86$ verzeichnet.

Weitere periodische Eigenschaften (**Ionenradien**, **Elektronegativitäten**) sind im Kapitel „Chemische Bindungen" zu finden.

| | I | II | III | IV | V | VI | VII | VIII |
|---|---|---|---|---|---|---|---|---|
| 1 | H 0,03 | | | | | | | He 0,09 |
| 2 | Li 0,15 | Be 0,11 | B 0,10 | C 0,09 | N 0,08 | O 0,07 | F 0,06 | Ne 0,13 |
| 3 | Na 0,19 | Mg 0,16 | Al 0,14 | Si 0,13 | P 0,12 | S 0,10 | Cl 0,10 | Ar 0,17 |
| 4 | K 0,23 | Ca 0,20 | Ga 0,13 | Ge 0,13 | As 0,12 | Se 0,12 | Br 0,11 | Kr 0,19 |
| 5 | Rb 0,25 | Sr 0,21 | In 0,16 | Sn 0,15 | Sb 0,15 | Te 0,14 | I 0,13 | Xe 0,20 |
| 6 | Cs 0,27 | Ba 0,22 | Tl 0,17 | Pb 0,17 | Bi 0,16 | Po 0,15 | At 0,14 | Rn 0,21 |

Atomradien in nm

Elektronenkonfiguration der Elemente (ab $Z = 89$ nicht gesichert)

| | $Z$ | | K | L | | M | | | N | | | | O | | | | P | | | Q |
|---|---|---|---|---|---|---|---|---|---|---|---|---|---|---|---|---|---|---|---|---|
| | | | 1*s* | 2*s* | 2*p* | 3*s* | 3*p* | 3*d* | 4*s* | 4*p* | 4*d* | 4*f* | 5*s* | 5*p* | 5*d* | 5*f* | 6*s* | 6*p* | 6*d* | 7*s* |
| 1.Per. | 1 | H | 1 | | | | | | | | | | | | | | | | | |
| | 2 | He | 2 | | | | | | | | | | | | | | | | | |
| 2.Periode | 3 | Li | 2 | 1 | | | | | | | | | | | | | | | | |
| | 4 | Be | 2 | 2 | | | | | | | | | | | | | | | | |
| | 5 | B | 2 | 2 | 1 | | | | | | | | | | | | | | | |
| | 6 | C | 2 | 2 | 2 | | | | | | | | | | | | | | | |
| | 7 | N | 2 | 2 | 3 | | | | | | | | | | | | | | | |
| | 8 | O | 2 | 2 | 4 | | | | | | | | | | | | | | | |
| | 9 | F | 2 | 2 | 5 | | | | | | | | | | | | | | | |
| | 10 | Ne | 2 | 2 | 6 | | | | | | | | | | | | | | | |
| 3.Periode | 11 | Na | 2 | 2 | 6 | 1 | | | | | | | | | | | | | | |
| | 12 | Mg | 2 | 2 | 6 | 2 | | | | | | | | | | | | | | |
| | 13 | Al | 2 | 2 | 6 | 2 | 1 | | | | | | | | | | | | | |
| | 14 | Si | 2 | 2 | 6 | 2 | 2 | | | | | | | | | | | | | |
| | 15 | P | 2 | 2 | 6 | 2 | 3 | | | | | | | | | | | | | |
| | 16 | S | 2 | 2 | 6 | 2 | 4 | | | | | | | | | | | | | |
| | 17 | Cl | 2 | 2 | 6 | 2 | 5 | | | | | | | | | | | | | |
| | 18 | Ar | 2 | 2 | 6 | 2 | 6 | | | | | | | | | | | | | |
| 4.Periode | 19 | K | 2 | 2 | 6 | 2 | 6 | | 1 | | | | | | | | | | | |
| | 20 | Ca | 2 | 2 | 6 | 2 | 6 | | 2 | | | | | | | | | | | |
| | 21 | Sc | 2 | 2 | 6 | 2 | 6 | 1 | 2 | | | | | | | | | | | |
| | 22 | Ti | 2 | 2 | 6 | 2 | 6 | 2 | 2 | | | | | | | | | | | |
| | 23 | V | 2 | 2 | 6 | 2 | 6 | 3 | 2 | | | | | | | | | | | |
| | 24 | Cr | 2 | 2 | 6 | 2 | 6 | 5 | 1 | | | | | | | | | | | |
| | 25 | Mn | 2 | 2 | 6 | 2 | 6 | 5 | 2 | | | | | | | | | | | |
| | 26 | Fe | 2 | 2 | 6 | 2 | 6 | 6 | 2 | | | | | | | | | | | |
| | 27 | Co | 2 | 2 | 6 | 2 | 6 | 7 | 2 | | | | | | | | | | | |
| | 28 | Ni | 2 | 2 | 6 | 2 | 6 | 8 | 2 | | | | | | | | | | | |
| | 29 | Cu | 2 | 2 | 6 | 2 | 6 | 10 | 1 | | | | | | | | | | | |
| | 30 | Zn | 2 | 2 | 6 | 2 | 6 | 10 | 2 | | | | | | | | | | | |
| | 31 | Ga | 2 | 2 | 6 | 2 | 6 | 10 | 2 | 1 | | | | | | | | | | |
| | 32 | Ge | 2 | 2 | 6 | 2 | 6 | 10 | 2 | 2 | | | | | | | | | | |
| | 33 | As | 2 | 2 | 6 | 2 | 6 | 10 | 2 | 3 | | | | | | | | | | |
| | 34 | Se | 2 | 2 | 6 | 2 | 6 | 10 | 2 | 4 | | | | | | | | | | |
| | 35 | Br | 2 | 2 | 6 | 2 | 6 | 10 | 2 | 5 | | | | | | | | | | |
| | 36 | Kr | 2 | 2 | 6 | 2 | 6 | 10 | 2 | 6 | | | | | | | | | | |
| 5.Periode | 37 | Rb | 2 | 2 | 6 | 2 | 6 | 10 | 2 | 6 | | | 1 | | | | | | | |
| | 38 | Sr | 2 | 2 | 6 | 2 | 6 | 10 | 2 | 6 | | | 2 | | | | | | | |
| | 39 | Y | 2 | 2 | 6 | 2 | 6 | 10 | 2 | 6 | 1 | | 2 | | | | | | | |
| | 40 | Zr | 2 | 2 | 6 | 2 | 6 | 10 | 2 | 6 | 2 | | 2 | | | | | | | |
| | 41 | Nb | 2 | 2 | 6 | 2 | 6 | 10 | 2 | 6 | 4 | | 1 | | | | | | | |
| | 42 | Mo | 2 | 2 | 6 | 2 | 6 | 10 | 2 | 6 | 5 | | 1 | | | | | | | |
| | 43 | Tc | 2 | 2 | 6 | 2 | 6 | 10 | 2 | 6 | 5 | | 2 | | | | | | | |
| | 44 | Ru | 2 | 2 | 6 | 2 | 6 | 10 | 2 | 6 | 7 | | 1 | | | | | | | |
| | 45 | Rh | 2 | 2 | 6 | 2 | 6 | 10 | 2 | 6 | 8 | | 1 | | | | | | | |
| | 46 | Pd | 2 | 2 | 6 | 2 | 6 | 10 | 2 | 6 | 10 | | | | | | | | | |
| | 47 | Ag | 2 | 2 | 6 | 2 | 6 | 10 | 2 | 6 | 10 | | 1 | | | | | | | |
| | 48 | Cd | 2 | 2 | 6 | 2 | 6 | 10 | 2 | 6 | 10 | | 2 | | | | | | | |
| | 49 | In | 2 | 2 | 6 | 2 | 6 | 10 | 2 | 6 | 10 | | 2 | 1 | | | | | | |
| | 50 | Sn | 2 | 2 | 6 | 2 | 6 | 10 | 2 | 6 | 10 | | 2 | 2 | | | | | | |
| | 51 | Sb | 2 | 2 | 6 | 2 | 6 | 10 | 2 | 6 | 10 | | 2 | 3 | | | | | | |
| | 52 | Te | 2 | 2 | 6 | 2 | 6 | 10 | 2 | 6 | 10 | | 2 | 4 | | | | | | |
| | 53 | I | 2 | 2 | 6 | 2 | 6 | 10 | 2 | 6 | 10 | | 2 | 5 | | | | | | |
| | 54 | Xe | 2 | 2 | 6 | 2 | 6 | 10 | 2 | 6 | 10 | | 2 | 6 | | | | | | |

| | Z | | K | L | | M | | | N | | | | O | | | | P | | | Q |
|---|---|---|---|---|---|---|---|---|---|---|---|---|---|---|---|---|---|---|---|---|
| | | | 1*s* | 2*s* | 2*p* | 3*s* | 3*p* | 3*d* | 4*s* | 4*p* | 4*d* | 4*f* | 5*s* | 5*p* | 5*d* | 5*f* | 6*s* | 6*p* | 6*d* | 7*s* |
| 6.Periode | 55 | Cs | 2 | 2 | 6 | 2 | 6 | 10 | 2 | 6 | 10 | | 2 | 6 | | | 1 | | | |
| | 56 | Ba | 2 | 2 | 6 | 2 | 6 | 10 | 2 | 6 | 10 | | 2 | 6 | | | 2 | | | |
| | 57 | La | 2 | 2 | 6 | 2 | 6 | 10 | 2 | 6 | 10 | | 2 | 6 | 1 | | 2 | | | |
| | 58 | Ce | 2 | 2 | 6 | 2 | 6 | 10 | 2 | 6 | 10 | 2 | 2 | 6 | | | 2 | | | |
| | 59 | Pr | 2 | 2 | 6 | 2 | 6 | 10 | 2 | 6 | 10 | 3 | 2 | 6 | | | 2 | | | |
| | 60 | Nd | 2 | 2 | 6 | 2 | 6 | 10 | 2 | 6 | 10 | 4 | 2 | 6 | | | 2 | | | |
| | 61 | Pm | 2 | 2 | 6 | 2 | 6 | 10 | 2 | 6 | 10 | 5 | 2 | 6 | | | 2 | | | |
| | 62 | Sm | 2 | 2 | 6 | 2 | 6 | 10 | 2 | 6 | 10 | 6 | 2 | 6 | | | 2 | | | |
| | 63 | Eu | 2 | 2 | 6 | 2 | 6 | 10 | 2 | 6 | 10 | 7 | 2 | 6 | | | 2 | | | |
| | 64 | Gd | 2 | 2 | 6 | 2 | 6 | 10 | 2 | 6 | 10 | 7 | 2 | 6 | 1 | | 2 | | | |
| | 65 | Tb | 2 | 2 | 6 | 2 | 6 | 10 | 2 | 6 | 10 | 9 | 2 | 6 | | | 2 | | | |
| | 66 | Dy | 2 | 2 | 6 | 2 | 6 | 10 | 2 | 6 | 10 | 10 | 2 | 6 | | | 2 | | | |
| | 67 | Ho | 2 | 2 | 6 | 2 | 6 | 10 | 2 | 6 | 10 | 11 | 2 | 6 | | | 2 | | | |
| | 68 | Er | 2 | 2 | 6 | 2 | 6 | 10 | 2 | 6 | 10 | 12 | 2 | 6 | | | 2 | | | |
| | 69 | Tm | 2 | 2 | 6 | 2 | 6 | 10 | 2 | 6 | 10 | 13 | 2 | 6 | | | 2 | | | |
| | 70 | Yb | 2 | 2 | 6 | 2 | 6 | 10 | 2 | 6 | 10 | 14 | 2 | 6 | | | 2 | | | |
| | 71 | Lu | 2 | 2 | 6 | 2 | 6 | 10 | 2 | 6 | 10 | 14 | 2 | 6 | 1 | | 2 | | | |
| | 72 | Hf | 2 | 2 | 6 | 2 | 6 | 10 | 2 | 6 | 10 | 14 | 2 | 6 | 2 | | 2 | | | |
| | 73 | Ta | 2 | 2 | 6 | 2 | 6 | 10 | 2 | 6 | 10 | 14 | 2 | 6 | 3 | | 2 | | | |
| | 74 | W | 2 | 2 | 6 | 2 | 6 | 10 | 2 | 6 | 10 | 14 | 2 | 6 | 4 | | 2 | | | |
| | 75 | Re | 2 | 2 | 6 | 2 | 6 | 10 | 2 | 6 | 10 | 14 | 2 | 6 | 5 | | 2 | | | |
| | 76 | Os | 2 | 2 | 6 | 2 | 6 | 10 | 2 | 6 | 10 | 14 | 2 | 6 | 6 | | 2 | | | |
| | 77 | Ir | 2 | 2 | 6 | 2 | 6 | 10 | 2 | 6 | 10 | 14 | 2 | 6 | 7 | | 2 | | | |
| | 78 | Pt | 2 | 2 | 6 | 2 | 6 | 10 | 2 | 6 | 10 | 14 | 2 | 6 | 9 | | 1 | | | |
| | 79 | Au | 2 | 2 | 6 | 2 | 6 | 10 | 2 | 6 | 10 | 14 | 2 | 6 | 10 | | 1 | | | |
| | 80 | Hg | 2 | 2 | 6 | 2 | 6 | 10 | 2 | 6 | 10 | 14 | 2 | 6 | 10 | | 2 | | | |
| | 81 | Tl | 2 | 2 | 6 | 2 | 6 | 10 | 2 | 6 | 10 | 14 | 2 | 6 | 10 | | 2 | 1 | | |
| | 82 | Pb | 2 | 2 | 6 | 2 | 6 | 10 | 2 | 6 | 10 | 14 | 2 | 6 | 10 | | 2 | 2 | | |
| | 83 | Bi | 2 | 2 | 6 | 2 | 6 | 10 | 2 | 6 | 10 | 14 | 2 | 6 | 10 | | 2 | 3 | | |
| | 84 | Po | 2 | 2 | 6 | 2 | 6 | 10 | 2 | 6 | 10 | 14 | 2 | 6 | 10 | | 2 | 4 | | |
| | 85 | At | 2 | 2 | 6 | 2 | 6 | 10 | 2 | 6 | 10 | 14 | 2 | 6 | 10 | | 2 | 5 | | |
| | 86 | Rn | 2 | 2 | 6 | 2 | 6 | 10 | 2 | 6 | 10 | 14 | 2 | 6 | 10 | | 2 | 6 | | |
| 7.Periode | 87 | Fr | 2 | 2 | 6 | 2 | 6 | 10 | 2 | 6 | 10 | 14 | 2 | 6 | 10 | | 2 | 6 | | 1 |
| | 88 | Ra | 2 | 2 | 6 | 2 | 6 | 10 | 2 | 6 | 10 | 14 | 2 | 6 | 10 | | 2 | 6 | | 2 |
| | 89 | Ac | 2 | 2 | 6 | 2 | 6 | 10 | 2 | 6 | 10 | 14 | 2 | 6 | 10 | | 2 | 6 | 1 | 2 |
| | 90 | Th | 2 | 2 | 6 | 2 | 6 | 10 | 2 | 6 | 10 | 14 | 2 | 6 | 10 | | 2 | 6 | 2 | 2 |
| | 91 | Pa | 2 | 2 | 6 | 2 | 6 | 10 | 2 | 6 | 10 | 14 | 2 | 6 | 10 | 2 | 2 | 6 | 1 | 2 |
| | 92 | U | 2 | 2 | 6 | 2 | 6 | 10 | 2 | 6 | 10 | 14 | 2 | 6 | 10 | 3 | 2 | 6 | 1 | 2 |
| | 93 | Np | 2 | 2 | 6 | 2 | 6 | 10 | 2 | 6 | 10 | 14 | 2 | 6 | 10 | 4 | 2 | 6 | 1 | 2 |
| | 94 | Pu | 2 | 2 | 6 | 2 | 6 | 10 | 2 | 6 | 10 | 14 | 2 | 6 | 10 | 6 | 2 | 6 | | 2 |
| | 95 | Am | 2 | 2 | 6 | 2 | 6 | 10 | 2 | 6 | 10 | 14 | 2 | 6 | 10 | 7 | 2 | 6 | | 2 |
| | 96 | Cm | 2 | 2 | 6 | 2 | 6 | 10 | 2 | 6 | 10 | 14 | 2 | 6 | 10 | 7 | 2 | 6 | 1 | 2 |
| | 97 | Bk | 2 | 2 | 6 | 2 | 6 | 10 | 2 | 6 | 10 | 14 | 2 | 6 | 10 | 9 | 2 | 6 | | 2 |
| | 98 | Cf | 2 | 2 | 6 | 2 | 6 | 10 | 2 | 6 | 10 | 14 | 2 | 6 | 10 | 10 | 2 | 6 | | 2 |
| | 99 | Es | 2 | 2 | 6 | 2 | 6 | 10 | 2 | 6 | 10 | 14 | 2 | 6 | 10 | 11 | 2 | 6 | | 2 |
| | 100 | Fm | 2 | 2 | 6 | 2 | 6 | 10 | 2 | 6 | 10 | 14 | 2 | 6 | 10 | 12 | 2 | 6 | | 2 |
| | 101 | Md | 2 | 2 | 6 | 2 | 6 | 10 | 2 | 6 | 10 | 14 | 2 | 6 | 10 | 13 | 2 | 6 | | 2 |
| | 102 | No | 2 | 2 | 6 | 2 | 6 | 10 | 2 | 6 | 10 | 14 | 2 | 6 | 10 | 14 | 2 | 6 | | 2 |
| | 103 | Lr | 2 | 2 | 6 | 2 | 6 | 10 | 2 | 6 | 10 | 14 | 2 | 6 | 10 | 14 | 2 | 6 | 1 | 2 |
| | 104 | Ku | 2 | 2 | 6 | 2 | 6 | 10 | 2 | 6 | 10 | 14 | 2 | 6 | 10 | 14 | 2 | 6 | 2 | 2 |
| | 105 | Ha | 2 | 2 | 6 | 2 | 6 | 10 | 2 | 6 | 10 | 14 | 2 | 6 | 10 | 14 | 2 | 6 | 3 | 2 |
| | 106 | Sg | 2 | 2 | 6 | 2 | 6 | 10 | 2 | 6 | 10 | 14 | 2 | 6 | 10 | 14 | 2 | 6 | 4 | 2 |
| | 107 | Ns | 2 | 2 | 6 | 2 | 6 | 10 | 2 | 6 | 10 | 14 | 2 | 6 | 10 | 14 | 2 | 6 | 5 | 2 |
| | 108 | Hs | 2 | 2 | 6 | 2 | 6 | 10 | 2 | 6 | 10 | 14 | 2 | 6 | 10 | 14 | 2 | 6 | 6 | 2 |
| | 109 | Mt | 2 | 2 | 6 | 2 | 6 | 10 | 2 | 6 | 10 | 14 | 2 | 6 | 10 | 14 | 2 | 6 | 7 | 2 |

# 6 Chemische Bindungen

Bei chemischen Reaktionen werden vorhandene Bindungen zerstört und neue Bindungen hergestellt. Dabei treten Veränderungen der Elektronenhüllen auf, während die Atomkerne unverändert bleiben.

Es gibt insbesondere zwei grundsätzlich unterschiedliche Bindungsarten: die **Ionenbindung** und die **Atombindung**.

## 6.1 Ionenbindung

Läßt man Chlorgas mit metallischem Natrium in einem Glasrohr reagieren, so erhält man einen weißen, festen Stoff mit salzigem Geschmack. Es hat sich Kochsalz (Natriumchlorid) gebildet.

Reaktionsgleichung: $2\ Na(l) + Cl_2(g) \longrightarrow 2\ NaCl(s)$

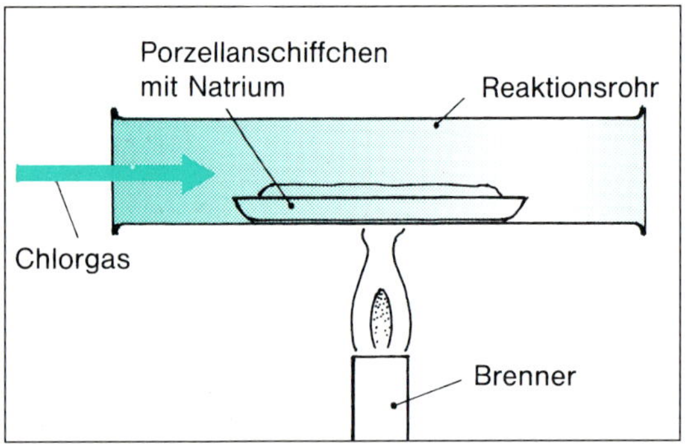


Reaktion zwischen Chlor und Natrium

Untersucht man die **elektrische Leitfähigkeit** der wäßrigen Kochsalzlösung oder einer Schmelze des Stoffes, so stellt man fest, daß der elektrische Strom gut geleitet wird.

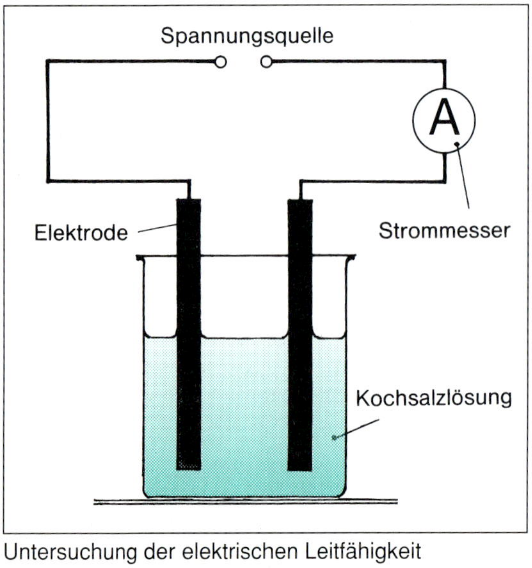


Untersuchung der elektrischen Leitfähigkeit

Bei der Ermittlung der elektrischen Leitfähigkeit einer Natriumchloridlösung kann man an einer Elektrode (Anode*) Gasbläschen aufsteigen sehen, die einen stechenden Geruch besitzen (Chlor).

Dagegen leiten die Metalle und Graphit den elektrischen Strom ohne stoffliche Veränderungen.

**Metalle** und Graphit sind Leiter 1. Klasse (Elektronenleiter). Sie leiten den elektrischen Strom ohne stoffliche Veränderungen.

Die elektrische Leitfähigkeit des Metalls Kupfer kommt beispielsweise dadurch zustande, daß jedes Kupferatom ein Elektron für den Ladungstransport zur Verfügung stellt.

**Salze** sind Leiter 2. Klasse (Elektrolyte oder Ionenleiter). Beim Fließen des elektrischen Stromes durch ihre wäßrigen Lösungen oder ihre Schmelzen treten stoffliche Veränderungen auf.

In den Lösungen und Schmelzen von Salzen liegen elektrisch geladene Teilchen (**Ionen**) vor, die für die elektrische Leitfähigkeit verantwortlich sind.

### Bildung der Ionen

**Ionen** sind elektrisch geladene Atome oder Atomgruppen. Sie entstehen durch Abgabe oder Aufnahme von einem oder mehreren Elektronen.

Der Begriff „Ion" stammt aus der griechischen Sprache und bedeutet „Wanderer".

Ionen können positiv oder negativ geladen sein.

**Positiv geladene Ionen** kommen durch Elektronenabgabe zustande. Beim Anlegen einer Spannung wandern sie zur **Kathode** (dem Minuspol). Sie werden als **Kationen** bezeichnet.

*Beispiele:*

Ein Natriumatom gibt ein Elektron ab und wird zu einem Natriumkation (einfach positiv geladen).

$$Na - e^- \longrightarrow Na^+$$

Das Kation wird durch ein hochgestelltes Pluszeichen charakterisiert. Man liest „Na-Plus".

Ein Magnesiumatom gibt zwei Elektronen ab und wird zu einem Magnesiumkation (zweifach positiv geladen).

$$Mg - 2\ e^- \longrightarrow Mg^{2+}$$

Man liest „Mg-2-Plus".

**Negativ geladene Ionen** kommen durch Elektronenaufnahme zustande. Beim Anlegen einer Spannung wandern sie zur **Anode** (dem Pluspol). Sie werden als **Anionen** bezeichnet.

*Beispiele:*

Ein Chloratom nimmt ein Elektron auf und wird zu einem Chloridanion (einfach negativ geladen).

$$Cl + e^- \longrightarrow Cl^-$$

Ein Schwefelatom nimmt zwei Elektronen auf und wird zu einem Sulfidanion (zweifach negativ geladen).

$$S + 2\ e^- \longrightarrow S^{2-}$$

Der Name „Sulfid" kommt vom lateinischen Wort *sulfur* = Schwefel.

Die Wanderung der Ionen läßt sich durch die Elektrolyse beweisen.

**Elektrolyse:** Zerlegung (Analyse) einer Ionenverbindung mit Hilfe des elektrischen Stromes

Dies ist eine vorläufige Definition des Begriffes „Elektrolyse". Er wird im 2. Band wieder aufgegriffen und erweitert.

## Elektrolyse einer Kupferchloridlösung

In ein Gefäß mit wäßriger, blauer Kupferchloridlösung tauchen zwei Graphitelektroden, die mit einer Gleichspannungsquelle verbunden sind. Nach dem Schließen des Stromkreises überzieht sich die Kathode (negativ geladene Elektrode) mit einer rötlichen, metallischen Schicht (Kupfer). An der Anode (positiv geladene Elektrode) bildet sich ein gelbgrünes Gas mit stechendem Geruch (Chlor).

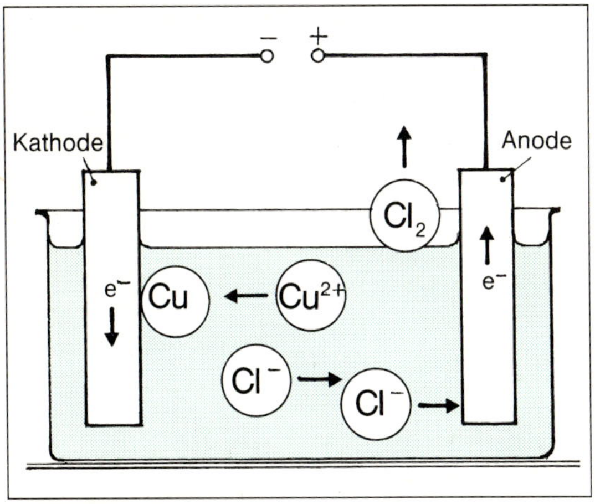


Elektrolyse einer Kupferchloridlösung

Die Kupferkationen $Cu^{2+}$ wandern zur Kathode (Minuspol), da sich entgegengesetzt geladene Körper anziehen. Dort nimmt jedes Kupferkation zwei Elektronen auf und wird entladen. Es entstehen Kupferatome, die sich auf der Elektrode niederschlagen.

Kathode: $Cu^{2+}(aq) + 2\ e^- \longrightarrow Cu(s)$

Die Chloridanionen $Cl^-$ wandern zur Anode (Pluspol). Dort geben sie jeweils ein Elektron ab. Es entstehen ungeladene Chloratome, die sich zu Chlormolekülen $Cl_2$ zusammenschließen. Es entweicht Chlorgas.

Anode: $2\ Cl^-(aq) - 2\ e^- \longrightarrow Cl_2(g)$

Alle **Salze** sind aus Ionen aufgebaut, d.h., Salze sind **Ionenverbindungen**. Sie enthalten Anionen und Kationen.

*Beispiele:*

| Salz | Kation | Anion |
|---|---|---|
| Natriumchlorid NaCl | $Na^+$ | $Cl^-$ |
| Kupferchlorid $CuCl_2$ | $Cu^{2+}$ | $Cl^-$ |
| Silbernitrat $AgNO_3$ | $Ag^+$ | $NO_3^-$ |
| Aluminiumsulfat $Al_2(SO_4)_3$ | $Al^{3+}$ | $SO_4^{2-}$ |
| Kaliumhydroxid KOH | $K^+$ | $OH^-$ |

Ionen sind bereits im festen Zustand der Salze vorhanden. Sie bilden sich nicht erst beim Lösen in Wasser oder gar beim Anlegen einer Spannung. In einer wäßrigen Lösung sind die Ionen frei beweglich. Diese grundlegenden Erkenntnisse sind bereits 1887 von dem schwedischen Physikochemiker *Svante Arrhenius* (1859 - 1927) entwickelt worden.

## Edelgasregel (Oktettregel)

Anionen und Kationen können unterschiedlich große Ladungen aufweisen. So ist z.B. das Natriumkation ($Na^+$) einfach positiv, das Aluminiumkation ($Al^{3+}$) dreifach positiv, das Chloridanion ($Cl^-$) einfach negativ und das Oxidanion ($O^{2-}$) zweifach negativ geladen.

Die scheinbar willkürliche Ionenbildung folgt in den meisten Fällen der **Edelgasregel**, die 1916 von dem deutschen Physiker *Walter Kossel* (1888 - 1956) und dem amerikanischen Physikochemiker *Gilbert Newton Lewis* (1875 - 1946) aufgestellt wurde.

**Edelgasregel:** Atome haben das Bestreben, die Elektronenkonfiguration* der Edelgase zu erreichen. Dies kann durch Abgabe oder Aufnahme von Elektronen erreicht werden. Auf der äußeren Schale befinden sich dann acht (bzw. zwei) Elektronen.

Die Edelgasregel wird auch als **Oktettregel** bezeichnet (nach dem griechischen Wort *okto* = acht). Hierbei ist zu beachten, daß auch die Elektronenkonfiguration des Heliums mit zwei Elektronen vorliegen kann (wie z.B. in den Ionen $Li^+$ und $H^-$).

*Beispiel:*

In der folgenden Abbildung ist die Bildung von Natriumkationen und Chloridanionen gemäß der Edelgasregel dargestellt.

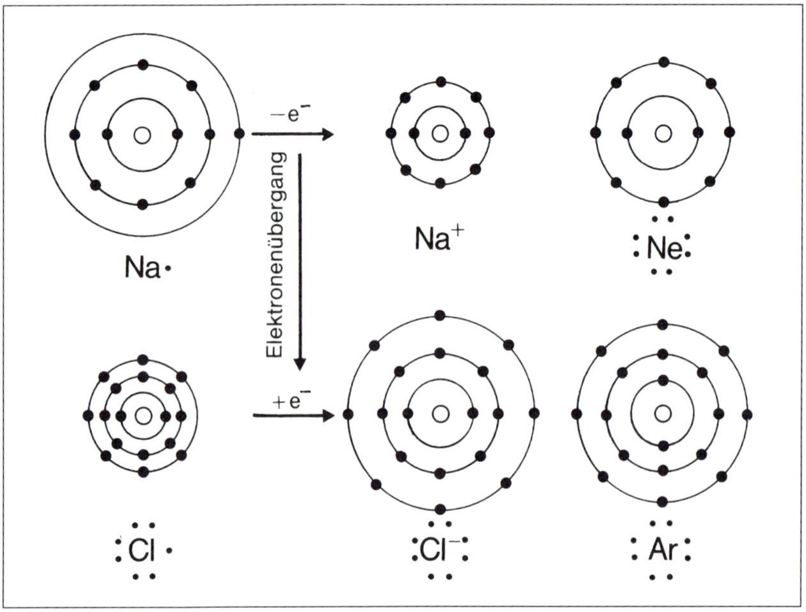


Bildung von Natriumkationen und Chloridanionen

Durch die Abgabe eines Elektrons entsteht aus dem Natriumatom ein Natriumkation. Es besitzt die gleiche Elektronenanordnung wie das Edelgas Neon. Durch die Aufnahme eines Elektrons entsteht aus dem Chloratom ein Chloridanion. Es besitzt die gleiche Elektronenanordnung wie das Edelgas Argon.

Die Elemente der Hauptgruppen I bis III bilden bevorzugt Kationen:

I. Hauptgruppe: $Na^+$, $K^+$ (einfach positiv geladen)

II. Hauptgruppe: $Mg^{2+}$, $Ca^{2+}$ (zweifach positiv geladen)

III. Hauptgruppe: $Al^{3+}$, $Tl^{3+}$ (dreifach positiv geladen)

Die Elemente der Hauptgruppen V bis VII bilden bevorzugt Anionen:

V. Hauptgruppe: $N^{3-}$, $P^{3-}$ (dreifach negativ geladen)

VI. Hauptgruppe: $O^{2-}$, $S^{2-}$ (zweifach negativ geladen)

VII. Hauptgruppe: $F^-$, $Br^-$ (einfach negativ geladen)

Die Elemente der IV. Hauptgruppe (Kohlenstoffgruppe) können Elektronen aufnehmen oder abgeben. Am häufigsten ist die Ausbildung von Atombindungen* anzutreffen.

## Ionengitter

Salze sind aus Ionen aufgebaut, deren Ladungen sich im Vorzeichen unterscheiden. So zieht das Anion die Kationen an und umgekehrt. Andererseits stoßen sich gleichnamig geladene Ionen ab. Da die elektrostatischen (= ruhende Ladungen) Anziehungskräfte überwiegen, lagern sich stets viele Ionen zusammen an.

Die Kraft zwischen zwei geladenen Teilchen läßt sich mit Hilfe des *Coulomb*schen Gesetzes berechnen:

**Coulombsches Gesetz:** $$F = \frac{1}{4\pi\varepsilon_0} \cdot \frac{Q_1 \cdot Q_2}{r^2}$$

$\varepsilon_0$ = elektrische Feldkonstante

$Q_1$, $Q_2$ = Ladungen der beiden Teilchen

$r$ = Abstand der Teilchen

Da die anziehenden Kräfte größer sind als die abstoßenden, bildet sich ein regelmäßig gebauter **Ionenkristall** mit einer bestimmten Geometrie. Die vorliegende Anordnung wird auch als **Ionengitter** bezeichnet.

Feste Salze bilden ein **Ionengitter**. In ihm sind die Anionen und Kationen regelmäßig angeordnet. Der elektrostatische Zusammenhalt zwischen den Ionen wird als **Ionenbindung** bezeichnet.

Durch die verschiedenen Ionenradien und Ionenladungen können sich unterschiedliche Ionengitter bilden. So kristallisiert Natriumchlorid in einem kubischen System. Der Begriff „kubisch" stammt vom lateinischen Wort *cubus* = Würfel.

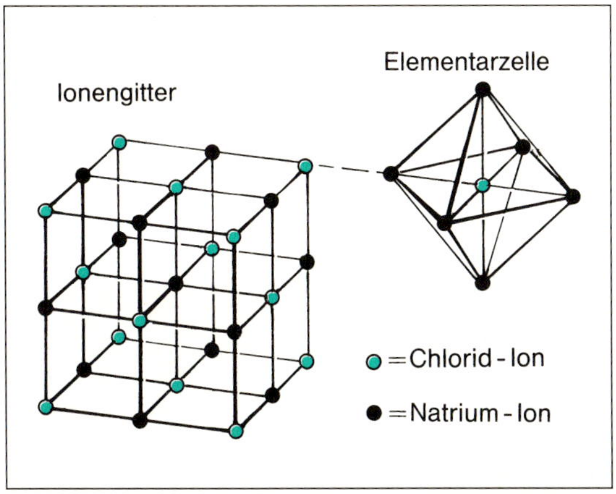


Ionengitter und Elementarzelle des Natriumchlorids

Jedes Chloridanion ist von sechs Natriumkationen umgeben und umgekehrt. Man bezeichnet diese Anordnung als **Elementarzelle**. Die Anzahl der Nachbarn eines Ions ergibt die **Koordinationszahl**. Sie beträgt im Natriumchloridgitter 6. Die sechs Nachbarn eines jeden Ions befinden sich in den Ecken eines Oktaeders.

Der Begriff „Koordinationszahl" stammt vom lateinischen Wort *coordinare* = zuordnen.

## Ionenradien

Das Kristallsystem eines Salzes wird im wesentlichen durch das Ionenradienverhältnis bestimmt. Für binäre Verbindungen (Verhältnis von Kationen zu Anionen = 1 : 1) gibt es drei verschiedene Gittertypen.

| Ionenradienverhältnis | Gittertyp | Koordinationszahl |
|---|---|---|
| > 0,732 | CsCl | 8 |
| 0,732 bis 0,414 | NaCl | 6 |
| > 0,414 | ZnS | 4 |

In der folgenden Tabelle sind die Ionenradien der wichtigsten Ionen der Hauptgruppenelemente verzeichnet.

| | I | II | III | IV | V | VI | VII | VIII |
|---|---|---|---|---|---|---|---|---|
| 1 | $H^-$ 0,21 | | | | | | | |
| 2 | $Li^+$ 0,06 | $Be^{2+}$ 0,03 | $B^{3+}$ 0,02 | $C^{4-}$ 0,26 | $N^{3-}$ 0,17 | $O^{2-}$ 0,14 | $F^-$ 0,14 | |
| 3 | $Na^+$ 0,09 | $Mg^{2+}$ 0,07 | $Al^{3+}$ 0,05 | $Si^{4+}$ 0,04 | $P^{3-}$ 0,21 | $S^{2-}$ 0,18 | $Cl^-$ 0,18 | |
| 4 | $K^+$ 0,13 | $Ca^{2+}$ 0,10 | $Ga^{3+}$ 0,06 | $Ge^{4+}$ 0,05 | $As^{3-}$ 0,22 | $Se^{2-}$ 0,20 | $Br^-$ 0,19 | |
| 5 | $Rb^+$ 0,15 | $Sr^{2+}$ 0,11 | $In^{3+}$ 0,08 | $Sn^{4+}$ 0,07 | | $Te^{2-}$ 0,22 | $I^-$ 0,22 | |
| 6 | $Cs^+$ 0,17 | $Ba^{2+}$ 0,14 | $Tl^{3+}$ 0,10 | $Pb^{4+}$ 0,08 | | | | |

Ionenradien in nm

Die Kationen sind stets kleiner als die entsprechenden Atome, während die Anionen erheblich größer sind als die Atome.

Recht interessant ist ein Vergleich der Radien **isoelektronischer Ionen**. Sie weisen die gleiche Elektronenzahl auf.

**Radien der Ionen mit 10 Elektronen (in nm)**

| *Z* | Ion | Radius |
|---|---|---|
| 6 | $C^{4-}$ | 0,26 |
| 7 | $N^{3-}$ | 0,17 |
| 8 | $O^{2-}$ | 0,14 |
| 9 | $F^-$ | 0,14 |
| 11 | $Na^+$ | 0,09 |
| 12 | $Mg^{2+}$ | 0,07 |
| 13 | $Al^{3+}$ | 0,05 |
| 14 | $Si^{4+}$ | 0,04 |

Gittertypen

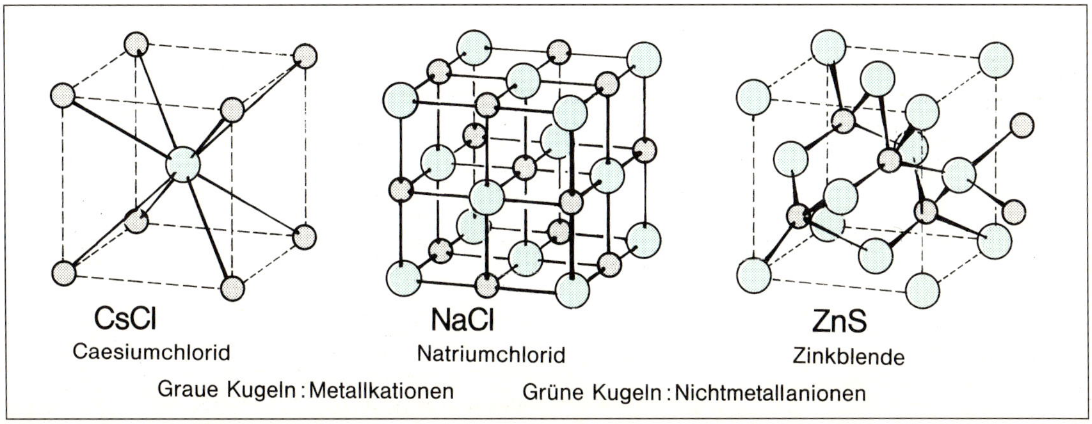

Die Zunahme der Kernladungszahl (Ordnungszahl) von $Z = 6$ bis $Z = 14$ bei gleicher Elektronenzahl bewirkt eine beträchtliche Verringerung des Ionenradius.

## Gitterenergie (Gitterenthalpie)

Bei der Bildung eines Ionengitters aus den Elementen (z.B. Natrium und Chlor) treten energetisch unterschiedliche Reaktionsschritte auf.

1. Das feste Metall geht in den gasförmigen Zustand über. Dazu ist **Sublimationsenergie** $\Delta H_S$ notwendig.

2. Die Moleküle des Nichtmetalls werden in Atome aufgespalten. Hierzu muß die **Bindungsenergie** $\Delta H_B$ zugeführt werden.

3. Die Metallatome müssen in Kationen überführt werden. Dazu benötigt man die **Ionisierungsenergie** $\Delta H_I$.

4. Die Nichtmetallatome werden durch Elektronenaufnahme zu Anionen. Dieser Vorgang kann exotherm* oder endotherm* sein. Die Energie wird als **Elektronenaffinität** $\Delta H_{EA}$ bezeichnet.

5. Die Ionen bilden ein Ionengitter. Die dabei freiwerdende Energie ist die **Gitterenergie** $\Delta H_G$.

6. Die bei der gesamten Reaktion freiwerdende Energie ist die **Reaktionsenthalpie** $\Delta H_R$.

Die Abbildung zeigt schematisch die Bildung des festen Natriumchlorids aus den Elementen.

Wie man der Abbildung entnehmen kann, durchlaufen die Energien einen Kreisprozeß. Er wird nach seinen Entdeckern, dem deutschen Physiker *Max Born* (1882 - 1970) und dem deutschen Chemiker *Fritz Haber* (1868 - 1934) als *Born-Haber*-Kreisprozeß benannt.

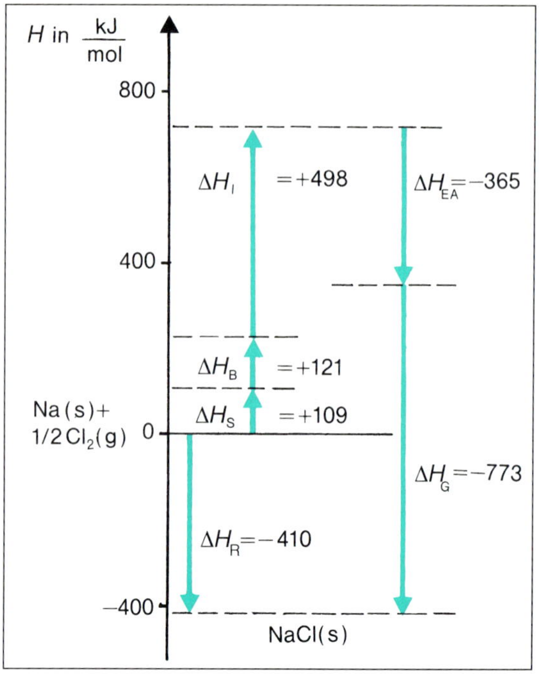


Energiediagramm für die Bildung von Natriumchlorid (alle Werte in kJ/mol)

Die Abbildung zeigt das Energiediagramm für die Bildung von Natriumchlorid aus den Elementen Natrium und Chlor (alle Energien in kJ/mol).

**_Born-Haber_-Kreisprozeß**

$$\Delta H_S + \Delta H_B + \Delta H_I + \Delta H_{EA} + \Delta H_G = \Delta H_R$$

$\Delta H_R$ = Bildungsenergie
$\Delta H_S$ = Sublimationsenergie
$\Delta H_B$ = Bindungsenergie
$\Delta H_I$ = Ionisierungsenergie
$\Delta H_{EA}$ = Elektronenaffinität
$\Delta H_G$ = Gitterenergie

Mit Hilfe der angegebenen Beziehung lassen sich die direkt schwer bestimmbaren Gitterenergien berechnen.

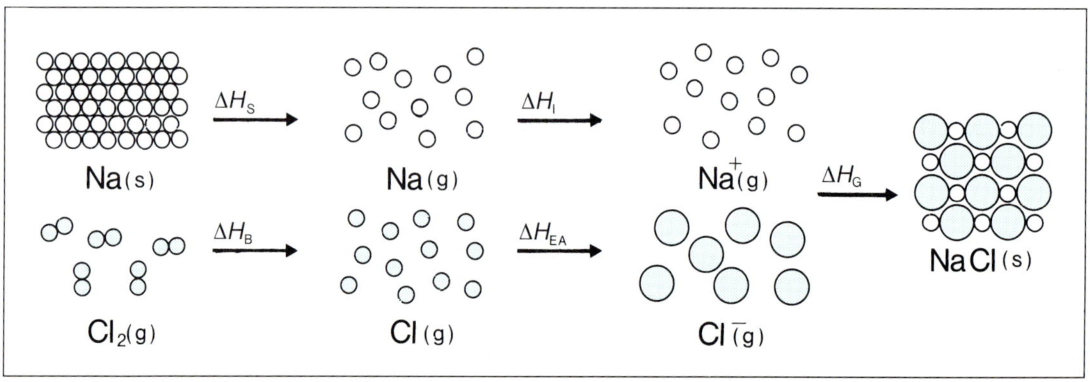


Bildung von Natriumchlorid aus den Elementen

Die **Gitterenergie** $\Delta H_G$ ist die Energie, die bei der Bildung eines Ionengitters aus Ionen frei wird.
$\Delta H_G = \Delta H_R - \Delta H_S - \Delta H_B - \Delta H_I - \Delta H_{EA}$

Die Gitterenergie ist häufig entscheidend für die Bildung einer Ionenverbindung.
Mit der Gitterenergie ändern sich auch die physikalischen Eigenschaften der Salze. So nimmt die Schmelztemperatur mit steigender Gitterenergie zu.

**Gitterenergien und Schmelztemperaturen einiger Salze**

| Salz | Gitterenergie in kJ/mol | Schmelztemperatur in °C |
|---|---|---|
| NaI | – 687 | 662 |
| KCl | – 703 | 770 |
| NaCl | – 773 | 800 |
| KF | – 808 | 857 |
| LiF | – 1039 | 870 |
| BaO | – 3044 | 1925 |
| MgO | – 3931 | 2642 |

## Ionenreaktionen

Ionenreaktionen in wäßriger Lösung laufen sehr schnell ab.

*Beispiel:*

Gibt man eine wäßrige Bariumchloridlösung zu einer wäßrigen Natriumsulfatlösung, so entsteht sofort ein weißer Niederschlag von Bariumsulfat.

Es liegt eine **Fällungsreaktion** vor, bei der ein schwerlösliches Salz entsteht.

Verwendet man die Verhältnisformeln (empirische Formeln) der Stoffe, so erhält man die folgende Reaktionsgleichung:

$$BaCl_2(aq) + Na_2SO_4(aq) \longrightarrow BaSO_4(s) + 2\,NaCl(aq)$$

Man darf hierbei aber nicht vergessen, daß alle in dieser Gleichung vorkommenden Stoffe aus Ionen aufgebaut sind. In der Ionenschreibweise erhält man die nachfolgende Reaktionsgleichung:

$$\underbrace{Ba^{2+}(aq) + 2Cl^-(aq)}_{\text{gelöstes Bariumchlorid}} + \underbrace{2Na^+(aq) + SO_4^{2-}(aq)}_{\text{gelöstes Natriumsulfat}} \longrightarrow$$

$$\underbrace{BaSO_4(s)}_{\text{festes Bariumsulfat}} + \underbrace{2Na^+(aq) + 2Cl^-(aq)}_{\text{gelöstes Natriumchlorid}}$$

Die Natriumkationen und die Chloridionen sind an der Reaktion nicht beteiligt. Diese sogenannten **Begleitionen** können bei der Aufstellung der Reaktionsgleichung weggelassen werden.

$$Ba^{2+}(aq) + SO_4^{2-}(aq) \longrightarrow BaSO_4(s)$$

Auch das ausfallende Bariumsulfat besteht aus Ionen.

Fällungsreaktionen können als **Nachweisreaktionen** in der analytischen Chemie dienen.

Eine weitere wichtige Ionenreaktion ist der Chloridnachweis mit Hilfe einer wäßrigen Lösung von Silbernitrat ($AgNO_3$). Hierbei bildet sich schwerlösliches, weißes Silberchlorid.

$$Ag^+(aq) + Cl^-(aq) \longrightarrow AgCl(s)$$

# 6.2 Atombindung

Alle Edelgase* bestehen aus einzelnen Atomen, die nicht miteinander verbunden sind.

*Beispiele:*

Helium He, Neon Ne, Argon Ar

Die anderen bei Raumtemperatur gasförmigen Elemente bilden zweiatomige Moleküle.

*Beispiele:*

Wasserstoff $H_2$, Stickstoff $N_2$, Sauerstoff $O_2$, Chlor $Cl_2$

Die Atome der Edelgase weisen eine energetisch günstige Elektronenanordnung auf (Edelgaskonfiguration), so daß keine Tendenz zur Ausbildung von Bindungen vorhanden ist.

Die Atome der übrigen Elemente besitzen nicht diese bevorzugte Elektronenkonfiguration. Sie versuchen, in einen energieärmeren Zustand zu gelangen. Dies wird bei den übrigen gasförmigen Elementen offensichtlich durch die Bildung zweiatomiger Moleküle erreicht.

Durch die Bindung sind die Atome von zwei bzw. acht Elektronen (Edelgasregel* bzw. Oktettregel*) umgeben. Ermöglicht wird es durch die gemeinsame Nutzung von Elektronenpaaren.

*Beispiele:*

Wasserstoffatome besitzen jeweils ein Elektron. Durch ein gemeinsames Elektronenpaar besitzt jedes Atom im **Wasserstoffmolekül $H_2$** zwei Elektronen in der Hülle (wie im Heliumatom).

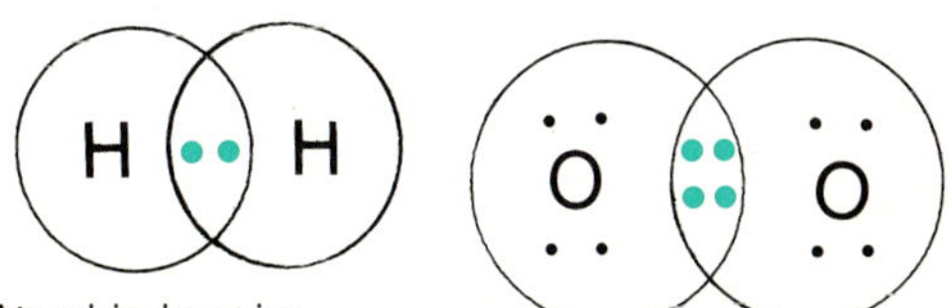


Atombindung im Wasserstoff- und Sauerstoffmolekül

Sauerstoffatome besitzen jeweils sechs Valenzelektronen* (Außenelektronen). Durch zwei gemeinsame Elektronenpaare weist jedes Atom im **Sauerstoffmolekül $O_2$** acht Elektronen in der äußeren Schale auf (wie im Neonatom).

Das Prinzip dieser Bindungsart wurde von *Lewis** und dem amerikanischen Physikochemiker *Irving Langmuir* (1881 - 1957) erkannt. Sie wird als Elektronenpaarbindung, Atombindung oder kovalente Bindung bezeichnet.

Die **Atombindung** ist eine Bindung, die durch gemeinsame Elektronenpaare gekennzeichnet ist. Dadurch kann häufig die Edelgaskonfiguration erreicht werden.

Die Atombindung wird auch als **Elektronenpaarbindung** oder **kovalente Bindung** bezeichnet.

In **Molekülen** liegen immer Atombindungen vor. Da keine Ionen* vorhanden sind, tritt auch keine elektrische Leitfähigkeit* auf.

Für Moleküle gibt es unterschiedliche Schreibweisen.

Bei den **Elektronenpunktformeln** wird jedes Valenzelektron durch einen Punkt dargestellt.

*Beispiele:*

H:H   H:Ö:H   Ö::C::Ö   Ö::Ö   :N⋮N:

Bei den **Valenzstrichformeln** oder **Strukturformeln** wird jedes Elektronenpaar zu einem Strich zusammengefaßt.

*Beispiele:*

H−H   H−O−H   O=C=O   O=O   |N≡N|

Häufig werden die Valenzelektronen auch weggelassen. Man erhält die bekannten **Molekülformeln**.

*Beispiele:*

$H_2$   $H_2O$   $CO_2$   $O_2$   $N_2$

Die gemeinsamen Elektronenpaare werden als bindende Elektronenpaare und die übrigen als freie Elektronenpaare bezeichnet.

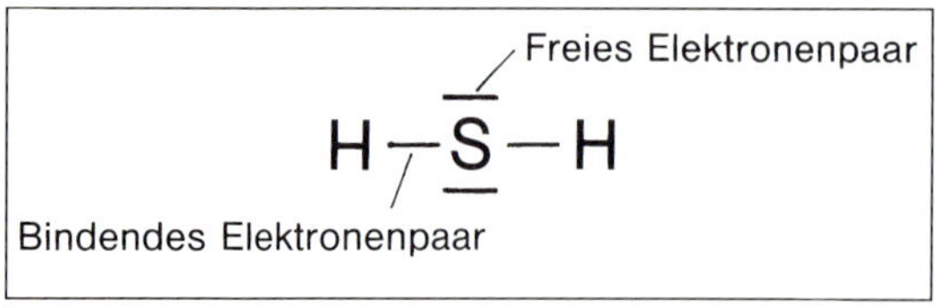


Bindende und freie Elektronenpaare

In Molekülen können Einfach-, Doppel- und Dreifachbindungen auftreten (**Bindungsordnung**).

Einfachbindungen: |Cl−Cl|

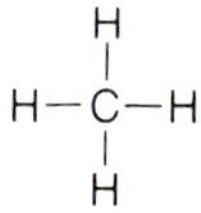

Doppelbindungen: O=O

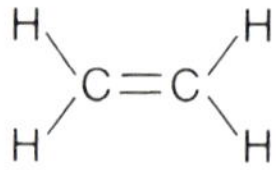

Dreifachbindungen: |N≡N|   H−C≡C−H

## Bindungsenthalpie und Bindungslänge

Bei der Bildung einer Atombindung wird Energie frei. Um diese Bindung aufzuspalten, muß die gleiche Energie zugefügt werden. Man bezeichnet sie als Bindungsenergie bzw. **Bindungsenthalpie**.

Sehr unterschiedlich können auch die **Bindungslängen** sein. Man versteht darunter den mittleren Abstand zwischen den Atomkernen. Die Bindungslängen hängen von der Größe der Atome, der Polarität* der Bindungen und der Bindungsordnung ab.

**Tabelle mit Bindungslängen und Bindungsenthalpien von Atombindungen**

| Bindung | Bindungslänge in nm | Bindungs-enthalpie in kJ/mol |
|---|---|---|
| H-H | 0,074 | 436 |
| C-C | 0,154 | 348 |
| C=C | 0,135 | 594 |
| C≡C | 0,120 | 778 |
| N≡N | 0,110 | 945 |
| O=O | 0,121 | 498 |
| S-S | 0,255 | 205 |
| F-F | 0,144 | 159 |
| Cl-Cl | 0,199 | 242 |
| Br-Br | 0,228 | 193 |
| I-I | 0,267 | 151 |
| C-H | 0,107 | 413 |
| N-H | 0,100 | 391 |
| O-H | 0,096 | 463 |
| S-H | 0,134 | 367 |
| F-H | 0,092 | 567 |
| Cl-H | 0,127 | 431 |
| Br-H | 0,141 | 366 |
| I-H | 0,161 | 298 |
| C-N | 0,147 | 305 |
| C≡N | 0,116 | 891 |
| C-O | 0,143 | 358 |
| C=O | 0,122 | 745 |
| C-F | 0,138 | 489 |
| C-Cl | 0,177 | 339 |
| C-Br | 0,194 | 285 |
| C-I | 0,214 | 218 |
| O-Cl | 0,170 | 208 |

## Molekülgeometrie

Besteht ein Molekül aus mindestens drei Atomen, so sind mehrere räumlich unterschiedliche Anordnungen möglich.
Der amerikanische Chemiker *Gillespie* (geb. 1924) hat ein einfaches Modell zur Ermittlung der Molekülgeometrie entwickelt.

**Elektronenpaarabstoßungsmodell nach *Gillespie***

- Für die Bindungen sind nur die Valenzelektronen entscheidend. Sie treten immer paarweise auf.
- Elektronenpaare stoßen sich aufgrund ihrer gleichen Ladung ab und ordnen sich so weit wie möglich voneinander entfernt an.
- Freie Elektronenpaare bewirken eine etwas stärkere Abstoßung als bindende Elektronenpaare.

*Beispiele:*

Das **Methanmolekül ($CH_4$)** besitzt vier bindende Elektronenpaare, die sich tetraedrisch im Raum anordnen. Dadurch befinden sich die Elektronenpaare in größtmöglicher Entfernung. Die Bindungswinkel betragen jeweils 109° (Tetraederwinkel).

Das **Ammoniakmolekül ($NH_3$)** besitzt drei bindende Elektronenpaare und ein freies Elektronenpaar. Auch hier tritt eine annähernd tetraedrische Anordnung auf. Wegen der größeren Abstoßung des freien Elektronenpaars betragen die Bindungswinkel nur noch 106° (pyramidale Struktur).

Das **Wassermolekül ($H_2O$)** besitzt zwei bindende und zwei freie Elektronenpaare. Die Anordnung ist wieder näherungsweise tetraedrisch. Die stärkere Abstoßung der beiden freien Elektronenpaare verringert den Bindungswinkel auf 104,5° (gewinkelte Struktur).

## 6.3 Polare Atombindung

Bilden zwei gleiche Atome ein Molekül, so wird das bindende Elektronenpaar gleichmäßig von beiden Atomen angezogen; ihre Ladungsschwerpunkte fallen zusammen.

Bilden verschiedenartige Atome, z.B. Chlor und Wasserstoff, ein Molekül, so liegt auch hier eine Elektronenpaarbindung (Atombindung) vor. Das Chloratom hat im Molekül des Chlorwasserstoffs (Hydrogenchlorid) jedoch die stärkere Anziehungskraft für Elektronen als das Wasserstoffatom. Das bindende Elektronenpaar ist daher mehr zum Chloratom orientiert. Die Ladungsschwerpunkte fallen nicht mehr zusammen. Es liegt eine unsymmetrische Verteilung der Bindungselektronen im Molekül vor. Eine derartige Bindung wird als **polare Atombindung** bezeichnet.

Durch die Verschiebung des Bindungselektronenpaares zum Chloratom tritt dort eine negative **Teilladung** auf. Das Wasserstoffatom besitzt damit eine positive Teilladung. Das Chlorwasserstoffmolekül ist ein elektrischer Dipol (**Dipolmolekül**). Die Vorsilbe „di" bedeutet „zwei".

Zur symbolischen Darstellung der Teilladungen verwendet man die Symbole $\delta^+$ und $\delta^-$ (man liest z.B. „Delta plus").

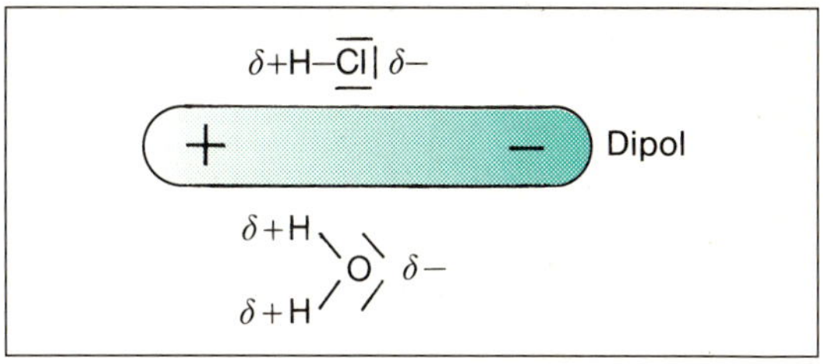


Chlorwasserstoff- und Wassermolekül als Dipol

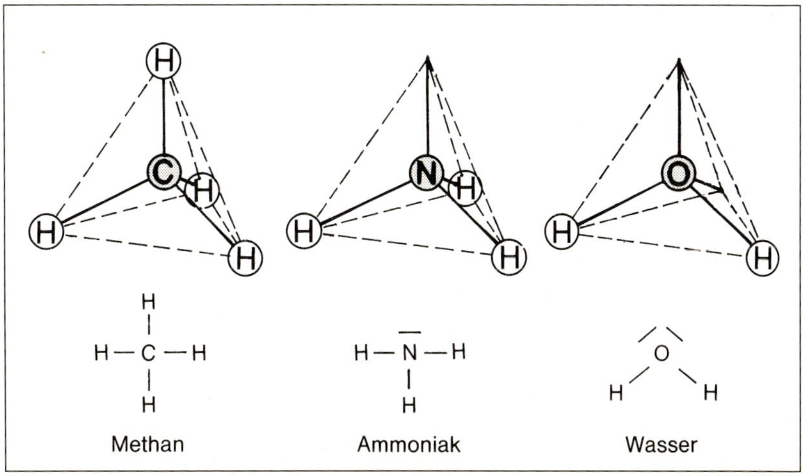


Geometrien des Methan-, Ammoniak- und Wassermoleküls

Auch das Wassermolekül ist wegen seiner polaren Sauerstoff-Wasserstoff-Bindungen und seiner gewinkelten Struktur ein Dipolmolekül.

Nicht jeder Stoff mit polaren Atombindungen bildet Dipolmoleküle. So ist beispielsweise das Tetrachlormethan (Kohlenstofftetrachlorid) kein Dipol, da die Ladungsschwerpunkte des Moleküls zusammenfallen.

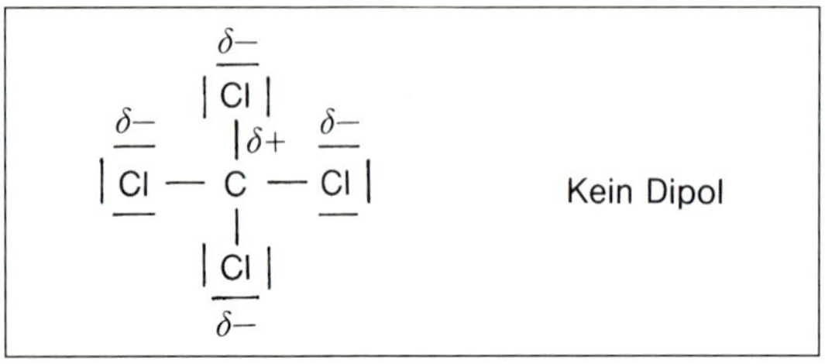


Molekül des Tetrachlormethans

Auch experimentell kann man **polare** und **unpolare** Moleküle unterscheiden.

Läßt man Wasser mit dünnem Strahl aus einer Bürette (graduiertes Glasrohr mit Hahn) fließen und nähert sich mit einem geladenen Hartgummistab, so wird der Wasserstrahl abgelenkt (angezogen). Im Wasser liegen polare Moleküle vor.

Wird der gleiche Versuch mit Tetrachlormethan durchgeführt, so tritt keine Anziehung auf. Tetrachlormethan bildet unpolare Moleküle.

Fallen die Ladungsschwerpunkte zweier benachbarter Atome in einem Molekül nicht zusammen, so liegt eine **polare Atombindung** vor. Stoffe mit polaren Atombindungen können polar sein (**Dipolmoleküle**).

## Elektronegativität

Der Betrag der Teilladung eines Atoms in einer polaren Atombindung hängt von der Kraft ab, mit der die Bindungselektronen angezogen werden.

Bei den Elementen der gleichen Periode werden die Elektronen mit wachsender Kernladung stärker angezogen. Nimmt die Anzahl der Schalen zu, wird die Anziehungskraft kleiner.

Um Atome in ihrer Anziehungskraft auf Bindungselektronen vergleichen zu können, hat der amerikanische Chemiker und zweifache Nobelpreisträger (Chemie und Frieden) *Linus Pauling* (1901–1994) den Begriff „Elektronegativität" eingeführt.

**Elektronegativität** ist ein Maß für die Eigenschaft der Atome, in einer Atombindung Elektronen an sich zu ziehen.

Das Element mit der größten Elektronegativität ist das Fluor, das willkürlich den Wert 4,0 erhielt. Nach links und nach unten im Periodensystem nimmt die Elektronegativität ab. Caesium und Francium weisen daher mit 0,7 die geringste Elektronegativität auf.

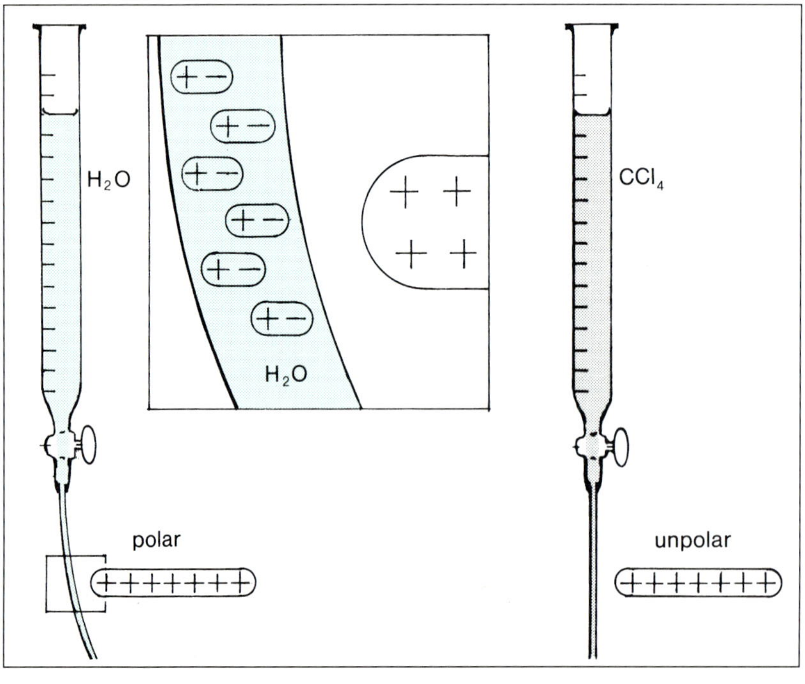


Unterscheidung von polaren und unpolaren Flüssigkeiten

Im Periodensystem ergibt sich eine Diagonalbeziehung gemäß der folgenden Abbildung.

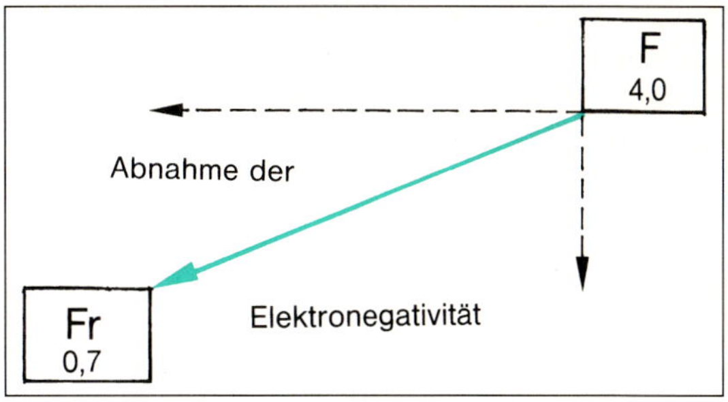

Elektronegativität und Periodensystem

In der nachfolgend abgedruckten Tabelle sind die Elektronegativitätswerte nach *Pauling* für die Hauptgruppenelemente verzeichnet.

| | I | II | III | IV | V | VI | VII | VIII |
|---|---|---|---|---|---|---|---|---|
| 1 | H 2,1 | | | | | | | He – |
| 2 | Li 1,0 | Be 1,5 | B 2,0 | C 2,5 | N 3,0 | O 3,5 | F 4,0 | Ne – |
| 3 | Na 0,9 | Mg 1,2 | Al 1,5 | Si 1,8 | P 2,1 | S 2,5 | Cl 3,0 | Ar – |
| 4 | K 0,8 | Ca 1,0 | Ga 1,6 | Ge 1,8 | As 2,0 | Se 2,4 | Br 2,8 | Kr – |
| 5 | Rb 0,8 | Sr 1,0 | In 1,7 | Sn 1,8 | Sb 1,9 | Te 2,1 | I 2,5 | Xe – |
| 6 | Cs 0,7 | Ba 0,9 | Tl 1,8 | Pb 1,8 | Bi 1,9 | Po 2,0 | At 2,2 | Rn – |
| 7 | Fr 0,7 | Ra 0,9 | | | | | | |

Elektronegativitätswerte der Hauptgruppenelemente nach Pauling

Mit Hilfe der Elektronegativitätswerte kann man abschätzen, wie polar eine Bindung ist. Je größer die **Elektronegativitätsdifferenz** (EN-Differenz) zweier benachbarter Atome ist, desto polarer ist eine Bindung. Die Grenzen zwischen den Bindungsarten sind fließend.

## Bindungscharakter von Chlorverbindungen der Elemente der 3. Periode

| Stoff | Formel | Schmelztemperatur in °C | EN-Differenz | Bindungsart |
|---|---|---|---|---|
| Chlor | $Cl_2$ | – 102 | 0 | Atombindung |
| Schwefeldichlorid | $SCl_2$ | – 80 | 0,5 | polare Atombindung |
| Phosphortrichlorid | $PCl_3$ | – 91 | 0,9 | polare Atombindung |
| Siliciumchlorid | $SiCl_4$ | – 68 | 1,2 | polare Atombindung |
| Aluminiumchlorid | $AlCl_3$ | 193 | 1,5 | polare Atombindung |
| Magnesiumchlorid | $MgCl_2$ | 712 | 1,8 | Ionenbindung |
| Natriumchlorid | NaCl | 800 | 2,1 | Ionenbindung |

## Intermolekulare Kräfte

Intermolekulare Kräfte sind Anziehungskräfte zwischen den Molekülen.

Auch zwischen unpolaren Molekülen treten Anziehungskräfte auf. Sie werden nach dem holländischen Physiker *Johannes Diderik van der Waals* (1837 - 1923) als ***Van-der-Waals*-Kräfte** bezeichnet.

*Van-der-Waals*-Kräfte sind schwache elektrostatische Kräfte zwischen induzierten Dipolen und anderen Atomen oder Molekülen. Induzierte Dipole entstehen aus unpolaren Molekülen durch ein äußeres elektrisches Feld.

Mit wachsender Größe der Moleküle nehmen auch die *Van-der-Waals*-Kräfte zu. Sie können immerhin so groß sein, daß **Molekülgitter** gebildet werden. Im Gegensatz zu den Ionengittern treten aber nur geringe Gitterenergien auf. Daher sind auch die Schmelztemperaturen niedrig.

Die Wasserstoffbrückenbindungen zwischen den Wassermolekülen sind für die ungewöhnlich hohe Siedetemperatur des Wassers (100 °C) verantwortlich. Fehlen Wasserstoffbrücken zwischen den Molekülen, so liegen die Siedetemperaturen wesentlich niedriger. Die folgende Tabelle zeigt dies deutlich.

| Stoff | Formel | Siedetemperatur |
|---|---|---|
| Wasser | $H_2O$ | + 100 °C |
| Schwefelwasserstoff | $H_2S$ | – 62 °C |
| Selenwasserstoff | $H_2Se$ | – 41 °C |
| Tellurwasserstoff | $H_2Te$ | – 2 °C |

Die Bindungsenthalpie einer Wasserstoffbrückenbindung ist mit ca. 30 kJ/mol wesentlich kleiner als die einer Atombindung.

Viele besondere Eigenschaften des Wassers, Fluorwasserstoffs, Ammoniaks, der Alkohole, Amine, Carbonsäuren, Proteine, Kohlenhydrate usw. sind auf das Vorhandensein von Wasserstoffbrückenbindungen zurückzuführen.

| Stoff | Formel | Schmelztemperatur | Gittertyp |
|---|---|---|---|
| Kohlenstoffdioxid | $CO_2$ | –78 °C | Molekülgitter |
| Iod | $I_2$ | 114 °C | Molekülgitter |
| Natriumchlorid | NaCl | 800 °C | Ionengitter |
| Lithiumfluorid | LiF | 870 °C | Ionengitter |

Anmerkung: Kohlenstoffdioxid sublimiert bei – 78°

Zwischen polaren Molekülen treten größere Anziehungskräfte auf als zwischen unpolaren Molekülen. Diese stärkeren intermolekularen (= zwischen den Molekülen) Anziehungskräfte werden als **Dipol-Dipol-Kräfte** bezeichnet.

## Wasserstoffbrückenbindung

Besonders starke Dipol-Dipol-Kräfte treten zwischen Molekülen auf, wenn ein Wasserstoffatom an ein stark elektronegatives Fluor-, Stickstoff- oder Sauerstoffatom gebunden ist. Eine derartige Wechselwirkung wird als **Wasserstoffbrückenbindung** bezeichnet.

*Beispiel:*

Zwischen den Wassermolekülen treten Wasserstoffbrückenbindungen auf. Hierbei gelangen die Wasserstoffatome mit ihren positiven Teilladungen in Wechselwirkung mit den freien Elektronenpaaren der Sauerstoffatome.

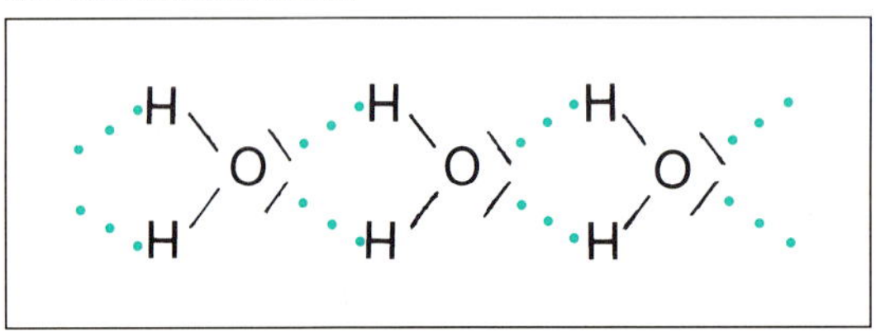


Wasserstoffbrückenbindungen im Wasser

## Wasser als Lösungsmittel

Wasser ist das wichtigste Lösungsmittel für feste, flüssige und gasförmige Stoffe.

Eine quantitative Aussage über das Lösungsvermögen ist mit Hilfe der Löslichkeit möglich.

Die **Löslichkeit** gibt an, wieviel Gramm eines Stoffes sich bei einer bestimmten Temperatur in 100 g Lösungsmittel lösen.

In der folgenden Tabelle sind die Löslichkeiten einiger Feststoffe in Wasser bei 20 °C verzeichnet.

| Stoff | Formel | Löslichkeit |
|---|---|---|
| Saccharose (Rübenzucker) | $C_{12}H_{22}O_{11}$ | 204 g |
| Harnstoff | $(NH_2)_2CO$ | 109 g |
| Natriumchlorid | NaCl | 35,8 g |
| Kaliumnitrat | $KNO_3$ | 31,5 g |
| Iod | $I_2$ | 0,022 g |
| Bariumsulfat | $BaSO_4$ | 0,00023 g |

Viele Salze lösen sich gut in Wasser $H_2O$, nicht jedoch etwa in Tetrachlormethan $CCl_4$ oder in Benzin $C_xH_y$. Offensichtlich sind die Dipolmoleküle des Wassers für den Lösungsvorgang verantwortlich. Sie lagern sich an die Ionen an der Oberfläche des Ionenkristalls an. Es kommt zu einer elektrostatischen

**Dipol-Ion-Wechselwirkung**. Die Kationen werden mit den negativ teilgeladenen Enden der Wasserdipole umringt, die Anionen mit den positiv teilgeladen Enden. Wenn die Kräfte zwischen dem Ion und den Dipolen größer werden als die Kräfte zwischen den Ionen, kommt es zur Herauslösung des betreffenden Ions aus dem Gitter.
Die freigesetzten Ionen sind von Wassermolekülen umgeben; sie weisen eine **Hydrathülle** auf. Der Vorgang wird als **Hydratation** bezeichnet.

Die Begriffe „Hydratation" und „Hydrathülle" dürfen nur verwendet werden, wenn Wasser als Lösungsmittel dient (das griechische Wort *hydor* bedeutet Wasser).

Bei anderen Lösungsmitteln verwendet man die allgemeineren Begriffe „Solvatation" bzw. „Solvathülle" (das lateinische Wort *solvere* bedeutet lösen).

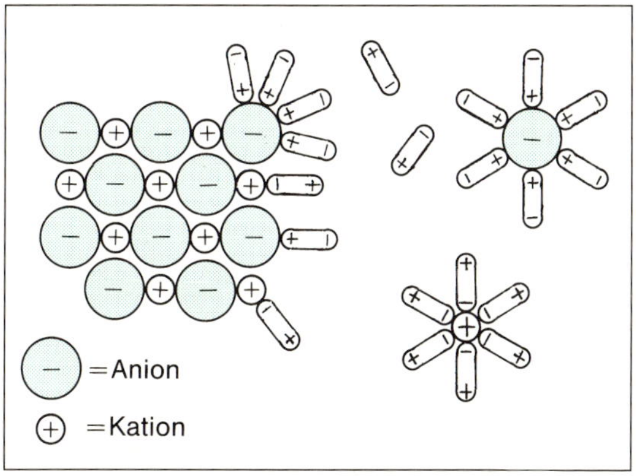


Lösen eines Ionenkristalls in Wasser

Der Lösungsvorgang wird häufig durch eine Gleichung beschrieben.

*Beispiel:* Lösen von Natriumchlorid (Kochsalz) in Wasser

$$NaCl(s) \xrightarrow{H_2O(l)} Na^+(aq) + Cl^-(aq)$$

Hierbei muß allerdings beachtet werden, daß durch den Lösungsvorgang keine Ionen gebildet werden. Es kommt lediglich zu einer Freisetzung.

Um ein Ionengitter völlig aufzutrennen, muß die Gitterenergie zugeführt werden. Bei der Hydratation wird dagegen Energie frei. Man bezeichnet sie als **Hydratationsenergie**.

Verläuft ein Lösungsvorgang unter Wärmeabgabe (also exotherm), dann ist die Hydratationsenergie größer als die Gitterenergie.

Tritt bei einem Lösungsvorgang dagegen Abkühlung auf (endotherm), so ist die Gitterenergie größer als die Hydratationsenergie.

**Hydratationsenergien einiger Ionen in kJ/mol**

| Ion | Formel | Hydratationsenergie |
|---|---|---|
| Oxoniumkation | $H_3O^+$ | 1084 |
| Natriumkation | $Na^+$ | 398 |
| Kaliumkation | $K^+$ | 314 |
| Calciumkation | $Ca^{2+}$ | 1577 |
| Bariumkation | $Ba^{2+}$ | 1289 |
| Aluminiumkation | $Al^{3+}$ | 4602 |
| Hydroxidanion | $OH^-$ | 364 |
| Chloridanion | $Cl^-$ | 376 |
| Iodidanion | $I^-$ | 298 |
| Nitratanion | $NO_3^-$ | 255 |

Auch viele Stoffe, die Moleküle bilden, sind wasserlöslich. Wenn polare Bindungen vorliegen, können sich Wassermoleküle anlagern.

## Hydrate

Viele Salze kristallisieren aus ihren Lösungen so aus, daß ein Teil der Wassermoleküle aus den Hydrathüllen in das Ionengitter gelangt. Dieses gebundene Wasser wird als **Kristallwasser** oder **Hydratwasser** bezeichnet.

**Kristallwasser** ist chemisch gebundenes Wasser in Ionenkristallen (Salzen).

*Beispiel:*
Erhitzt man blaues Kupfersulfat-Pentahydrat (*penta* ist das griechische Wort für fünf) mit der Formel $CuSO_4 \cdot 5\,H_2O$ (man liest: $CuSO_4$ mit 5 $H_2O$), so entstehen das weiße Kupfersulfat $CuSO_4$ und Wasser $H_2O$.

Gibt man zum weißen Kupfersulfat vorsichtig Wasser, so erhält man in einer exothermen* Reaktion wieder blaues Kupfersulfat-Pentahydrat.

Bei weiterer Zugabe von Wasser bildet sich eine blaue Lösung, in der hydratisierte Kupferionen $Cu^{2+}(aq)$ und Sulfationen $SO_4^{2-}(aq)$ enthalten sind.

$$\underset{\text{blau}}{CuSO_4 \cdot 5\,H_2O(s)} \rightleftharpoons \underset{\text{weiß}}{CuSO_4(s) + 5\,H_2O(l)}$$

$$\downarrow + H_2O(l)$$

$$Cu^{2+}(aq) + SO_4^{2-}(aq)$$

Weitere Beispiele für Hydrate (kristallwasserhaltige Salze):

| | |
|---|---|
| Calciumsulfat-Dihydrat | $CaSO_4 \cdot 2\,H_2O$ |
| Calciumchlorid-Hexahydrat | $CaCl_2 \cdot 6\,H_2O$ |
| Cobaltchlorid-Hexahydrat | $CoCl_2 \cdot 6\,H_2O$ |
| Eisen(II)-sulfat-Heptahydrat | $FeSO_4 \cdot 7\,H_2O$ |
| Natriumcarbonat-Decahydrat | $Na_2CO_3 \cdot 10\,H_2O$ |

Einige hydratbildende Salze, z.B. Calciumchlorid, lassen sich als **Trockenmittel** einsetzen. Sie sind **hygroskopisch**, d.h., sie können Wasser aus der Luft in ihr Ionengitter einbauen.

**hygroskopisch = wasseranziehend**

## 6.4 Wellenmechanische Bindungstheorie

Eine **Atombindung** bildet sich, wenn zwei halbbesetzte Atomorbitale* (d.h. mit einem Elektron gefüllte Orbitale) zweier Atome überlappen. Dabei wird ein doppelt besetztes **Molekülorbital (MO)** geschaffen.

Die mathematische Behandlung eines derartigen Systems ist sehr schwierig, so daß man auf Näherungen angewiesen ist. Eine der wichtigsten ist die **MO-Methode** (MO = Molekülorbital). Sie liefert für die Moleküle ein **Orbitalenergieschema** (Energieniveauschema). Da Elektronen nicht unterscheidbar sind, handelt es sich hier um ein Denkmodell und nicht um beobachtbare Zustände.

Die möglichen Molekülorbitale (MO) werden durch lineare Kombination der Atomorbitale (AO) erhalten. Man bezeichnet daher diese Methode auch als **LCAO-Methode** (linear combination of atomic orbitals).

Aus den Atomorbitalen erhält man dadurch **bindende Molekülorbitale**, die eine geringere Energie auf weisen, und **antibindende Molekülorbitale** (lockernde Molekülorbitale) mit größerer Energie als die ursprünglichen Atomorbitale.

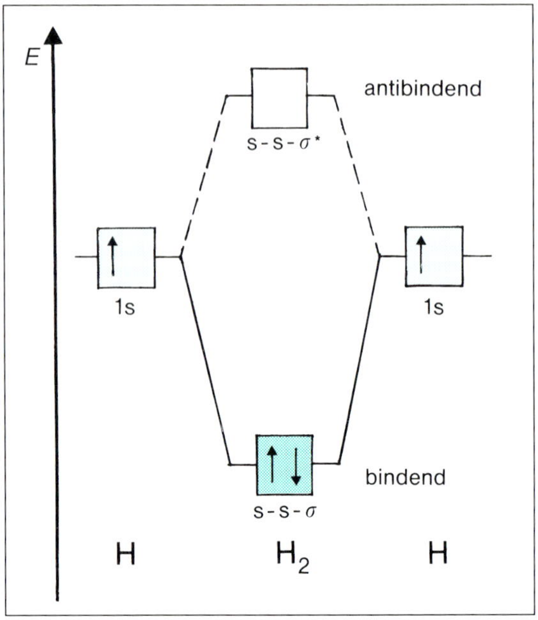


Energieniveauschema für die Bildung des $H_2$-Moleküls

### Die Sigma(σ)-Bindung

Die einfachste Atombindung entsteht bei der Bildung des Wasserstoffmoleküls $H_2$. Bei der Annäherung zweier Wasserstoffatome überlappen die beiden einfach besetzten s-Orbitale. Hierbei entsteht unter Energieabgabe ein s-s-σ-MO. Die entstehende Bindung wird als **σ-Bindung** bezeichnet.

Die antibindenden (lockernden) Molekülorbitale werden durch ein Sternchen gekennzeichnet (Beispiel: σ*).

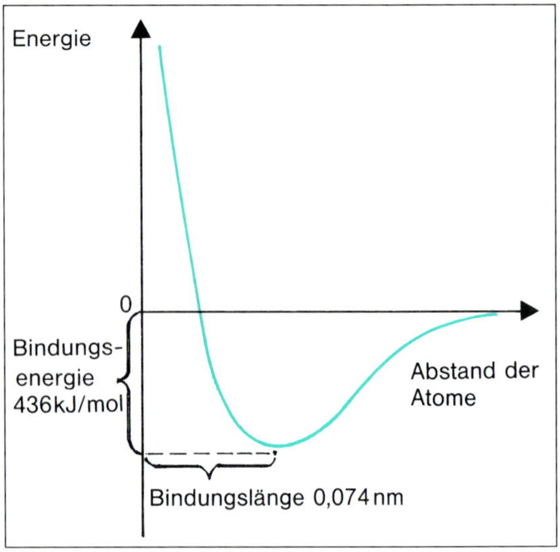


Bindung im Wasserstoff-Molekül

Bei einer großen Entfernung zwischen den Wasserstoffatomen kommt es nicht zu einer gegenseitigen Beeinflussung. Bei weiterer Annäherung der Atome verringert sich ihre Energie, um bei ca. 0,074 nm ein Minimum zu erreichen. Die Bindungsenergie beträgt dann 436 kJ/mol.

Die Orbitale (Räume größter Aufenthaltswahrscheinlichkeit für Elektronen) besitzen eine bestimmte Geometrie. Die folgende Abbildung zeigt die Orbitale für das H-Atom und das $H_2$-Molekül.

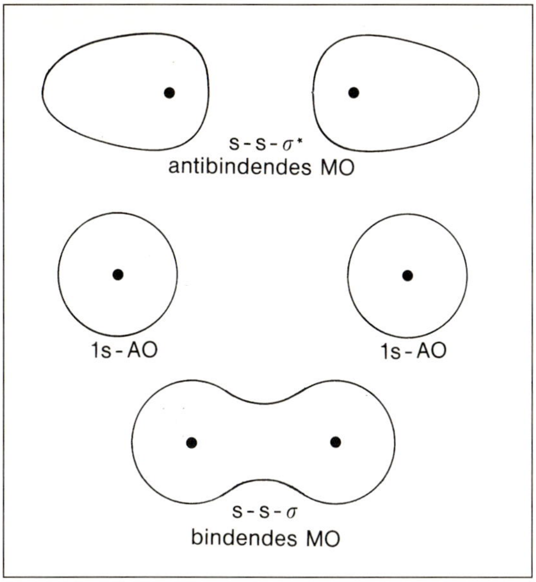


Bindendes und antibindendes MO (s - s - σ - Bindung)

In einem nicht existierenden $He_2$-Molekül müßten das bindende und das antibindende MO jeweils mit zwei Elektronen besetzt sein. Die beiden Molekülorbitale würden sich in ihrer Wirkung aufheben.

σ-**Bindungen** bilden sich durch Überlappung
- zweier s-Orbitale
- eines s-Orbitals mit einem p-Orbital in gleicher Achse (koaxial)
- zweier koaxialer p-Orbitale.

Es können auch Hybridorbitale* beteiligt sein.

*Beispiel* für eine s-p-σ-Bindung:
Im Molekül des Chlorwasserstoffs HCl kommt es zu einer Überlappung des 1s-Orbitals des Wasserstoffatoms mit einem 3p-Orbital des Chloratoms.

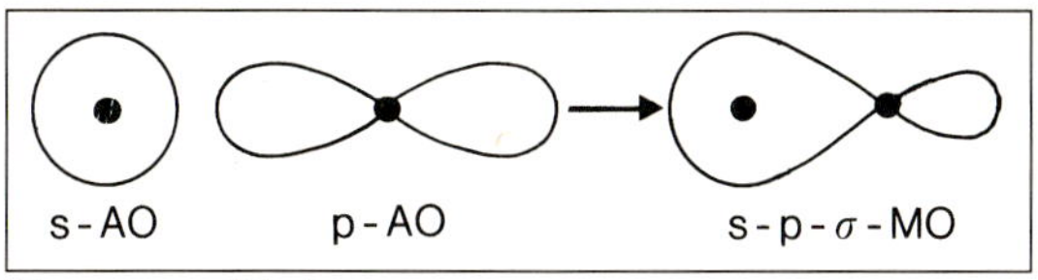


Die s- p- σ- Bindung

## Die Pi(π)-Bindung

Eine π-**Bindung** bildet sich durch seitliche Überlappung zweier p-Orbitale. Sie kann nur auftreten, wenn gleichzeitig auch eine σ-Bindung vorliegt (d.h. in Mehrfachbindungen).

*Beispiel:*
Das **Sauerstoffmolekül** besitzt insgesamt 12 Valenzelektronen (von jedem O-Atom sechs Elektro-

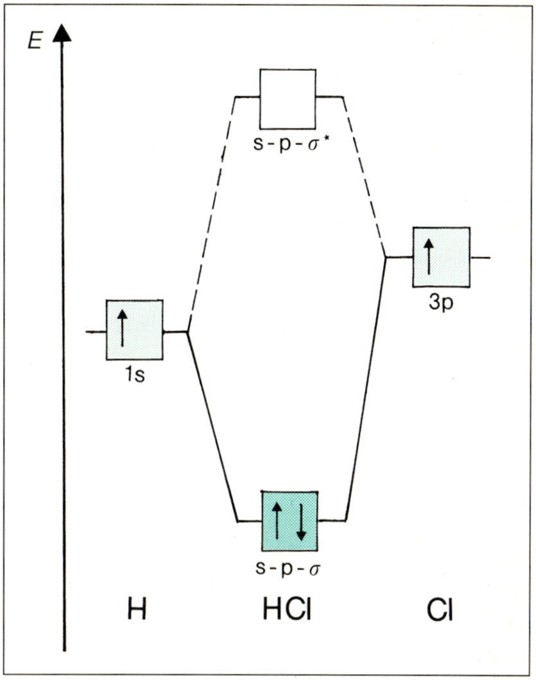


Energieniveauschema für die Bildung eines Chlorwasserstoffmoleküls

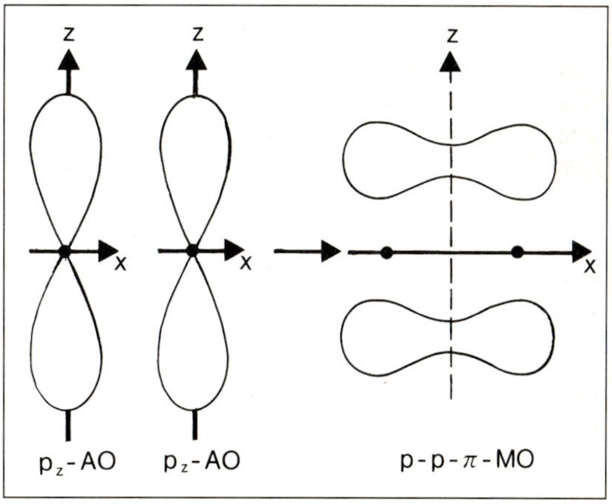


Ausbildung einer π - Bindung

nen). Die Überlappung der 2s-AO führt zu einem bindenden s-s-σ-MO und einem antibindenden (nichtbindenden) s-s-σ*-MO. Von den drei 2p-AO sind zwei halbbesetzt. Man erhält ein $p_x$-$p_x$-σ-MO, zwei p-p-π-MO und zwei halbbesetzte antibindende p-p-π*-MO. Die beiden ungepaarten Elektronen mit parallelem Spin sind verantwortlich für die magnetischen Eigenschaften des Sauerstoffs (Paramagnetismus; Band 2). Das $O_2$-Molekül weist eine **Diradikal**-Struktur auf.

Ein **Radikal** ist ein Teilchen mit einem oder mehreren ungepaarten (also einzelnen) Elektronen.

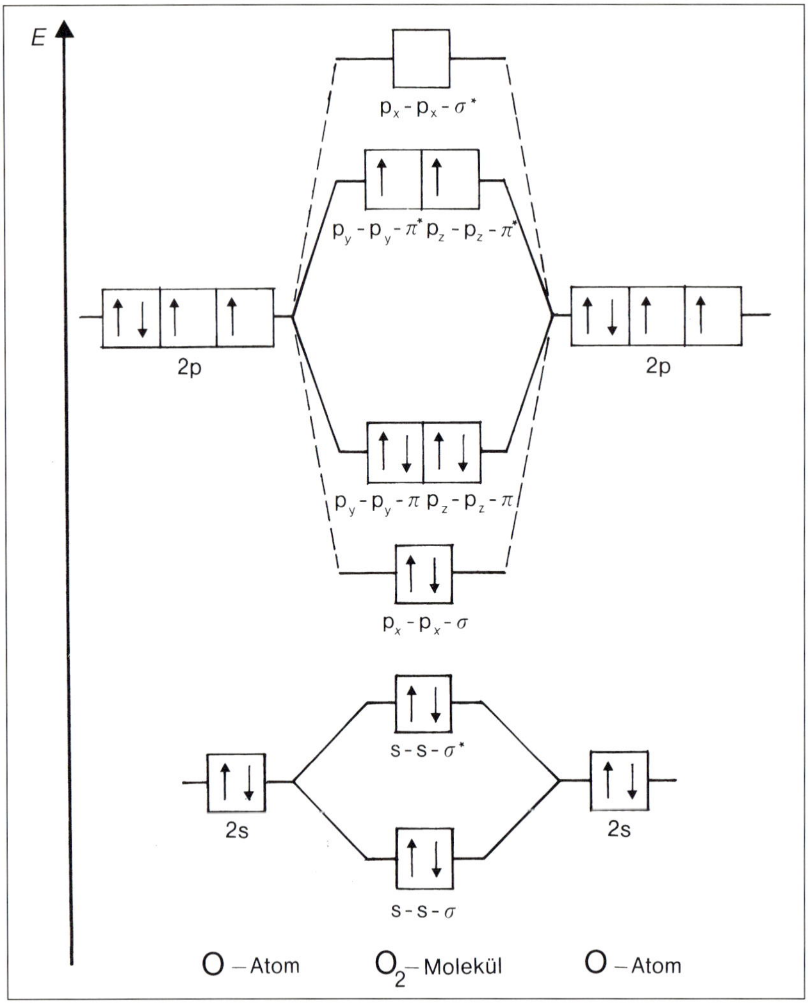


Energieniveauschema des Sauerstoffmoleküls

Zwischen zwei Atomen sind maximal drei Atombindungen möglich (eine σ- und zwei π-Bindungen).

*Beispiel:*

Das Stickstoffmolekül N ≡ N besitzt eine Sigma- und zwei Pi-Bindungen.

## Hybridorbitale

Die tetraedrische Anordnung der Wasserstoffatome im **Methanmolekül $CH_4$** ist bereits im Jahre 1874 von dem holländischen Physikochemiker *Jacobus Henricus van't Hoff* (1852 - 1911) und dem französischen Chemiker *Joseph Achille Le Bel* (1847 - 1930) angenommen worden.

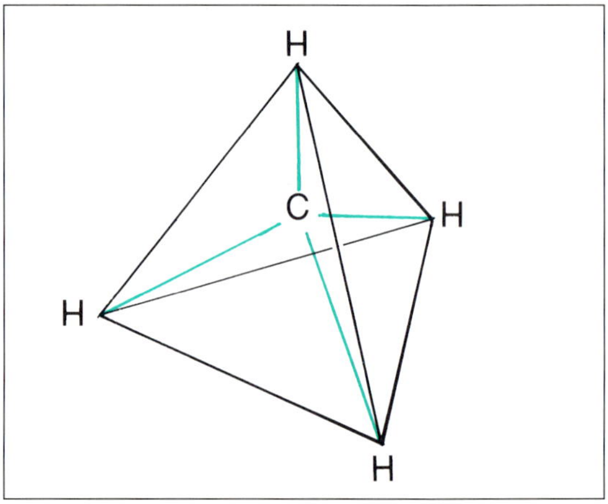


Tetraedrische Anordnung der Wasserstoffatome im Methanmolekül

Grundzustand, Valenzzustand und sp³-Hybridisierung des Kohlenstoffatoms

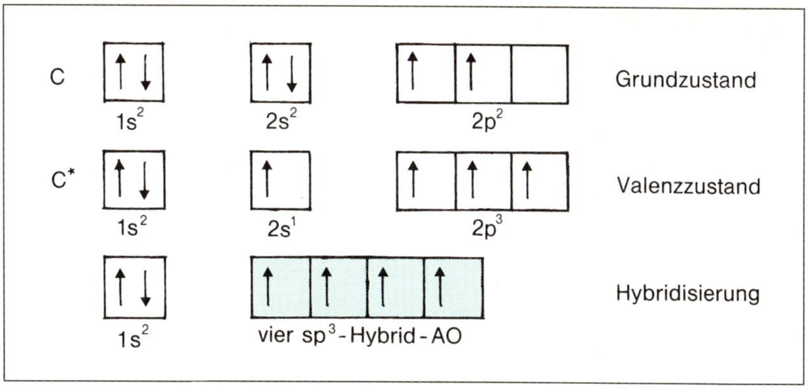


Das Kohlenstoffatom besitzt im **Grundzustand** (dem energieärmsten Zustand) die Elektronenkonfiguration* $1s^2\ 2s^2\ 2p^2$.

Danach stehen nur zwei halbbesetzte Orbitale zur Verfügung, und es könnten sich nur zwei Bindungen bilden. Ein Molekül der Zusammensetzung $CH_2$ existiert unter normalen Bedingungen nicht. Um die Vierbindigkeit des C-Atoms zu erreichen, wird ein 2s-Elektron bei der Reaktion in ein 2p-Orbital überführt. Der dann vorliegende angeregte (energiereichere) Zustand wird als **Valenzzustand** bezeichnet. Die Elektronenkonfiguration lautet jetzt $1s^2\ 2s^1\ 2p^3$.

Das Kohlenstoffatom wäre jetzt in der Lage, vier Sigma-Bindungen auszubilden, die allerdings weder von der Richtung noch von der Energie her gleichwertig wären (ein halbbesetztes s-Orbital und drei halbbesetzte p-Orbitale).

*B 63:* Durch eine mathematische Umformung erhält man aus dem 2s-Orbital und den drei 2p-Orbitalen vier energetisch und geometrisch gleichwertige **Hybridorbitale** (abgekürzt: q-Orbitale). Der Vorgang wird als **Hybridisierung** bezeichnet. Der Begriff stammt vom lateinischen Wort *hybrid* = „von zweierlei Herkunft“. Auch der Ausdruck **Bastardisierung** wird dafür manchmal verwendet. Ein Bastard ist in der Tierkunde ein Mischling.

Die vier entstehenden sp³-Hybridorbitale (aus einem s- und drei p-Orbitalen) sind völlig gleichwertig. Sie sind zu den Ecken eines Tetraeders gerichtet.

Durch die Überlappung der vier sp³-Hybridorbitale mit den 1s-Atomorbitalen der vier Wasserstoffatome bilden sich vier sp³-s-σ-MO. Es treten vier gleiche σ-Bindungen auf. Die Bindungswinkel von ca. 109° entsprechen den Winkeln im regelmäßigen Tetraeder.

Es muß hier noch einmal betont werden, daß die Hybridisierung nur ein **Denkmodell** darstellt und keinen beobachtbaren physikalischen Vorgang. Der tetraedrische Bau des Methanmoleküls ist nicht dadurch zu erklären, daß das C-Atom vier sp³-q-AO aufweist. Das Modell wird hier den geometrischen Verhältnissen angepaßt.

In ähnlicher Weise lassen sich auch die Bindungsverhältnisse im Ammoniak-, Wasser- und Ethanmolekül (als Beispiele) beschreiben.

**Ammoniakmolekül $NH_3$**: Das Stickstoffatom besitzt die Elektronenkonfiguration $1s^2\ 2s^2\ 2p^3$. Durch die Hybridisierung erhält man drei halbbesetzte und ein doppeltbesetztes sp³-q-AO. Es kommt zur Ausbildung von drei Sigma-Bindungen mit den Wasserstoffatomen. Das doppelt besetzte Hybridorbital entspricht dem freien Elektronenpaar. Es bildet keine Bindung. Das $NH_3$-Molekül besitzt (unter Einbeziehung des freien Elektronenpaares) eine etwas deformierte tetraedrische Struktur. Wegen der größeren Raumerfüllung des doppelt besetzten q-Orbitals sind die Bindungswinkel mit 106° etwas geringer als im Methanmolekül $CH_4$.

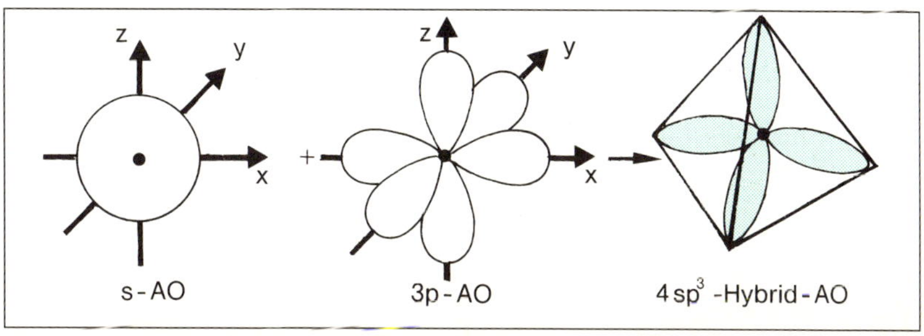


Geometrie der sp³-Hybrid-AO

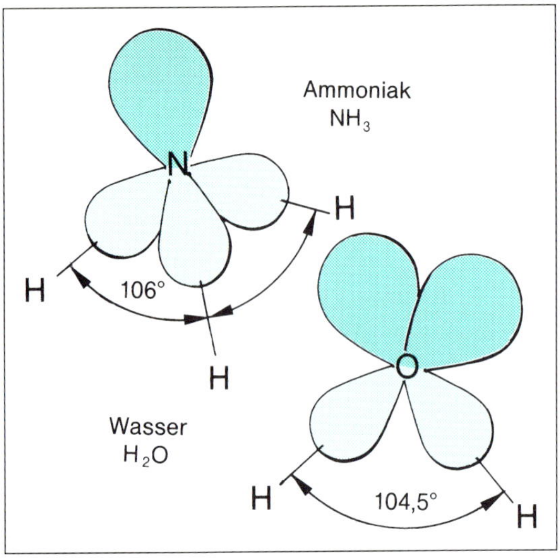


Orbitalmodelle des Ammoniak- und Wassermoleküls

**Wassermolekül $H_2O$**: Das Sauerstoffatom besitzt die Elektronenkonfiguration $1s^2\ 2s^2\ 2p^4$. Durch die Hybridisierung liegen zwei halbbesetzte und zwei doppeltbesetzte $sp^3$-Hybrid-AO vor. Es können sich hier zwei Sigma-Bindungen durch Überlappung mit den 1s-AO der Wasserstoffatome ausbilden. Die beiden vollständig gefüllten Hybridorbitale („freie Elektronenpaare") bewirken eine weitere Verringerung der Bindungswinkel (104,5°) in der deformierten tetraedrischen Struktur (unter Einbeziehung der beiden doppeltbesetzten Hybridorbitale).

**Ethanmolekül $C_2H_6$**: Beide Kohlenstoffatome besitzen jeweils vier $sp^3$-Hybridorbitale. Durch Überlappung von jeweils einem dieser AO bildet sich ein $sp^3$-$sp^3$-$\sigma$-MO. Neben dieser $\sigma$-Bindung kommen durch Überlappung der restlichen sechs $sp^3$-Hybrid-AO mit den 1s-AO der Wasserstoffatome sechs weitere $\sigma$-Bindungen zustande. Die Bindungswinkel betragen 109° (Tetraederwinkel).

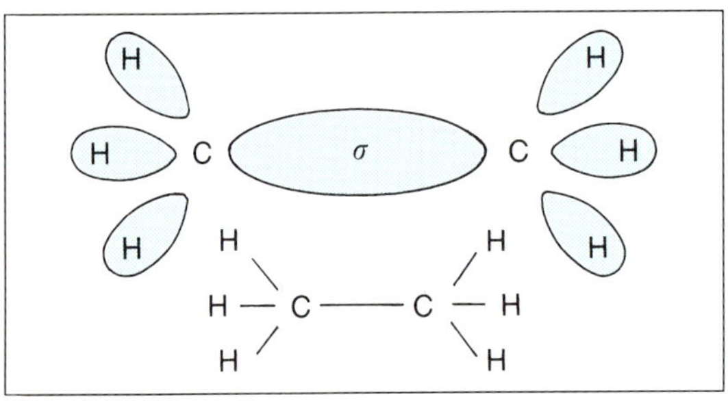


Orbitalmodell des Ethanmoleküls

Neben den $sp^3$-Hybridorbitalen treten häufig auch $sp^2$- und sp-Hybridorbitale auf. Es sind noch weitere Hybridisierungen möglich (siehe Komplexchemie; Band 2).

**$sp^3$-Hybridorbitale**: Hybridisierung von einem s- und drei p-Orbitalen.
**$sp^2$-Hybridorbitale**: Hybridisierung von einem s- und zwei p-Orbitalen.
**sp-Hybridorbitale**: Hybridisierung von einem s- und einem p-Orbital.

**Ethenmolekül $C_2H_4$**: Beide Kohlenstoffatome liegen hier $sp^2$-hybridisiert vor. Die drei $sp^2$-Hybrid-AO kommen durch Verschmelzung (Hybridisierung) von einem 2s-Orbital und zwei 2p-Orbitalen zustande.

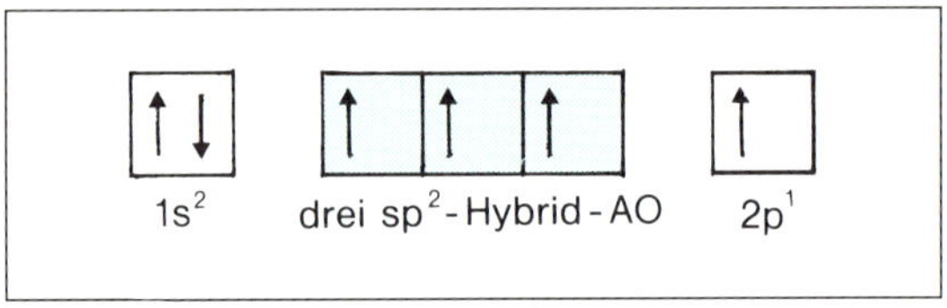


$sp^2$ - Hybrid-Atomorbitale des C-Atoms

Die drei $sp^2$-Hybridorbitale sind trigonal (dreieckig) angeordnet; die Winkel zwischen ihnen betragen 120°. Jeweils ein $sp^2$-Orbital jedes C-Atoms überlappt, und es kommt zu einer $sp^2$-$sp^2$-$\sigma$-Bindung. Die restlichen vier $sp^2$-Orbitale bilden mit den Orbitalen der Wasserstoffatome vier $sp^2$-s-$\sigma$-Bindungen.

Jedes Kohlenstoffatom besitzt noch ein halbbesetztes p-Orbital, das nicht hybridisiert vorliegt. Diese beiden p-Orbitale stehen senkrecht zur Molekülebene und bilden durch Überlappung eine $\pi$-Bindung.

Das $\pi$-Orbital befindet sich oberhalb und unterhalb der Ebene des Moleküls. Die Doppelbindung setzt sich aus unterschiedlichen Bindungen zusammen (eine Sigma-Bindung und eine Pi-Bindung).

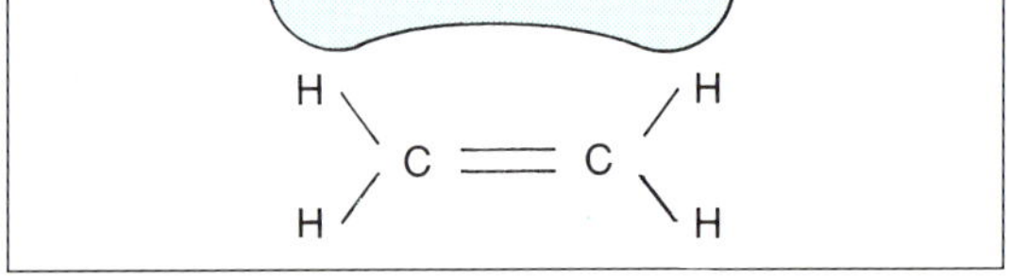


Orbitalmodell des Ethenmoleküls

**Ethinmolekül $C_2H_2$**: Beide Kohlenstoffatome liegen hier sp-hybridisiert vor. Diese Hybridorbitale (q-Orbitale) bilden sich durch die Verschmelzung von einem 2s- und einem 2p-Orbital.

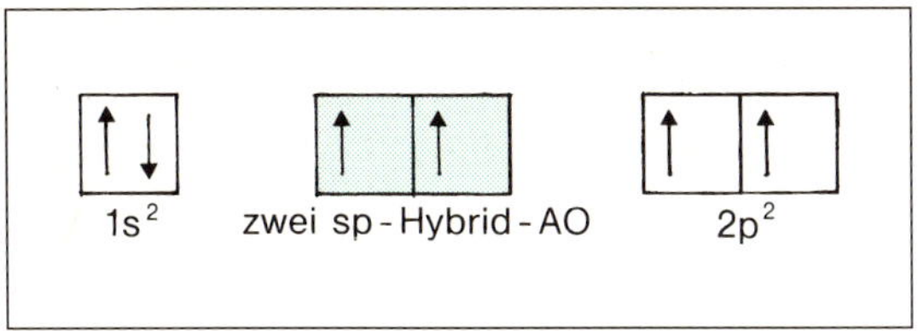


sp-Hybrid-Atomorbitale des C-Atoms

Die beiden sp-q-AO sind linear angeordnet, d.h., der Winkel zwischen ihnen beträgt 180°. Jeweils ein sp-Orbital eines jeden C-Atoms kommt zur Überlappung, so daß es zu einer sp-sp-σ-Bindung kommt.

Die beiden anderen sp-Hybridorbitale bilden mit den 1s-Orbitalen der Wasserstoffatome zwei sp-s-σ-Bindungen.

Die beiden Kohlenstoffatome besitzen jeweils noch zwei halbbesetzte p-Orbitale, die nicht hybridisiert vorliegen und senkrecht aufeinander stehen. Durch Überlappung bilden sich zwei π-Bindungen, die untereinander einen Winkel von 90° bilden. Die Dreifachbindung besteht aus einer Sigma- und zwei Pi-Bindungen.

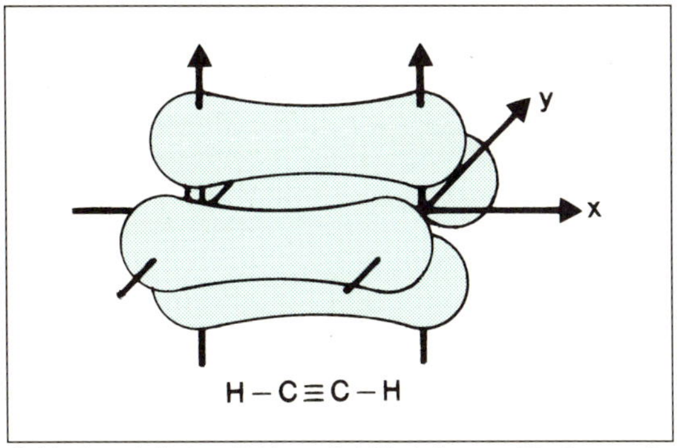


Orbitalmodell des Ethinmoleküls (ohne σ-Bindungen)

## Mesomerie

In vielen Molekülen sind die Bindungselektronen nicht eindeutig einer Bindung zuzuordnen. Sie sind **delokalisiert**. Das bedeutet, daß sie nicht an einem Ort gebunden sind (das lateinische Wort *locus* bedeutet „Ort").

**Delokalisierte Elektronen** sind über einen größeren Bereich eines Moleküls verteilt. Sie sind nicht einer Bindung zuzuordnen.

Die Struktur des **Butadien-1,3** läßt sich nicht eindeutig durch eine Valenzstrukturformel* beschreiben, da auch die Bindung zwischen den beiden mittleren C-Atomen einen gewissen „Doppelbindungsanteil" aufweist. Dafür spricht die geringe Bindungslänge* von 0,146 nm. Sie liegt zwischen den Werten für eine C-C-Einfach- und -Doppelbindung.

Diese Erscheinung wird als **Mesomerie** bezeichnet. Der Begriff stammt von den griechischen Wörtern *mesos* = mitten und *meros* = Teilchen.

Zur Beschreibung des Bindungszustandes lassen sich **Grenzstrukturen** angeben.

Liegt **Mesomerie** vor, dann befindet sich der tatsächliche Bindungszustand zwischen den nicht existierenden Grenzstrukturen.

Zwischen den mesomeren Grenzstrukturen steht ein Pfeil mit zwei Spitzen ($\longleftrightarrow$). Dieses Symbol darf nicht mit einem Reaktionspfeil verwechselt werden.

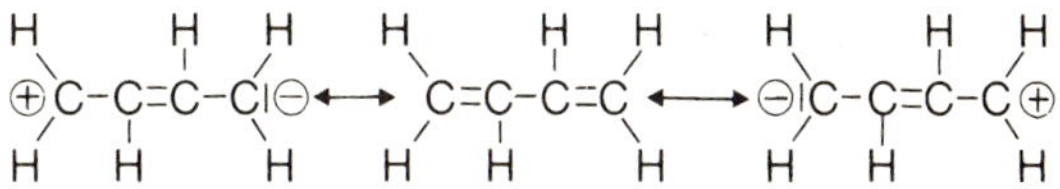

Alle Kohlenstoffatome des Butadienmoleküls sind sp²-hybridisiert. Die drei σ-Bindungen zwischen den C-Atomen kommen durch Überlappung zweier sp²-Hybrid-AO zustande. Jedes Kohlenstoffatom besitzt noch ein halbbesetztes p-Orbital. Diese stehen senkrecht zur Molekülebene. Durch Überlappung kommt eine π-Elektronenwolke zustande (oberhalb und unterhalb der Molekülebene) mit insgesamt vier π-Elektronen.

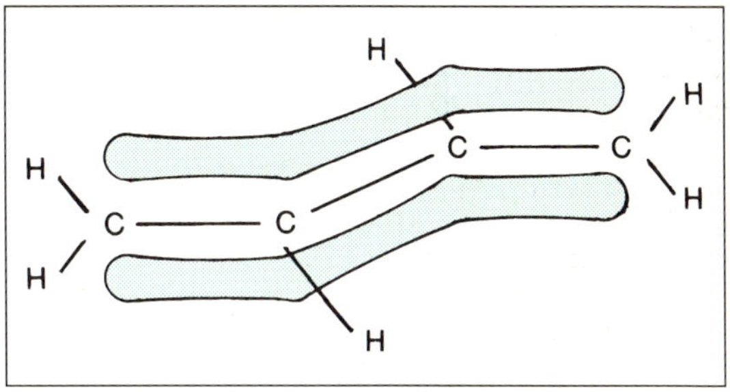


Delokalisierte π-Elektronen im Butadienmolekül

Durch die **Delokalisation** ist der Aufenthaltsbereich der π-Elektronen größer geworden. Die Elektronen werden dadurch energieärmer und das Molekül stabiler (Mesomeriestabilisierung).

Der Energiegewinn durch Elektronendelokalisation wird als **Mesomerieenergie**, **Delokalisationsenergie** oder **Resonanzenergie** bezeichnet.

Die Mesomerieenergie des Butadiens beträgt 14,7 kJ/mol.

Mesomerie tritt auch bei vielen **anorganischen Ionen** auf.

Durch Strukturaufklärung (Band 2) konnte gezeigt werden, daß das **Carbonat-Anion $CO_3^{2-}$** eine trigonale, ebene Struktur aufweist. Alle Kohlenstoff-Sauerstoff-Bindungen sind gleich lang.

Um die Valenzstrichformel zu formulieren, wird üblicherweise eine Doppelbindung eingeführt. Danach müßten aber unterschiedliche Bindungslängen auftreten.

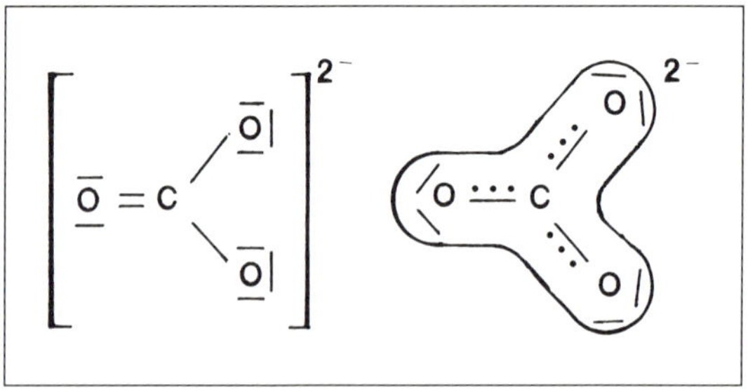

Das Carbonat-Anion

Auch im Carbonat-Anion liegt die Erscheinung der Mesomerie vor. Die $\pi$-Elektronen sind über den gesamten Bereich des Ions verteilt (delokalisiert). Die Bindungsverhältnisse lassen sich besser durch die rechts angegebene Formel darstellen.

Eine völlige Delokalisation der $\pi$-Elektronen liegt im **Benzol-Molekül $C_6H_6$** vor (Benzol wird auch als **Benzen** bezeichnet).

Die sechs C-Atome bilden ein regelmäßiges, ebenes Sechseck. Alle Bindungswinkel betragen 120°. Jedes Kohlenstoffatom weist drei $sp^2$-Hybridorbitale auf. Zwei von ihnen kombinieren (überlappen) mit denen der benachbarten C-Atome, so daß sechs C-C-$\sigma$-Bindungen gebildet werden. Jeweils ein $sp^2$-Hybrid-AO überlappt mit dem 1s-AO des H-Atoms. Dies führt zu sechs C-H-$\sigma$-Bindungen.

An jedem C-Atom ist jetzt noch ein halbbesetztes p-AO vorhanden. Durch vollständige Delokalisation dieser sechs Elektronen bildet sich ein cyclisches (ringförmiges) $6\pi$-MO oberhalb und unterhalb der Ebene des Moleküls.

Dieser besondere Bindungszustand wird als **aromatischer Zustand** bezeichnet. Er tritt nicht nur im Benzol (Benzen) auf.

Der Begriff „aromatisch“ ist im 19. Jahrhundert eingeführt worden, da viele Verbindungen mit diesem Bindungszustand einen angenehmen Geruch aufweisen (Band 2: Aromatische Verbindungen).

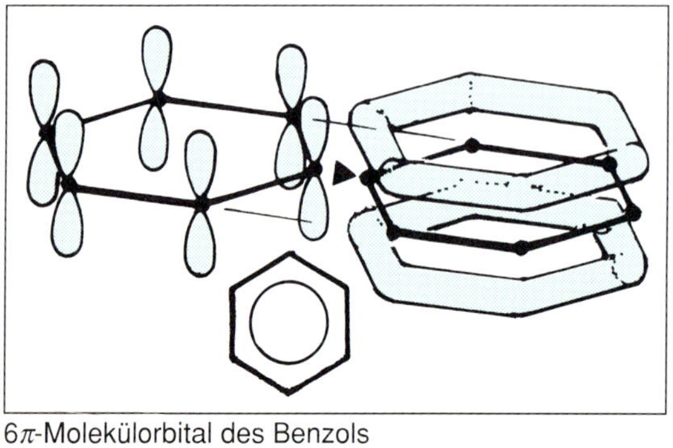

$6\pi$-Molekülorbital des Benzols

Das delokalisierte Elektronensextett des Benzols (Benzens) wird durch einen Kreis im Sechseck symbolisch dargestellt.

Die Delokalisationsenergie des Benzols ist mit 151 kJ/mol besonders groß.

## 6.5 Metallbindung

Die meisten Elemente sind **Metalle**. Sie zeichnen sich durch eine Reihe gemeinsamer Eigenschaften aus:

- metallischer Glanz
- gute elektrische Leitfähigkeit
- gute Wärmeleitfähigkeit
- Verformbarkeit

Im festen Zustand bilden Metalle Gitterstrukturen. Das **Metallgitter** ist aus positiv geladenen Ionen aufgebaut, während die Valenzelektronen frei beweglich sind. Sie sind für die gute elektrische Leitfähigkeit verantwortlich und bilden das sogenannte **Elektronengas**.

Metalle treten, von wenigen Ausnahmen abgesehen, in drei unterschiedlichen Kristallgittern auf.

**Kubisch-dichteste Kugelpackung**
(kubisch-flächenzentriertes Gitter):

In dieser Struktur sind die Teilchen so angeordnet, daß jeweils die vierte Schicht der Kugeln (Teilchen) in die gleiche Position kommt wie die erste. Die Koordinationszahl* beträgt 12, d.h., jedes Teilchen ist von 12 weiteren Teilchen umgeben.

*Beispiele:*
Gold, Silber, Calcium

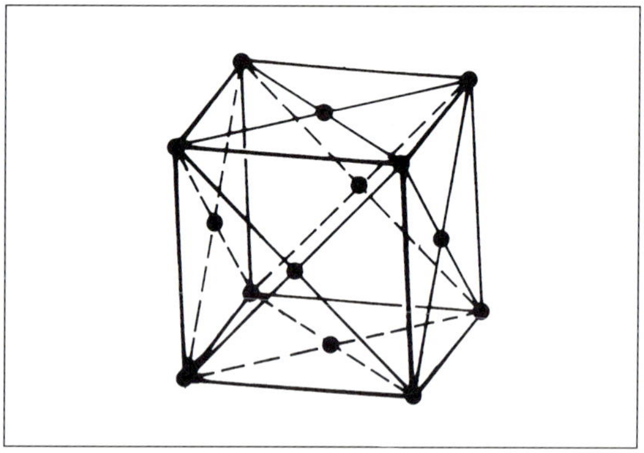

Kubisch-dichteste Kugelpackung

**Hexagonal-dichteste Kugelpackung**
(hexagonales Gitter):

Hier ist bereits die dritte Kugelschicht (Teilchenschicht) so angeordnet wie die erste. Die Koordinationszahl beträgt ebenfalls 12.

*Beispiele:*

Magnesium, Cobalt, Zink

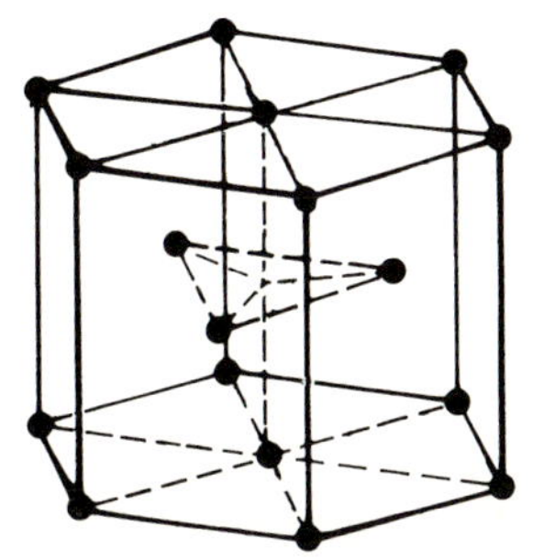

Hexagonal-dichteste Kugelpackung

**Kubisch-raumzentriertes Gitter**:

Hier liegt keine dichteste Kugelpackung vor. Jedes Teilchen ist nur von acht anderen umgeben (die Koordinationszahl beträgt 8).

*Beispiele:*

Wolfram, Chrom, Natrium

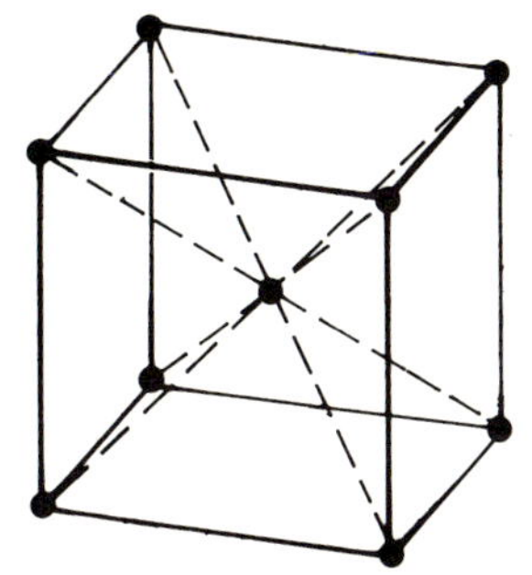

Kubisch-raumzentriertes Gitter

## Legierungen

Legierungen sind Gemische aus zwei oder mehr Metallen.

Legierungen lassen sich auch als feste Lösungen auffassen.

Viele Metalle sind nicht in einem beliebigen Verhältnis legierbar.

*Beispiele* für Legierungen:

Lötzinn: 64% Zinn und 36% Blei

Glockenbronze: 75% Kupfer und 25% Zinn

Messing: 55 - 95% Kupfer und 5 - 45% Zink

Weitere Legierungen sind bei den einzelnen metallischen Elementen aufgeführt.

Die Bindung in den **Komplexen** (koordinative Bindung) wird im zweiten Band behandelt (Komplexchemie).

# 7 Reaktionsgeschwindigkeit und chemisches Gleichgewicht

## 7.1 Reaktionsgeschwindigkeit

Chemische Reaktionen können unterschiedlich schnell ablaufen.

*Beispiele* für Reaktionen bei Raumtemperatur:

Sehr schnelle Reaktion

$Ba^{2+}(aq) + SO_4^{2-}(aq) \longrightarrow BaSO_4(s)$

Mäßig schnelle Reaktion

$Zn(s) + 2\ H_3O^+(aq) \longrightarrow Zn^{2+}(aq) + H_2(g) + 2\ H_2O$

Sehr langsame Reaktion

$2\ Cu(s) + O_2(g) \longrightarrow 2\ CuO(s)$

Die freie Enthalpie* $\Delta G$ gestattet nur die Aussage, ob eine bestimmte chemische Reaktion möglich ist, nicht aber, wie schnell sie abläuft. Die **Reaktionskinetik**, die sich mit der Geschwindigkeit von Reaktionen beschäftigt, ist daher ebenso wichtig wie die Thermodynamik (Energetik).

Zur quantitativen Erfassung der Schnelligkeit einer chemischen Reaktion dient die **Reaktionsgeschwindigkeit *r***.

Die **Durchschnittsgeschwindigkeit** einer Reaktion erhält man als Quotient aus der Konzentrationsänderung $\Delta c$ und dem Zeitintervall $\Delta t$, die **Momentangeschwindigkeit** zum Zeitpunkt $t$ mit Hilfe des entsprechenden Differentialquotienten.

**Konzentrationen** werden in der Chemie meist stoffmengenbezogen angegeben.

$$\text{Konzentration } c = \frac{\text{Stoffmenge } n}{\text{Volumen } V}$$

$$[c] = 1\,\text{mol/l}$$

Diese Konzentrationsangabe wurde früher als Molarität bezeichnet.

Die **Molarität** gibt an, wieviel Mol eines Stoffes in einem Liter einer Lösung vorliegen.

*Beispiel:*

Eine einmolare Natronlauge enthält in einem Liter 1 mol Natriumhydroxid. Die Konzentration beträgt $c(\text{NaOH}) = 1$ mol/l.

**Reaktionsgeschwindigkeit**

Durchschnittsgeschwindigkeit $r = \Delta c/\Delta t$

Momentangeschwindigkeit $r = \text{d}c/\text{d}t$

$[r] = \text{mol/(l} \cdot \text{s)}$

Bezieht sich die Reaktionsgeschwindigkeit auf die Konzentrationszunahme eines Produktes, so ist $r$ positiv.

Bezieht sich die Reaktionsgeschwindigkeit auf die Konzentrationsabnahme eines Eduktes, so ist $r$ negativ.

Der zeitliche Verlauf einer Reaktion läßt sich durch ein **Konzentrations-Zeit-Diagramm** darstellen.

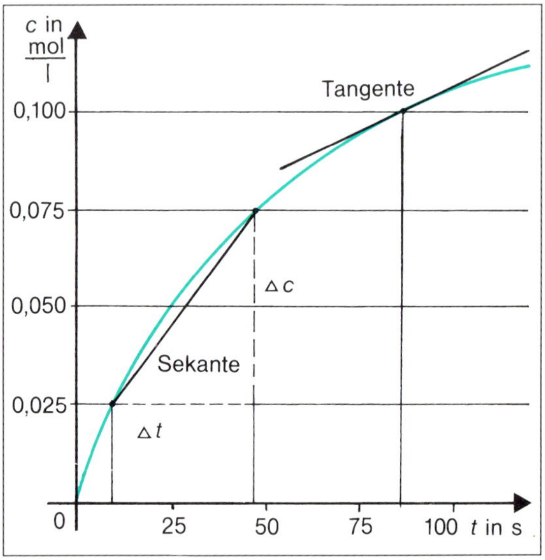


Konzentrations-Zeit-Diagramm für die Bildung eines Produktes

Die Durchschnittsgeschwindigkeit erhält man als Sekantensteigung, die Momentangeschwindigkeit als Tangentensteigung.

### Ermittlung von Reaktionsgeschwindigkeiten

Reaktionsgeschwindigkeiten lassen sich durch chemische und physikalische Methoden experimentell ermitteln.

Bei den **chemischen Methoden** werden während der Reaktion Proben entnommen und analysiert, um die Konzentrationen eines Eduktes oder Produktes zu erhalten.

Die **physikalischen Methoden** gestatten die Bestimmung der Reaktionsgeschwindigkeit, ohne in die Reaktion einzugreifen. Sie sind daher meist vorteilhafter.

Als Bestimmungsverfahren bieten sich hier an:

**Photometrie**, wenn sich die Farbe des Reaktionsgemisches ändert.

**Leitfähigkeit**, wenn sich die elektrische Leitfähigkeit ändert (z.B. durch Ionenbildung).

**Gasvolumenbestimmung**, wenn bei der Reaktion gasförmige Stoffe entstehen.

## Die Reaktionsordnung

Die Erfahrung zeigt, daß die Reaktionsgeschwindigkeiten konzentrationsabhängig sind.

*Beispiele:*

Zink reagiert mit Schwefelsäure von 0,1 mol/l langsamer als mit Schwefelsäure von 1 mol/l.

Eisenwolle verbrennt in Sauerstoff wesentlich schneller als in Luft („verdünnter Sauerstoff").

Die experimentell bestimmbaren Zusammenhänge zwischen den Reaktionsgeschwindigkeiten und den Konzentrationen der Reaktionspartner lassen sich zu **Geschwindigkeitsgesetzen** oder **Zeitgesetzen** chemischer Reaktionen zusammenfassen.

So könnten z.B. für die Reaktion

$$A + B \longrightarrow AB$$

unterschiedliche Zusammenhänge bestehen.

1. Die Reaktionsgeschwindigkeit ist proportional der Konzentration des Stoffes A:

$$r = k_1 \cdot c(A)$$

Der Proportionalitätsfaktor $k_1$ wird als **Geschwindigkeitskonstante** bezeichnet. Da die Konzentration in der ersten Potenz erscheint, liegt eine **Reaktion erster Ordnung** vor.

2. Die Reaktionsgeschwindigkeit ist sowohl der Konzentration des Stoffes A als auch der Konzentration des Stoffes B proportional:

$$r = k_2 \cdot c(A) \cdot c(B)$$

Es könnte auch sein, daß die Reaktionsgeschwindigkeit dem Quadrat der Konzentration eines Eduktes proportional ist:

$$r = k_3 \cdot c^2(A)$$

Da in beiden Fällen die Konzentrationen in der zweiten Potenz erscheinen, spricht man von **Reaktionen zweiter Ordnung**.

3. Bei einigen Reaktionen hängt die Geschwindigkeit nicht von den Konzentrationen der Reaktionspartner ab, d.h., sie bleibt konstant.

$$r = k_4$$

Hier liegt eine **Reaktion nullter Ordnung** vor.

Anmerkung: Die Indizes der Geschwindigkeitskonstanten (z.B. $k_4$) sind willkürlich gewählt worden.

Das **allgemeine Geschwindigkeitsgesetz** für eine Reaktion mit den beiden Edukten A und B lautet:

$$\mathbf{r = k \cdot c^m(A) \cdot c^n(B)}$$

Die Summe der Exponenten *m* und *n* gibt die **Reaktionsordnung** an.

*Beispiel:* Oxidation von Stickstoffmonoxid

$$2\,NO + O_2 \longrightarrow 2\,NO_2$$

Die Reaktion ist zweiter Ordnung in bezug auf Stickstoffmonoxid und erster Ordnung in bezug auf Sauerstoff. Insgesamt liegt eine **Reaktion dritter Ordnung** vor. Das Geschwindigkeitsgesetz lautet:

$$r = k \cdot c^2(NO) \cdot c(O_2)$$

Eine Übereinstimmung der Stöchiometriezahlen* (Faktoren) der Reaktionsgleichung mit den Exponenten im Geschwindigkeitsgesetz ist rein zufällig.

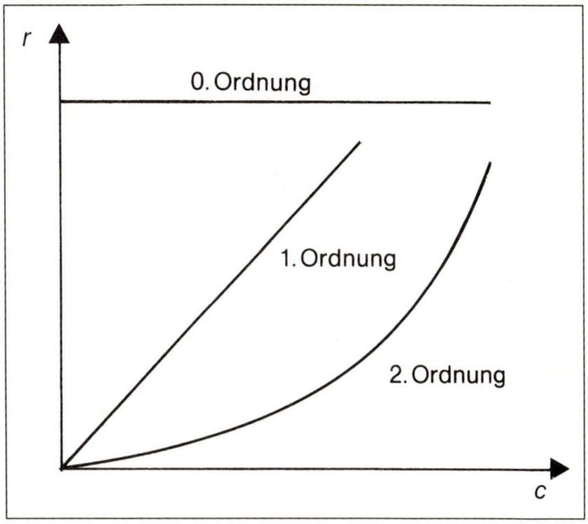


Reaktionsgeschwindigkeits- Konzentrations-Diagramme

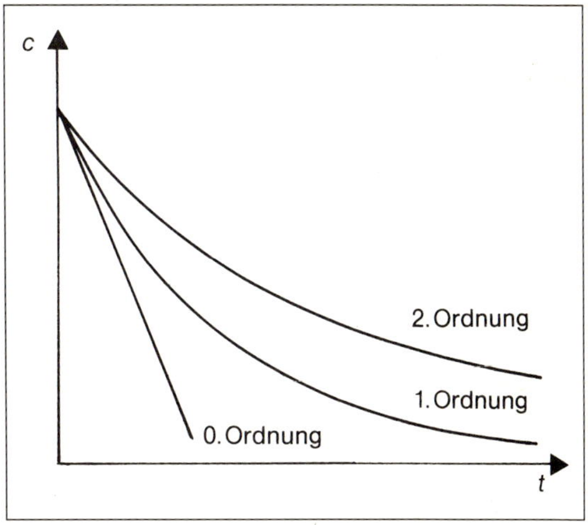


Konzentrations-Zeit-Diagramme bei gleicher Ausgangskonzentration eines Edukts

Die Ordnung einer Reaktion darf nicht mit ihrer **Molekularität** verwechselt werden.

Chemische Reaktionen lassen sich in **Elementarreaktionen** (Reaktionsschritte) unterteilen. Diese können **unimolekular**, **bimolekular** oder **trimolekular** sein, je nachdem ob ein, zwei oder drei Teilchen in einer Elementarreaktion miteinander reagieren.

## Temperaturabhängigkeit der Reaktionsgeschwindigkeit

Bei den meisten chemischen Reaktionen nimmt die Reaktionsgeschwindigkeit $r$ mit der Temperatur $T$ zu.

Nach der **RGT-Regel** (Reaktionsgeschwindigkeits-Temperatur-Regel) erhöht sich die Reaktionsgeschwindigkeit bei einer Temperatursteigerung um 10 K auf das Zwei- bis Vierfache.

Da in den Geschwindigkeitsgesetzen chemischer Reaktionen die Temperaturen nicht direkt erscheinen, müssen die Geschwindigkeitskonstanten $k$ temperaturabhängig sein.

Dieser Zusammenhang wurde bereits 1889 von *Arrhenius** experimentell ermittelt.

***Arrhenius*-Gleichung:** $k = A \cdot e^{-\frac{E_A}{R \cdot T}}$

$k$ = Geschwindigkeitskonstante
$A$ = Konstante (reaktionstypisch)
e = 2,718 (Basis der natürlichen Logarithmen)
$E_A$ = Aktivierungsenergie
$R$ = universelle Gaskonstante*
$T$ = absolute Temperatur* (in Kelvin)

Die **Aktivierungsenergie $E_A$** ist die Energie, die aufgewendet werden muß, um Teilchen in einen reaktionsbereiten Zustand zu versetzen.

Nur Reaktionspartner, deren Energie größer als die Aktivierungsenergie ist, können bei einem Zusammenstoß reagieren.

*Beispiel:*

Benzin und Luft können nebeneinander vorliegen, ohne daß die Stoffe miteinander reagieren. Nähert man sich mit einem brennenden Zündholz (Zufuhr von Aktivierungsenergie), so läuft sofort eine chemische Reaktion ab. Das Benzin verbrennt.

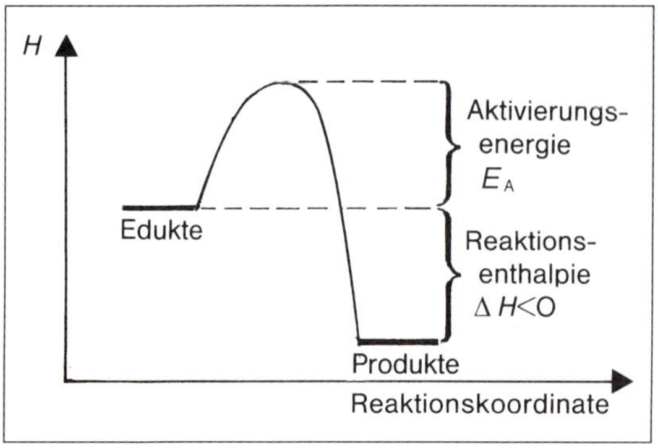


Enthalpiediagramm einer exothermen Reaktion

Auch bei endothermen Reaktionen* (das sind Reaktionen, die nur unter ständiger Energiezufuhr ablaufen) ist Aktivierungsenergie erforderlich.

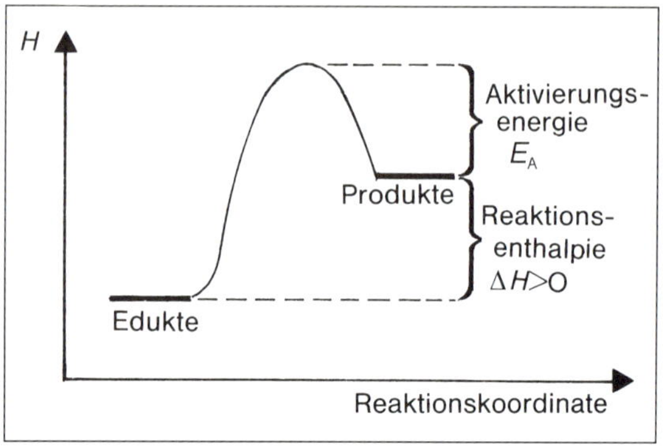


Enthalpiediagramm einer endothermen Reaktion

## Die Stoßtheorie

Produkte bilden sich bei einer chemischen Reaktion nur dann, wenn die Teilchen der Edukte in einer geeigneten Weise zusammenstoßen.

Die Teilchen müssen eine gewisse Mindestenergie (die Aktivierungsenergie) aufweisen und gleichzeitig die richtige räumliche Orientierung haben.

Nicht jeder Zusammenstoß führt daher zu einem neuen Teilchen. Bei den **wirksamen Zusammenstößen** bilden sich **Übergangszustände**.

Liegen dagegen **unwirksame Zusammenstöße** vor, so gehen die Teilchen nach dem Zusammenprall wieder auseinander.

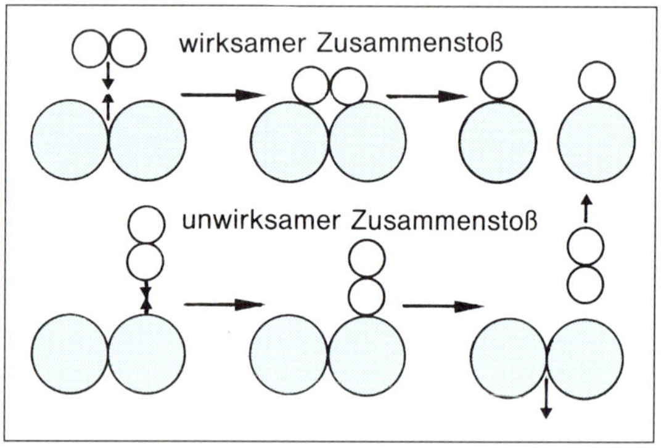


Wirksamer und unwirksamer Zusammenstoß

## 7.2 Katalysatoren

Katalysatoren sind Stoffe, die die Reaktionsgeschwindigkeit erhöhen und am Ende der Reaktion unverändert vorliegen.

Der Begriff stammt vom griechischen Wort *katalysis* = „Beseitigung eines Hindernisses".

Die Wirkung eines Katalysators (K) besteht darin, daß er mit einem Edukt (A) eine reaktive Zwischenverbindung (AK) bildet, die unter Freisetzung des Katalysators mit dem anderen Edukt (B) reagiert.

Ohne Katalysator: $A + B \longrightarrow AB$ (langsam)

Mit Katalysator: $A + K \longrightarrow AK$ ; $AK + B \longrightarrow AB + K$ (schnell)

Mit dem Katalysator laufen andere Reaktionen ab als ohne Katalysator. Sie führen allerdings zum gleichen Produkt.

Für die Bildung des Zwischenproduktes AK und seiner Reaktion mit B ist eine geringere Aktivierungsenergie erforderlich als für die direkte Vereinigung von A und B. Gemäß der *Arrhenius*-Gleichung* bedeutet dies, daß die katalysierte Reaktion schneller abläuft.

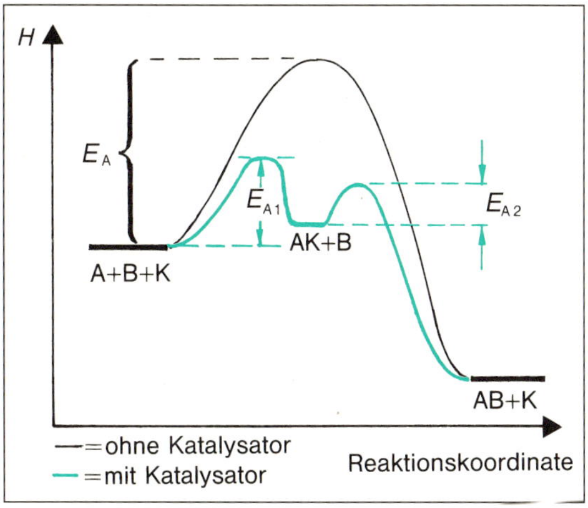


Enthalpiediagramm einer katalysierten und einer nicht katalysierten exothermen Reaktion

**Katalysatoren** sind in der Lage, durch einen Reaktionsumweg die Aktivierungsenergie herabzusetzen und damit die Reaktionsgeschwindigkeit zu erhöhen.

Dieser Vorgang wird als **Katalyse** bezeichnet.

### Homogene Katalyse

Von einer **homogenen Katalyse** spricht man dann, wenn die Edukte und der Katalysator in der gleichen Phase vorliegen. Häufig tritt dieser Zustand in Lösungen auf. Wichtig sind hier insbesondere die Säure-Base-Katalyse und die Redox-Katalyse.

*Beispiel:*

Der Zerfall von Wasserstoffperoxid, der ohne Katalysator sehr langsam verläuft, kann durch $Fe^{2+}$-Ionen beschleunigt werden.

$2\,H_2O_2(aq) \longrightarrow 2\,H_2O(l) + O_2(g)$ langsam

$H_2O_2(aq) + 2\,Fe^{2+}(aq) + 2\,H_3O^+(aq) \longrightarrow 2\,Fe^{3+}(aq) + 4\,H_2O(l)$

$H_2O_2(aq) + 2\,Fe^{3+}(aq) + 2\,H_2O(l) \longrightarrow 2\,Fe^{2+}(aq) + O_2(g) + 2\,H_3O^+(aq)$ schnell

Als Zwischenstufe treten hier $Fe^{3+}$-Ionen auf.

### Heterogene Katalyse

Von einer **heterogenen Katalyse** spricht man dann, wenn die Edukte und der Katalysator nicht in der gleichen Phase (d.h. nicht im gleichen Aggregatzustand) vorliegen. Hierbei ist der Katalysator meist fest, während die Reaktionspartner gasförmig oder flüssig sind.

Der katalytische Vorgang findet an der Oberfläche des Katalysators statt. Die Teilchen der reagierenden gasförmigen oder flüssigen Stoffe haften am Feststoff. Dieser Vorgang wird als **Sorption** bezeichnet.

Bei der **physikalischen Adsorption** treten zwischen dem Feststoff und den adsorbierten Teilchen nur schwache Wechselwirkungen auf (z.B. *Van-der-Waals*-Kräfte).

Im Gegensatz dazu sind bei der **chemischen Absorption** oder **Chemisorption** chemische Bindungen vorhanden.

Die heterogene Katalyse ist für großtechnische Synthesen besonders wichtig. Hierbei kann man die Edukte in einem kontinuierlichen Verfahren über den stationären Katalysator leiten.

*Beispiel:*

Hydrierung von Alkenen an einer Nickeloberfläche (*Raney*-Nickel)

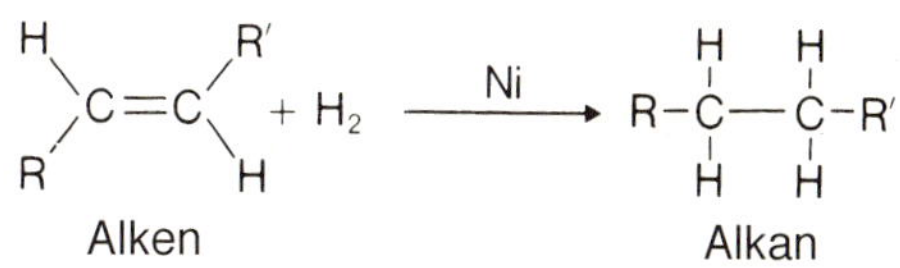


Der Wasserstoff wird an der Oberfläche absorbiert. Dabei bilden sich Wasserstoffatome. Das ebenfalls an dem festen Katalysator absorbierte Alken kann nun mit zwei absorbierten H-Atomen reagieren. Da das sich bildende Molekül des Alkans keine $\pi$-Bindung aufweist, sind die Wechselwirkungen mit den Nickelatomen sehr gering. Es kommt zu einer Loslösung (**Desorption**) des Reaktionsproduktes.

Viele katalytische Reaktionen sind in der Technik besonders wichtig.

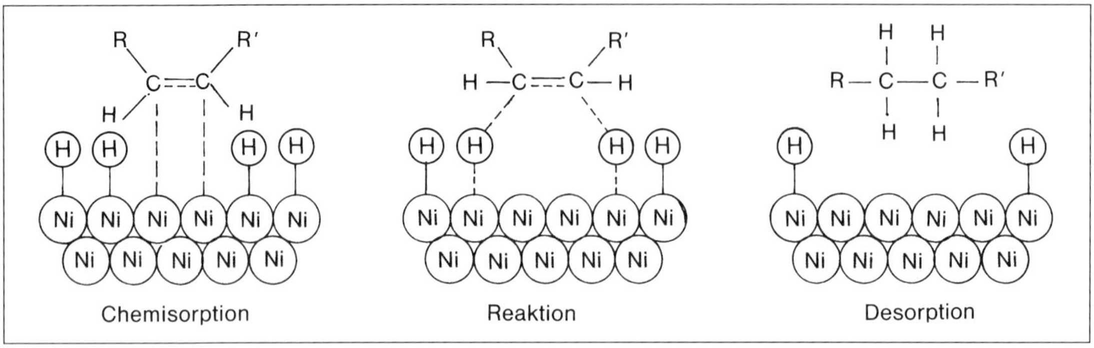


Mechanismus der Katalyse

*Beispiele* für **großtechnische Synthesen** mit Katalysatoren:

| Synthese | Katalysator |
|---|---|
| Oxidation von $SO_2$ zur Schwefelsäureherstellung | $V_2O_5$ |
| Ammoniaksynthese | Fe |
| Ammoniakverbrennung zur Salpetersäureherstellung | Pt/Rh |
| Fetthärtung zur Margarineherstellung | Ni |

Katalysatoren können durch Fremdstoffe desaktiviert werden, d.h., sie blockieren die Oberfläche für die gewünschte Reaktion. Man bezeichnet derartige Stoffe als **Katalysatorgifte**.

Katalysatoren sind auch für den **Umweltschutz** wichtig. Mit ihnen lassen sich die Autoabgase wirksam entgiften oder die Abgase von Verbrennungskraftwerken von Stickoxiden befreien („Entstikkung").

Der Themenbereich „Umweltschutz" wird im 2. Band behandelt.

## 7.3 Umkehrbare Reaktionen und chemisches Gleichgewicht

Die meisten chemischen Reaktionen sind umkehrbar, d.h., sowohl die Hin- als auch die Rückreaktionen sind möglich.

*Beispiel:*

Eine Carbonsäure (S) reagiert in einer exothermen Reaktion mit einem Alkohol (A) zu einem Ester (E) und Wasser (W).
Die Reaktion wird als **Veresterung** bezeichnet.

**Hinreaktion**

Carbonsäure + Alkohol ⟶ Ester + Wasser

Andererseits reagiert ein Ester mit Wasser endotherm zu einer Carbonsäure und einem Alkohol. Diese Reaktion wird als
**Esterspaltung** oder **Verseifung** bezeichnet.

**Rückreaktion**

Ester + Wasser ⟶ Carbonsäure + Alkohol

Führt man bei einer umkehrbaren Reaktion Hin- und Rückreaktion durch, z.B. eine Veresterung und eine Esterspaltung, so stellt man fest, daß beide Reaktionen nicht vollständig ablaufen.

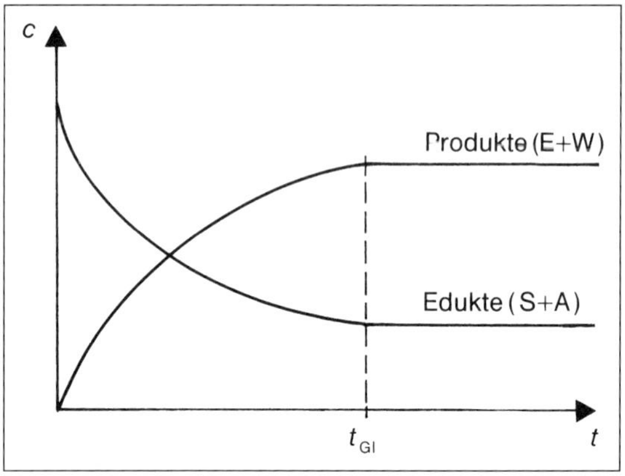


Umkehrbare Reaktion

Ab einem bestimmten Zeitpunkt $t_{Gl}$ ändern sich die Konzentrationen der Edukte und Produkte nicht mehr. Die Reaktion befindet sich in einem **chemischen Gleichgewicht**.

Eine derartige Reaktion wird durch einen **Doppelpfeil** gekennzeichnet.

**Estergleichgewicht**

Carbonsäure + Alkohol $\rightleftharpoons$ Ester + Wasser

Die Einstellung eines chemischen Gleichgewichtes bedeutet nicht, daß keine Reaktionen mehr ablaufen. Die Geschwindigkeit der Hinreaktion ist dann ebenso groß wie die Geschwindigkeit der Rückreaktion: $r_{hin} = r_{rück}$. Das chemische Gleichgewicht ist daher ein **dynamisches Gleichgewicht**.

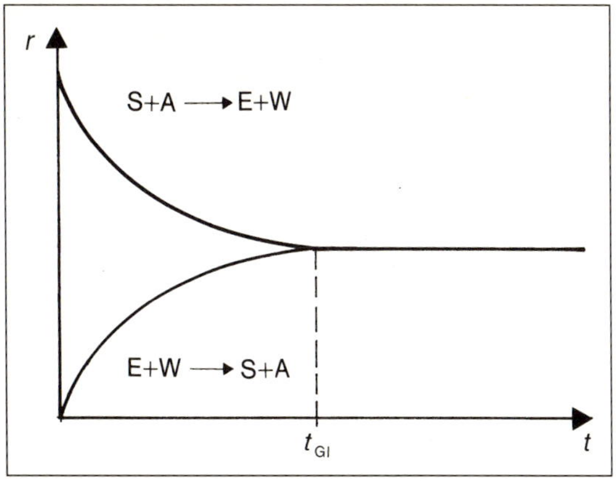


Einstellung des Gleichgewichtes

Im **chemischen Gleichgewicht** ist die Geschwindigkeit der Hinreaktion gleich der Geschwindigkeit der Rückreaktion (dynamisches Gleichgewicht).

Der Gleichgewichtszustand stellt sich bei allen umkehrbaren Reaktionen ein, sofern ein isoliertes System* vorliegt, also weder ein Stoff- noch ein Energieaustausch mit der Umgebung stattfindet.

Die Zeiten bis zur Gleichgewichtseinstellung ($t_{Gl}$) können sehr unterschiedlich sein. Bei Ionengleichgewichten betragen diese Zeiten nur Bruchteile einer Sekunde, während die Einstellung eines Estergleichgewichtes auch mehrere Stunden dauern kann.

## 7.4 Massenwirkungsgesetz und Prinzip des kleinsten Zwanges

Für eine beliebige chemische Reaktion der Form

$$x \cdot A + y \cdot B \longrightarrow u \cdot C + v \cdot D$$

läßt sich die Änderung der freien Reaktionsenthalpie* nach der folgenden Gleichung berechnen:

$$G_R = G_R{}^\circ + R \cdot T \cdot \ln \frac{c^u(C) \cdot c^v(D)}{c^x(A) \cdot c^y(B)}$$

$\Delta G_R{}^\circ$ = molare freie Standardreaktionsenthalpie (bei 25°C und 1013 mbar)

$R$ = universelle Gaskonstante*

$T$ = absolute Temperatur

ln = natürlicher Logarithmus

$c$ = Konzentration

Hat sich bei einer chemischen Reaktion ein Gleichgewicht eingestellt, so wird nach außen keine Arbeit mehr verrichtet. Die Änderung der freien Reaktionsenthalpie ist dann null.

**Gleichgewichtszustand:** $\Delta G_R = 0$

Für die **umkehrbare** Reaktion

$$x \cdot A + y \cdot B \rightleftarrows u \cdot C + v \cdot D$$

gilt dann im **Gleichgewicht**:

$$\Delta G_R{}^\circ + R \cdot T \cdot \ln \frac{c^u(C) \cdot c^v(D)}{c^x(A) \cdot c^y(B)} = 0$$

Der Wert des Bruches mit den Konzentrationen ist konstant, da sich im Gleichgewicht die Konzentrationen der Stoffe nicht mehr ändern:

$$\frac{c^u(C) \cdot c^v(D)}{c^x(A) \cdot c^y(B)} = K$$

Dies ist der mathematische Ausdruck für das **Massenwirkungsgesetz** (abgekürzt: MWG). Es wurde bereits im Jahre 1867 von dem norwegischen Technologen und Mathematiker *Cato Maximilian Guldberg* (1836 - 1902) und dem norwegischen Chemiker *Peter Waage* (1833 - 1900) hergeleitet.

**Massenwirkungsgesetz (MWG):** Der Quotient aus dem Produkt der Konzentrationen der Produkte und dem Produkt der Konzentrationen der Edukte ist im Gleichgewichtszustand für eine bestimmte Temperatur konstant.

Die Konstante $K$ wird als **Gleichgewichtskonstante** bezeichnet.

Der Ausdruck „Massenwirkungsgesetz" ist zustande gekommen, weil *Guldberg* und *Waage* die Konzentrationen als „aktive Massen" bezeichneten.

Für genaue Berechnungen müssen statt der Konzentrationen die **Aktivitäten** eingesetzt werden. Auf die Unterscheidung soll hier nicht eingegangen werden. Für verdünnte Lösungen (geringe Konzentrationen) ist der Unterschied unerheblich.

Bei der Aufstellung des Massenwirkungsgesetzes ist zu beachten, daß die Gleichung für die umkehrbare Reaktion so aufgeschrieben wird, daß der exotherme Vorgang nach rechts verläuft.

Die **Gleichgewichtskonstante *K*** läßt sich aus energetischen Größen berechnen. Aus der oben aufgeführten Gleichung folgt:

$$\Delta G_R{}^\circ + R \cdot T \cdot \ln K = 0$$
$$-\Delta G_R{}^\circ = R \cdot T \cdot \ln K$$
$$K = e^{-\frac{\Delta G_R{}^\circ}{R \cdot T}}$$

Aus $\Delta G_R{}^\circ < 0$ folgt $K > 1$:

Das Gleichgewicht liegt stärker auf der Seite der Produkte.

Aus $\Delta G_R{}^\circ > 0$ folgt $K < 1$:

Das Gleichgewicht liegt stärker auf der Seite der Edukte.

Das **Massenwirkungsgesetz** wird häufig auch **kinetisch** hergeleitet.

Die folgende Reaktion soll umkehrbar sein:

$$A + B \rightleftharpoons C + D$$

Die Geschwindigkeit der Hinreaktion hängt bei einer bestimmten Temperatur lediglich von den Konzentrationen der Stoffe A und B ab:

$$r_{hin} = k_1 \cdot c(A) \cdot c(B)$$

Die Geschwindigkeit der Rückreaktion ist bei konstanter Temperatur von den Konzentrationen der Stoffe C und D abhängig:

$$r_{rück} = k_2 \cdot c(C) \cdot c(D)$$

Für den Gleichgewichtszustand gilt:

$$r_{hin} = r_{rück}$$

Durch Gleichsetzung und Zusammenfassung der Geschwindigkeitskonstanten zur Gleichgewichtskonstante erhält man das Massenwirkungsgesetz:

$$k_1 \cdot c(A) \cdot c(B) = k_2 \cdot c(C) \cdot c(D)$$

$$\frac{c(C) \cdot c(D)}{c(A) \cdot c(B)} = \frac{k_1}{k_2} = K$$

Die Gleichgewichtskonstanten *K* werden immer ohne Einheiten angegeben. In das MWG müssen die Konzentrationen in mol/l eingesetzt werden.

## Berechnung von Gleichgewichtskonstanten

1. In einer Lösung beträgt die Ausgangskonzentration der Ethansäure (S) 1 mol/l, die des Ethanols (A) ebenfalls 1 mol/l. Nach der Einstellung des Gleichgewichtes (bei 25 °C) beträgt die Konzentration der Säure noch 1/3 mol/l.
Wie groß ist die Gleichgewichtskonstante *K*?

$$CH_3COOH + C_2H_5OH \rightleftharpoons CH_3COOC_2H_5 + H_2O$$

Säure Alkohol Ester Wasser

Die Konzentrationen im Gleichgewicht betragen

Säure: $c(S) = 1/3$ mol/l
Alkohol: $c(A) = 1/3$ mol/l
Ester: $c(E) = 2/3$ mol/l
Wasser: $c(W) = 2/3$ mol/l

Massenwirkungsgesetz:

$$K = \frac{c(E) \cdot c(W)}{c(S) \cdot c(A)} = \frac{2/3\ mol/l \cdot 2/3\ mol/l}{1/3\ mol/l \cdot 1/3\ mol/l} = 4$$

2. Für die Oxidation von Stickstoffmonoxid zu Stickstoffdioxid im Standardzustand* soll die Gleichgewichtskonstante *K* berechnet werden.

Reaktionsgleichung für den umkehrbaren Vorgang:

$$2\ NO + O_2 \rightleftharpoons 2\ NO_2$$

Die molaren freien Standardbildungsenthalpien* betragen:
$\Delta G_f°(NO_2) = 52$ kJ/mol
$\Delta G_f°(NO) = 87$ kJ/mol

Die molare freie Standardreaktionsenthalpie* läßt sich aus den oben angegebenen Werten berechnen:

$$\Delta G_R° = 2 \cdot \Delta G_f°(NO_2) - 2 \cdot \Delta G_f°(NO) - \Delta G_f°(O_2)$$

$$\Delta G_R° = 2 \cdot 52\ kJ - 2 \cdot 87\ kJ - 0\ kJ$$

$$\Delta G_R° = -70\ kJ$$

Berechnung von *K*:

$R = 0{,}00831$ kJ/(K · mol) $T = 298$ K

$$K = e^{-\frac{\Delta G_R°}{R \cdot T}} = e^{28,27} = 1{,}89 \cdot 10^{12}$$

## Das Prinzip des kleinsten Zwanges

Durch äußere Bedingungen läßt sich ein Gleichgewicht beeinflussen.
Ändert man die Konzentrationen der Reaktionspartner, die Temperatur oder den Druck, so verschiebt sich das Gleichgewicht in Richtung der Produkte oder der Edukte. Die Gesetzmäßigkeiten dieser Beeinflussungen wurden 1884 von dem französischen Chemiker *Henri Louis Le Chatelier* (1850 - 1936) und dem deutschen Physiker *Karl Ferdinand Braun* (1850 - 1918) entdeckt.

**Prinzip des kleinsten Zwanges:** Wird auf ein System, das sich im Gleichgewicht befindet, ein äußerer Zwang ausgeübt, so verschiebt sich das Gleichgewicht so, daß der äußere Zwang verringert wird.

## Temperatureinfluß

Bei jeder chemischen Reaktion treten Energieänderungen auf. Bei einer Gleichgewichtsreaktion ist die Hinreaktion (von links nach rechts gelesen) üblicherweise exotherm, die Rückreaktion endotherm.

**Temperaturerhöhung:**
Die endotherme Reaktion wird begünstigt.

**Temperaturerniedrigung:**
Die exotherme Reaktion wird begünstigt.

*Beispiel:* Ammoniak-Gleichgewicht

$$N_2 + 3\,H_2 \underset{\text{endotherm}}{\overset{\text{exotherm}}{\rightleftharpoons}} 2\,NH_3 \qquad \Delta H_R = -92\ \text{kJ}$$

Bei einer exothermen Reaktion wird Energie frei. Erniedrigt man die Temperatur, so weicht das System dadurch aus, daß vermehrt Ammoniak gebildet wird (exotherm).

Bei einer Temperaturerhöhung verschiebt sich das Gleichgewicht in Richtung der Edukte. Der endotherme Vorgang ist begünstigt, d.h., es wird weniger Ammoniak gebildet.

Mit Hilfe des Prinzip des kleinsten Zwanges läßt sich der Temperatureinfluß nur qualitativ vorhersagen. Quantitative Aussagen (Berechnungen) sind mit Hilfe der ***Arrhenius*-Gleichung*** möglich (Temperaturabhängigkeit der Geschwindigkeitskonstanten).

Wird bei einer Gleichgewichtsreaktion der exotherme Vorgang wie üblich als Hinreaktion geschrieben, so gilt:

Die Gleichgewichtskonstante *K* wird mit steigender Temperatur kleiner.

## Druckeinfluß

Bei allen Gleichgewichtsreaktionen, bei denen Gase beteiligt sind und sich deren Volumen ändert, kann durch Druckänderungen das Gleichgewicht verschoben werden.

*Beispiel:* Dimerisation von Stickstoffdioxid

$$\underset{\text{braun}}{2\,NO_2} \rightleftharpoons \underset{\text{farblos}}{N_2O_4} \qquad \Delta H_R = -57\ \text{kJ}$$

Wird der Druck erhöht, so wird dem äußeren Zwang dadurch ausgewichen, daß vermehrt der Stoff mit dem geringeren Volumen gebildet wird (hier farbloses Distickstofftetraoxid $N_2O_4$).

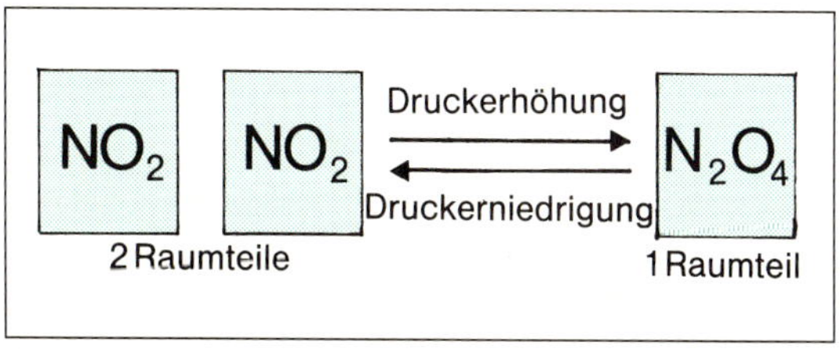


Einfluß des Druckes auf das $NO_2/N_2O_4$- Gleichgewicht

Bei einer Verringerung des Druckes wird das Gleichgewicht in Richtung des Eduktes verschoben (braunes $NO_2$), das ein größeres Volumen einnimmt.

**Druckerhöhung:**
Das Gleichgewicht verschiebt sich zu der Seite der Stoffe mit dem geringeren Volumen.

**Druckerniedrigung:**
Das Gleichgewicht verschiebt sich zu der Seite der Stoffe mit dem größeren Volumen.

*Beispiel:* Ammoniak-Synthese

$$N_2 + 3\,H_2 \rightleftharpoons 2\,NH_3$$

Bei 500 °C erhält man bei einem Druck von 100 bar einen Volumenanteil von 10 % $NH_3$, bei 500 bar 32 % $NH_3$.

## Konzentrationseinfluß

Ändert man bei einer Gleichgewichtsreaktion die Konzentration eines Reaktionsteilnehmers, so kommt es zu einer Störung des Gleichgewichtszustandes. Da jetzt die Geschwindigkeiten von Hin- und Rückreaktion unterschiedlich sind, wird mehr von den Produkten oder Edukten gebildet, bis sich ein neues Gleichgewicht eingestellt hat. Ändert man die Temperatur nicht, so bleibt die Gleichgewichtskonstante *K* unverändert.

*Beispiel:* Anthracenpikrat-Gleichgewicht

Gibt man Lösungen von Anthracen (farblos) und Pikrinsäure (gelb) in Dichlormethan $CH_2Cl_2$ zusammen, so stellt sich sehr schnell ein Gleichgewicht dieser Stoffe mit dem Anthracenpikrat (rot) ein.
Durch Anthracen- oder Pikrinsäurezugabe tritt eine Farbvertiefung auf, da sich mehr Anthracenpikrat gebildet hat.

$$\underset{\substack{\text{(A)}\\ \text{farblos}}}{\text{Anthracen}} + \underset{\substack{\text{(P)}\\ \text{gelb}}}{\text{Pikrinsäure}} \rightleftharpoons \underset{\substack{\text{pikrat (AP)}\\ \text{rot}}}{\text{Anthracen-}}$$

Massenwirkungsgesetz: $$\frac{c(\text{AP})}{c(\text{A}) \cdot c(\text{P})} = K$$

Werden die Konzentrationen der Edukte (sie stehen im Nenner) vergrößert, so muß auch die Konzentration des Produktes Anthracenpikrat (im Zähler) größer werden, damit die Gleichgewichtskonstante *K* gleich bleibt.

**Konzentrationsänderung:**
Das Gleichgewicht verschiebt sich so, daß der Quotient des Massenwirkungsgesetzes gleich bleibt (*K* bleibt erhalten).

***Berechnungsbeispiel:***

Zur Erhöhung der Ausbeute an Ethansäureethylester (E) soll 1 mol Ethanol (A) mit 2 mol Ethansäure (S) reagieren. Das Volumen des Reaktionsgemisches beträgt 1 l. Gleichgewichtskonstante bei 25 °C: $K = 4$.

$$A + S \rightleftharpoons E + W \qquad (W = \text{Wasser})$$

$$\text{MWG}: \quad K = \frac{c(\text{E}) \cdot c(\text{W})}{c(\text{A}) \cdot c(\text{S})} = 4$$

Gleichgewichtskonzentrationen:

$c(\text{E}) = x$ mol/l $\quad c(\text{W}) = x$ mol/l

$c(\text{A}) = (2 - x)$ mol/l $\quad c(\text{S}) = (1 - x)$ mol/l

Eingesetzt in das MWG:

$$\frac{x \cdot x}{(2 - x)\,(1 - x)} = 4$$

Man erhält die quadratische Gleichung:

$$x^2 - 4x + 8/3 = 0$$

$$x_{1,2} = 2 \pm 1{,}155$$

Sinnvoll ist nur die Lösung mit $x < 1$:

$$x = 0{,}845$$

Die Esterkonzentration beträgt $c = 0{,}845$ mol/l.

Vergleich: Beträgt die Konzentration der Säure nur 1 mol/l, so erhält man eine Esterkonzentration von $c = 2/3$ mol/l.

Erhöht man die Konzentration eines Edukts, so verschiebt sich das Gleichgewicht in Richtung der Produkte.

## Katalysator und chemisches Gleichgewicht

Katalysatoren können die Einstellung eines chemischen Gleichgewichts beschleunigen, da sie wie eine Temperaturerhöhung für eine größere Reaktionsgeschwindigkeit sorgen.

Im Gegensatz zur Temperatur beeinflussen Katalysatoren die Lage eines Gleichgewichts nicht. Befindet sich ein System bereits im Gleichgewicht, so werden Hin- und Rückreaktion im gleichen Maße beeinflußt. Die Gleichgewichtskonstante $K$ ändert sich nicht.

**Katalysatoren** beschleunigen die Einstellung eines Gleichgewichts, aber sie beeinflussen nicht die Lage des Gleichgewichts.

# 7.5 Löslichkeitsgleichgewicht

In einer gesättigten Salzlösung besteht ein Gleichgewicht zwischen dem festen Salz (als Bodenkörper) und den Ionen in der Lösung.

Es wird als **Löslichkeitsgleichgewicht** bezeichnet.

$$\underset{\text{Ionengitter}}{\text{KA(s)}} \rightleftarrows \underset{\text{Lösung}}{\text{K}^+\text{(aq)} + \text{A}^-\text{(aq)}}$$

KA = Salz $\quad$ $K^+$ = Kation $\quad$ $A^-$ = Anion

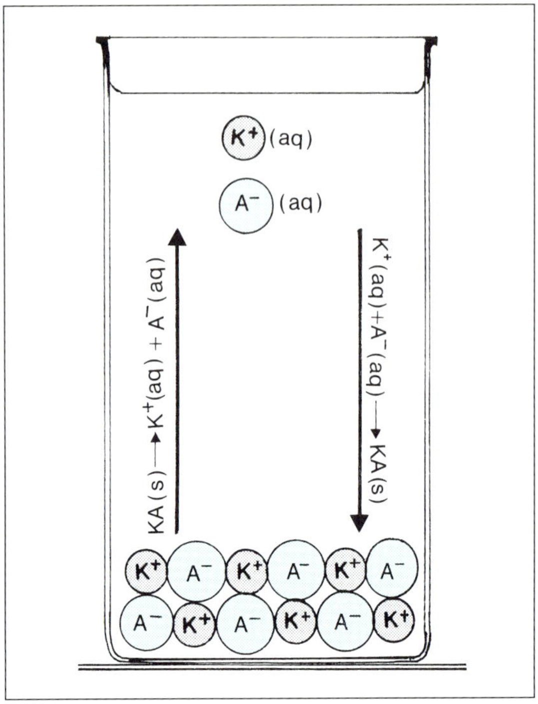


Löslichkeitsgleichgewicht

Hier liegt ein **heterogenes Gleichgewicht** vor, da unterschiedliche Aggregatzustände (Phasen) vorhanden sind.

Es läßt sich das Massenwirkungsgesetz anwenden (die Abkürzungen für die Aggregatzustände sind weggelassen worden):

$$\frac{c(\text{K}^+) \cdot c(\text{A}^-)}{c(\text{KA})} = K$$

Die Konzentration des festen Stoffes (Ionengitter) kann als konstant betrachtet werden.

$$c(\text{K}^+) \cdot c(\text{A}^-) = K \cdot c(\text{KA}) = L(\text{KA})$$

Die neue Konstante $L$(KA) wird als das **Löslichkeitsprodukt** des Stoffes KA bezeichnet.

$$L(\text{KA}) = c(\text{K}^+) \cdot c(\text{A}^-)$$

Das **Löslichkeitsprodukt *L*** eines Salzes ist das Produkt der Ionenkonzentrationen in einer gesättigten Lösung.

$$L(\text{K}_m\text{A}_n) = c^m(\text{K}^+) \cdot c^n(\text{A}^-)$$

Die Einheit des Löslichkeitsprodukts ist $\text{mol}^{m+n}/\text{l}^{m+n}$. $L$ ist temperaturabhängig.

## Löslichkeitsprodukte schwerlöslicher Salze (25°C)

| Salz | Formel | Löslichkeitsprodukt |
|---|---|---|
| Silberchlorid | $AgCl$ | $1{,}6 \cdot 10^{-10}$ mol²/l² |
| Silberiodid | $AgI$ | $1{,}5 \cdot 10^{-16}$ mol²/l² |
| Bleichlorid | $PbCl_2$ | $1{,}7 \cdot 10^{-5}$ mol³/l³ |
| Bariumsulfat | $BaSO_4$ | $1{,}1 \cdot 10^{-10}$ mol²/l² |
| Eisen(III)-hydroxid | $Fe(OH)_3$ | $4 \cdot 10^{-38}$ mol⁴/l⁴ |
| Calciumcarbonat | $CaCO_3$ | $4{,}8 \cdot 10^{-9}$ mol²/l² |
| Blei(II)-sulfid | $PbS$ | $1 \cdot 10^{-28}$ mol²/l² |

## Fällung von Salzen

Gibt man zur gesättigten Lösung eines Salzes (z.B. $PbCl_2$) Ionen, die in der Lösung enthalten sind ($Pb^{2+}$- oder $Cl^-$-Ionen), so fällt festes Bleichlorid ($PbCl_2$) aus, weil das Löslichkeitsprodukt $L$ nicht überschritten werden kann.

Will man ein schwerlösliches Salz möglichst vollständig ausfällen, so gibt man das Fällungsmittel im großen Überschuß zu.

*Beispiel:*

Aus einer Lösung, die $Ag^+$-Ionen enthält, soll durch Zusatz einer Chloridionenlösung schwerlösliches Silberchlorid AgCl ausgefällt werden.

$$Ag^+(aq) + Cl^-(aq) \rightleftharpoons AgCl(s)$$

$$L(AgCl) = c(Ag^+) \cdot c(Cl^-)$$

Durch eine hohe Chloridionenkonzentration kann in der Lösung nur noch eine sehr geringe Silberionenkonzentration vorhanden sein.

Durch einen gleichionigen Zusatz wird die Löslichkeit eines schwerlöslichen Salzes vermindert.

## Berechnungen mit dem Löslichkeitsprodukt

1. Löslichkeit von Silberchlorid in Wasser

$$c(Ag^+) \cdot c(Cl^-) = L(AgCl) = 1{,}6 \cdot 10^{-10}\ \text{mol}^2/\text{l}^2$$
$$c(Ag^+) = c(Cl^-) = \sqrt{1{,}6 \cdot 10^{-10}\ \text{mol}^2/\text{l}^2}$$
$$c(Ag^+) = 1{,}26 \cdot 10^{-5}\ \text{mol/l}$$

In einem Liter einer gesättigten Silberchloridlösung befinden sich $1{,}26 \cdot 10^{-5}$ mol gelöstes AgCl.

Die Masse von einem Mol Silberchlorid beträgt 143,3 g.

Molare Masse* $M(AgCl) = 143{,}3$ g/mol

Aus $c = n/V$ und $M = m/n$ erhält man:

$m = M \cdot c \cdot V$.

$m = 143{,}3\ \text{g/mol} \cdot 1{,}26 \cdot 10^{-5}\ \text{mol/l} \cdot 0{,}1\ \text{l}$

$m = 1{,}81 \cdot 10^{-4}$ g

Löslichkeit: In 100 g Wasser lösen sich (bei einer Temperatur von 25 °C) $1{,}81 \cdot 10^{-4}$ g Silberchlorid.

2. Löslichkeit von Silberchlorid in einer 0,1-molaren Natriumchloridlösung

$$\begin{aligned} c(Ag^+) &= L(AgCl)/c(Cl^-) \\ &= (1{,}6 \cdot 10^{-10}\ \text{mol}^2/\text{l}^2)/(0{,}1\ \text{mol/l}) \\ &= 1{,}6 \cdot 10^{-9}\ \text{mol/l} \end{aligned}$$

Die Chloridionenkonzentration des gelösten AgCl kann gegenüber der hohen $Cl^-$-Konzentration des NaCl vernachlässigt werden.

$$\begin{aligned} \text{Löslichkeit: } & 1{,}6 \cdot 10^{-9}\ \text{mol/l} \cdot 143{,}3\ \text{g/mol} \\ &= 2{,}29 \cdot 10^{-7}\ \text{g/l} \end{aligned}$$

Die Löslichkeit von Silberchlorid bei 25 °C beträgt $2{,}29 \cdot 10^{-8}$ g in 100 g 0,1-molarer NaCl-Lösung.

# 8 Reaktionstypen

## 8.1 Säure-Base-Reaktionen

### Historische Entwicklung des Säure-Base-Begriffes

Die Begriffe „Säure“ und „Base“ sind im Laufe der Wissenschaftsgeschichte unterschiedlich definiert worden.

Das Wort „**Säure**“ stammt vom sauren Geschmack vieler Stoffe.

*Robert Boyle** bezeichnete 1678 alle Stoffe, die den Pflanzenfarbstoff Lackmus rot färben, als Säuren.

*Antoine Lavoisier** kam 1777 zu der Annahme, daß alle Säuren Sauerstoff enthalten.

Der englische Chemiker *Humphry Davy* (1778 - 1829) wies 1816 nach, daß auch sauerstofffreie Säuren existieren.

Der deutsche Chemiker *Justus von Liebig* (1803 - 1873) erkannte 1838, daß Säuren immer Wasserstoff enthalten, der durch ein Metall ersetzt werden kann.

Aus der elektrischen Leitfähigkeit wäßriger Säurelösungen zog *Svante Arrhenius** 1884 die Schlußfolgerung, daß Säuren in Wasser $H^+$-Ionen bilden.

**Basen** wurden früher **Alkalien** genannt. Der Begriff „Alkali“ stammt vom arabischen Wort *al kalja* = Stoffe aus Pflanzenasche.

Alkalien reagieren mit Säuren, und dabei bilden sich Salze. Alkalien stellen praktisch die „Basis“ eines Salzes dar.

*Arrhenius* bezeichnete alle Stoffe, die in wäßriger Lösung $OH^-$-Ionen bilden, als Basen.

*Lewis** schuf 1923 das umfassendste Säure-Base-System. Danach sind alle Teilchen mit unvollständig besetzter äußerer Elektronenschale Säuren und Teilchen, die ein Elektronenpaar für eine Bindung zur Verfügung stellen können, Basen.

***Lewis*-Säure:** Elektronenpaarakzeptor
***Lewis*-Base:** Elektronenpaardonator

*Beispiele:*

$BF_3$ ist eine Lewis-Säure

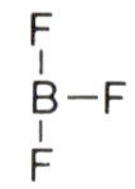


$NH_3$ ist eine Lewis-Base

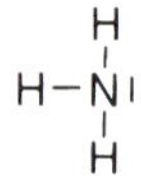


### Die Säure-Base-Definition von *Brönsted*

Der schwedische Physikochemiker *Johannes Nicolaus Brönsted* (1879 - 1947) entwickelte 1923 eine Säure-Base-Vorstellung, die sich bis heute als sehr zweckmäßig erwiesen hat.

***Brönsted*-Definition:**
Säuren sind Protonendonatoren.
Basen sind Protonenakzeptoren.

Der Begriff „Donator“ stammt vom lateinischen Wort *donare* = schenken. Protonendonatoren werden auch als Protonenspender bezeichnet.

Der Begriff „Akzeptor“ stammt vom lateinischen Wort *accipere* = annehmen. Protonenakzeptoren werden auch als Protonenempfänger bezeichnet.

*Beispiele:*

1. Das Gas Chlorwasserstoff (Hydrogenchlorid) zeigt keine elektrische Leitfähigkeit, da HCl-Moleküle vorliegen. Leitet man Chlorwasserstoff in Wasser, so weist die Reaktionslösung (Salzsäure) eine gute elektrische Leitfähigkeit auf. Es muß eine chemische Reaktion mit dem Wasser stattgefunden haben, die zur Bildung von Ionen führte.

$HCl(g) + H_2O(l) \longrightarrow H_3O^+(aq) + Cl^-(aq)$

Nach *Brönsted* ist das HCl-Molekül die Säure, da es ein Proton abgibt; dadurch entsteht ein $Cl^-$-Anion. Das $H_2O$-Molekül ist die Base, da es ein Proton aufnimmt. Es bildet sich dabei ein **Oxonium-Ion** $H_3O^+$, das früher auch als Hydroniumion bezeichnet wurde.

2. Leitet man Ammoniakgas in Wasser, so erhält man eine basische Lösung. Auch hier muß eine chemische Reaktion zwischen den Ammoniakmolekülen ($NH_3$) und den Wassermolekülen ($H_2O$) stattgefunden haben.

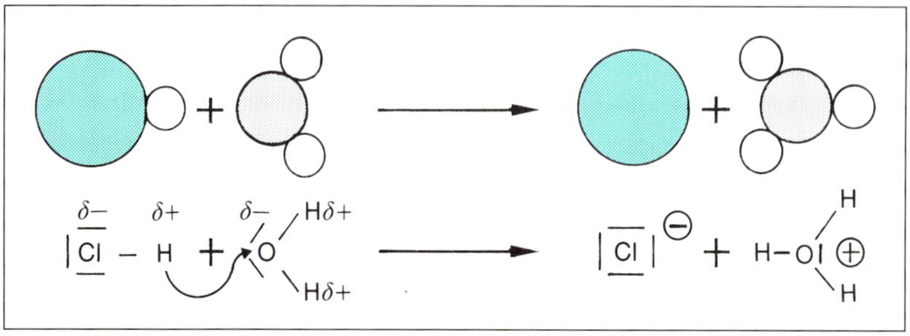


Reaktion zwischen Chlorwasserstoff und Wasser

Reaktion zwischen Ammoniak und Wasser

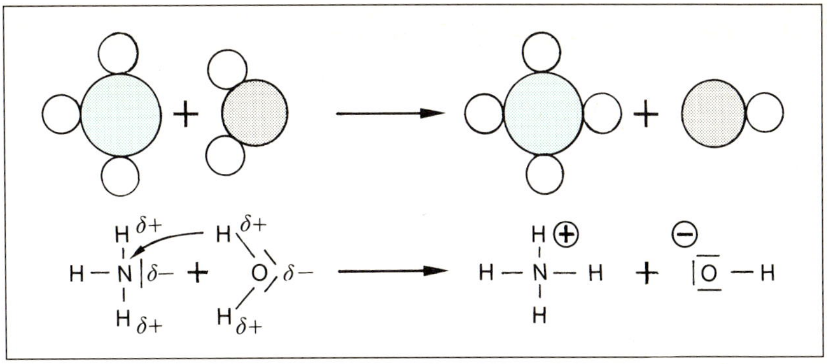

$NH_3(g) + H_2O(l) \longrightarrow NH_4^+(aq) + OH^-(aq)$

Das Wassermolekül ist hier die Säure, da es ein Proton abgibt, das vom Ammoniakmolekül als Base aufgenommen wird. Durch die Protonenübertragung bilden sich ein Ammoniumion $NH_4^+$ und das **Hydroxidion** $OH^-$.

3. Reaktion zwischen Salpetersäure und Wasser:

$HNO_3(l) + H_2O(l) \longrightarrow H_3O^+(aq) + NO_3^-(aq)$

4. Reaktion zwischen Calciumoxid und Wasser:

$CaO(s) + H_2O(l) \longrightarrow Ca^{2+}(aq) + 2\ OH^-(aq)$

In allen Beispielen reagieren Säuren mit Basen. Hierbei kommt es stets zu einer Übertragung von Protonen. Protonen sind die Kerne der Wasserstoffatome ($H^+$).

Säure-Base-Reaktionen sind Protonenübertragungsreaktionen (**Protolysen**).

Die Beispiele zeigen, daß in den wäßrigen Lösungen von Säuren immer Oxoniumionen $H_3O^+(aq)$ und in wäßrigen Lösungen von Basen immer Hydroxidionen $OH^-(aq)$ vorliegen.

In den Alkalimetallhydroxiden (z.B. NaOH) sind bereits im festen Zustand Hydroxidionen vorhanden, die beim Lösen hydratisiert werden.

Wäßrige Lösungen von **Säuren** enthalten $H_3O^+$-Ionen.
Wäßrige Lösungen von **Basen** enthalten $OH^-$-Ionen.

Man kann erkennen, daß es auf den Reaktionspartner ankommt, ob ein Teilchen als Säure oder als Base reagiert. So kann z.B. das Wassermolekül $H_2O$ als Protonendonator oder als Protonenakzeptor auftreten. Solche Stoffe werden als **amphotere** Stoffe oder als Ampholyte bezeichnet.

**Ampholyte** sind Stoffe, die sowohl als Säure als auch als Base reagieren können.

Der Begriff „Ampholyt" stammt vom griechischen Wort *amphoteros* = beiderseitig.

## 8.2 Protolysegleichgewichte und pH-Wert

Läßt man die gasförmigen Stoffe Ammoniak $NH_3$ und Hydrogenchlorid HCl miteinander reagieren, so bildet sich ein weißer Rauch. Es ist das Salz Ammoniumchlorid $NH_4Cl$ entstanden. Erhitzt man diesen Stoff, so tritt eine Aufspaltung in Ammoniak und Hydrogenchlorid auf. Es liegt eine umkehrbare Reaktion vor, so daß sich ein **Gleichgewicht*** einstellt.

$$NH_3(g) + HCl(g) \rightleftharpoons NH_4Cl(s)$$

Auch bei dieser Gleichgewichtsreaktion liegen in beiden Richtungen **Protolysen*** vor.

Protolysen sind immer Gleichgewichtsreaktionen.

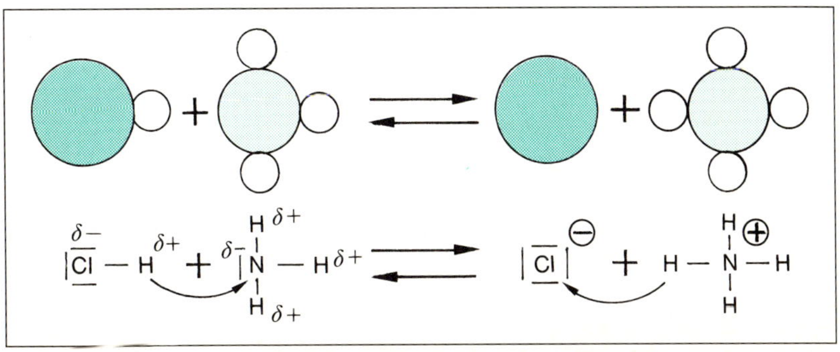

Bildung und Spaltung von Ammoniumchlorid

Korrespondierende Säure-Base-Paare

korrespondierend

| Säure I | + | Base II | | Säure II | + | Base I |
|---|---|---|---|---|---|---|
| $HCl(g)$ | + | $NH_3(g)$ | $\rightleftharpoons$ | $NH_4^+$ | + | $Cl^-$ |
| $HCl(g)$ | + | $H_2O(l)$ | $\rightleftharpoons$ | $H_3O^+(aq)$ | + | $Cl^-(aq)$ |
| $H_2O(l)$ | + | $NH_3(g)$ | $\rightleftharpoons$ | $NH_4^+(aq)$ | + | $OH^-(aq)$ |

korrespondierend

An diesen Gleichgewichten, die sich sehr schnell einstellen, sind immer zwei Säuren und zwei Basen beteiligt.

Säure I und Base I bzw. Säure II und Base II unterscheiden sich nur durch das aufgenommene oder abgegebene Proton. Sie bilden jeweils ein **korrespondierendes Säure-Base-Paar** („korrespondierend" bedeutet hier soviel wie „zusammengehörend").

Aus einer Säure bildet sich durch Protonenabgabe die korrespondierende oder konjugierte Base. Aus einer Base bildet sich durch Protonenaufnahme die korrespondierende Säure.

## Neutralisation

Gibt man äquivalente (gleichwertige) Mengen von Salzsäure und Natronlauge (z.B. jeweils 100 ml Lösung der Konzentration $c = 0{,}1$ mol/l) zusammen, so erhält man unter Wärmeabgabe (exotherme Reaktion) eine Natriumchloridlösung:

$$\underbrace{H_3O^+(aq) + Cl^-(aq)}_{\text{Ionen der Salzsäure}} + \underbrace{Na^+(aq) + OH^-(aq)}_{\text{Ionen der Natronlauge}} \rightleftharpoons$$

$$\underbrace{Na^+(aq) + Cl^-(aq) + 2H_2O(l)}_{\text{Natriumchloridlösung}}$$

Das Gleichgewicht liegt fast vollständig auf der rechten Seite der Gleichung. Wie man erkennen kann, sind die Natriumionen und die Chloridionen an der Reaktion überhaupt nicht beteiligt. Die Reaktion läßt sich daher auch einfacher formulieren:

$$\underset{\text{Säure I}}{H_3O^+(aq)} + \underset{\text{Base I}}{OH^-(aq)} \rightleftharpoons \underset{\text{Säure II}}{H_2O(l)} + \underset{\text{Base II}}{H_2O(l)}$$

Die Reaktion wird als **Neutralisation** bezeichnet. Dieser Begriff ist früher einmal gewählt worden, weil bei einer Neutralisation ein Salz entsteht, also ein Stoff, der zur damaligen Zeit weder als Säure noch als Base galt (ein neutraler Stoff).

Eine Neutralisation läuft zwischen allen wäßrigen Lösungen von Säuren und Basen ab.

Die bei jeder Neutralisation auftretende Reaktionsenthalpie, die auch als **Neutralisationsenthalpie*** bezeichnet wird, beträgt $\Delta H_R = -56$ kJ/mol. Dies ist auch verständlich, da bei allen Neutralisationsreaktionen die gleiche Protolyse stattfindet.

Bei allen Neutralisationsreaktionen in wäßriger Lösung reagieren die Oxoniumionen $H_3O^+(aq)$ der Säure mit den Hydroxidionen $OH^-(aq)$ der Base zu Wasser.

## Autoprotolyse des Wassers

Auch völlig reines Wasser zeigt eine ganz geringe elektrische Leitfähigkeit. Es müssen also Ionen vorhanden sein, die nur durch Protolyse aus den Wassermolekülen entstanden sein können.

$$H_2O(l) + H_2O(l) \rightleftharpoons H_3O^+ + OH^-(aq)$$

Diese Reaktion wird als die **Autoprotolyse** („Selbstprotolyse") des Wassers bezeichnet. Das Gleichgewicht liegt weit auf der Seite der Wassermoleküle. Dies läßt sich durch einen dickeren Pfeil symbolisch darstellen.

Auf die Gleichgewichtsreaktion läßt sich das Massenwirkungsgesetz anwenden:

$$\frac{c(H_3O^+) \cdot c(OH^-)}{c^2(H_2O)} = K$$

Die Konzentration des Wassers beträgt 55,6 mol/l, d.h., 1 l Wasser enthält 55,6 mol $H_2O$.

Der Wert von $c^2(H_2O)$ ist so groß, daß er gegenüber den geringen Konzentrationen der Ionen als konstant angesehen werden kann. Die Gleichgewichtskonstante $K$ und $c^2(H_2O)$ können zu einer neuen Konstante zusammengefaßt werden:

$$K \cdot c^2(H_2O) = K_W = c(H_3O^+) \cdot c(OH^-)$$

Die neue Konstante $K_W$ wird als das Ionenprodukt des Wassers bezeichnet.

**Ionenprodukt des Wassers**

$$K_W = c(H_3O^+) \cdot c(OH^-) = 1{,}008 \cdot 10^{-14}\ mol^2/l^2$$

Das Ionenprodukt des Wassers ist stark temperaturabhängig. Der angegebene Wert bezieht sich auf die Temperatur 25°C.

Je höher die Temperatur, desto größer ist die Konzentration der Ionen.

Das Ionenprodukt gilt nicht nur für das Wasser, sondern auch für verdünnte wäßrige Lösungen.

In reinem Wasser ist die Oxoniumionenkonzentration gleich der Hydroxidionenkonzentration:

$$c(H_3O^+) = c(OH^-) = \sqrt{10^{-14}\ mol^2/l^2} = 10^{-7}\ mol/l$$

Vergrößert man beispielsweise die Oxoniumionenkonzentration, so wird die Hydroxidionenkonzentration kleiner, da das Produkt der Ionenkonzentrationen gleich bleibt.

## pH-Wert

Da die Konzentrationen der Oxoniumionen bzw. der Hydroxidionen häufig sehr gering sind, treten bei ihrer Angabe negative Zehnerpotenzen oder Dezimalbrüche auf. Um mit einfachen Zahlenangaben zu rechnen, hat man den sogenannten **pH-Wert** eingeführt.

Der Begriff stammt von lateinischen Ausdruck *pondus hydrogenii* = „Gewichtigkeit des Wasserstoffs".

Der **pH-Wert** ist der negative dekadische Logarithmus der Oxoniumionenkonzentration.

$$pH = -\lg c(H_3O^+)$$

*Beispiel:*

Eine saure Lösung besitzt die Oxoniumionenkonzentration $10^{-2}$ mol/l.

$pH = -\lg c(H_3O^+) = -\lg 10^{-2} = 2$

Die Lösung besitzt den pH-Wert 2.

Reines Wasser: $c(H_3O^+) = 10^{-7}$ mol/l $pH = 7$

Saure Lösungen: $c(H_3O^+) > 10^{-7}$ mol/l $pH < 7$

Basische Lösungen: $c(H_3O^+) < 10^{-7}$ mol/l $pH > 7$

Die folgende Abbildung zeigt den Zusammenhang zwischen pH-Wert, Oxoniumionenkonzentration und Hydroxidionenkonzentration.

Neben dem pH-Wert wird manchmal auch der pOH-Wert verwendet:

$$pOH = -\lg c(OH^-)$$

Für das Ionenprodukt des Wassers ($K_W$) erhält man dann bei 25°C:

$$pK_W = pH + pOH = 14$$
$$pK_W = -\lg K_W$$

Die experimentelle Ermittlung von pH-Werten (z.B. mit Hilfe von Indikatoren) wird im 2. Band behandelt (Analytische Chemie).

## Einfache Berechnungen mit dem pH-Wert

1. Welchen pH-Wert besitzt eine 0,001-molare Salzsäure?

Da Hydrogenchlorid in Wasser praktisch vollständig protolysiert, gilt:

$$c(H_3O^+) = 10^{-3}\ mol/l$$
$$pH = -\lg c(H_3O^+) = -\lg 10^{-3} = 3$$

Die Salzsäure besitzt den pH-Wert 3.

2. Welchen pH-Wert besitzt eine 0,1-molare Natronlauge?

Natronlauge erhält man durch Lösen von NaOH(s) in Wasser. In der Lösung liegen hydratisierte Hydroxidionen vor.

$$c(OH^-) = 10^{-1}\ mol/l$$

$c(H_3O^+) = K_W/c(OH^-) = (10^{-14}\ mol^2/l^2)/(10^{-1}\ mol/l)$
$c(H_3O^+) = 10^{-13}\ mol/l$

$$pH = -\lg c(H_3O^+) = -\lg 10^{-13} = 13$$

Die Natronlauge besitzt den pH-Wert 13.

3. Eine Lösung besitzt den pH-Wert 5,78. Welche Oxoniumionenkonzentration liegt vor?

$$pH = -\lg c(H_3O^+)$$

$c(H_3O^+) = 10^{-pH} = 10^{-5{,}78} = 1{,}66 \cdot 10^{-6}$ mol/l

Die Oxoniumionenkonzentration beträgt $1{,}66 \cdot 10^{-6}$ mol/l.

| pH | 0 | 1 | 2 | 3 | 4 | 5 | 6 | 7 | 8 | 9 | 10 | 11 | 12 | 13 | 14 |
|---|---|---|---|---|---|---|---|---|---|---|---|---|---|---|---|
| $c(H_3O^+)$ in $mol \cdot l^{-1}$ | 1 | $10^{-1}$ | $10^{-2}$ | $10^{-3}$ | $10^{-4}$ | $10^{-5}$ | $10^{-6}$ | $10^{-7}$ | $10^{-8}$ | $10^{-9}$ | $10^{-10}$ | $10^{-11}$ | $10^{-12}$ | $10^{-13}$ | $10^{-14}$ |
| $c(OH^-)$ in $mol \cdot l^{-1}$ | $10^{-14}$ | $10^{-13}$ | $10^{-12}$ | $10^{-11}$ | $10^{-10}$ | $10^{-9}$ | $10^{-8}$ | $10^{-7}$ | $10^{-6}$ | $10^{-5}$ | $10^{-4}$ | $10^{-3}$ | $10^{-2}$ | $10^{-1}$ | 1 |

## 8.3 Stärke von Säuren und Basen

Säuren und Basen unterliegen im unterschiedlichen Maße der Protolyse*.

Je größer der Anteil der Teilchen ist, die Protonen abgeben bzw. aufnehmen, desto stärker ist die Säure bzw. die Base.

*Beispiel:*

Zu 10 ml Salzsäure (Chlorwasserstoffsäure) und zu 10 ml Essigsäure (Ethansäure), die beide die Konzentration $c$ = 1 mol/l aufweisen, wird jeweils ein gleich großes Stück Zinkblech gegeben. Bei der Salzsäure ist eine stärkere Wasserstoffentwicklung zu beobachten als bei der Essigsäure.

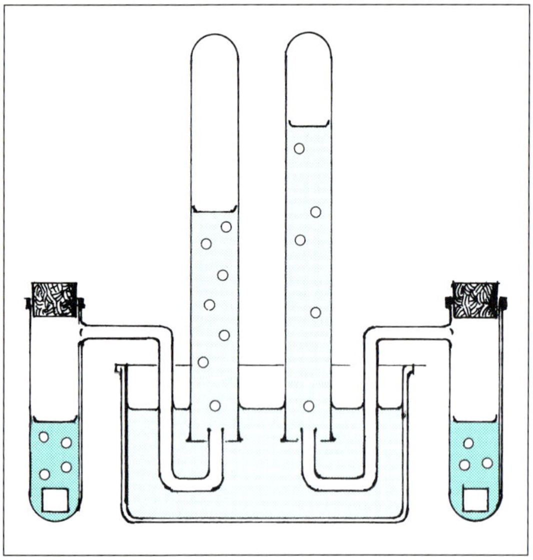

Ermittlung der unterschiedlichen Säurestärken

Mit beiden Säuren läuft die gleiche Reaktion ab. Die Oxoniumionen reagieren mit dem Zink unter Bildung von Wasserstoff:

$$2\ H_3O^+(aq) + Zn(s) \longrightarrow H_2(g) + Zn^{2+}(aq) + 2\ H_2O(l)$$

Da die Oberflächen des Zinks in beiden Fällen gleich groß sind, hängen die unterschiedlichen Reaktionsgeschwindigkeiten von den Oxoniumionenkonzentrationen ab.

Offensichtlich liegt in der Salzsäure (1) eine größere Oxoniumionenkonzentration vor als in der Essigsäure (2).

$$(1)\ HCl(g) + H_2O(l) \rightleftharpoons H_3O^+(aq) + Cl^-(aq)$$

$$(2)\ CH_3COOH(l) + H_2O(l) \rightleftharpoons H_3O^+(aq) + CH_3COO^-(aq)$$

Bei der Salzsäure liegt das Gleichgewicht fast vollständig auf der rechten Seite der Gleichung, bei der Essigsäure stärker auf der linken Seite.

Die Salzsäure ist eine stärkere Säure als die Essigsäure, da bei ihr in stärkerem Maße eine Protolyse stattgefunden hat.

Je stärker eine Säure bzw. eine Base ist, desto stärker unterliegt sie der Protolyse.

### Protolysegrad

Durch den Protolysegrad $\alpha$ läßt sich das Ausmaß der Protolyse einer Säure HA ausdrücken.

$$HA + H_2O \rightleftharpoons H_3O^+ + A^-$$

Der **Protolysegrad $\alpha$ einer Säure HA** ist der Bruchteil der Säure, der in die korrespondierende Base $A^-$ übergeht:

$$\alpha = \frac{c(H_3O^+)}{c_0(HA)}$$

Sinngemäß kann man auch für Basen B verfahren.

$$B + H_2O \rightleftharpoons OH^- + BH^+$$

Der **Protolysegrad $\alpha$ einer Base B** ist der Bruchteil der Base, der in die korrespondierende Säure übergeht:

$$\alpha = \frac{c(OH^-)}{c_0(B)}$$

$c_0(HA)$ ist die Gesamtkonzentration der Säure HA.

$c_0(B)$ ist die Gesamtkonzentration der Base B.

Der Protolysegrad kann als Dezimalbruch oder in Prozent angegeben werden.

*Beispiele:*

Protolysegrade für $c_0(HA)$ = 0,01 mol/l bei 20°C

Salzsäure: $\alpha$ = 1 (100%)

Essigsäure: $\alpha$ = 0,04 (4%)

Beim Vergleich von Protolysegraden muß beachtet werden, daß sie temperatur- und konzentrationsabhängig sind.

### Die Säure- und Basenkonstante

Zum Vergleich der Stärke unterschiedlicher Säuren muß die Protolyse mit der gleichen Base durchgeführt werden. Hier bietet sich das Wasser an.

Bei der Protolyse der Säure HA mit der Base $H_2O$ tritt das folgende Gleichgewicht auf:

$$HA + H_2O \rightleftharpoons H_3O^+ + A^-$$

Die Anwendung des Massenwirkungsgesetzes* liefert die Gleichung:

$$\frac{c(H_3O^+) \cdot c(A^-)}{c(HA) \cdot c(H_2O)} = K$$

Die Konzentration des Wassers im Gleichgewichtszustand ist für verdünnte Lösungen annähernd konstant und läßt sich mit $K$ zur **Säurekonstante $K_S$** zusammenfassen:

$$K_S = K \cdot c(H_2O) = \frac{c(H_3O^+) \cdot c(A^-)}{c(HA)}$$

Sehr häufig wird mit dem negativen dekadischen Logarithmus der Säurekonstante gerechnet. Er wird als **Säureexponent p$K_S$** bezeichnet.

| Säurekonstante | Säureexponent |
|---|---|
| $K_S = \frac{c(H_3O^+) \cdot c(A^-)}{c(HA)}$ | $pK_S = -\lg K_S$ |

Ganz entsprechend kann man mit Basen verfahren. Die Protolyse der Base B mit der Säure $H_2O$ führt zu dem folgenden Gleichgewicht:

$$B + H_2O \rightleftarrows OH^- + BH^+$$

$$\text{Massenwirkungsgesetz: } \frac{c(OH^-) \cdot c(BH^+)}{c(B) \cdot c(H_2O)} = K$$

Die Konzentration des Wassers kann wieder als konstant betrachtet werden. Durch Multiplikation mit der Gleichgewichtskonstante $K$ erhält man die Basenkonstante $K_B$.

| Basenkonstante | Basenexponent |
|---|---|
| $K_B = \frac{c(OH^-) \cdot c(BH^+)}{c(B)}$ | $pK_B = -\lg K_B$ |

Die Säure- und Basenkonstanten bzw. Säure- und Basenexponenten sind unabhängig von der Konzentration und daher zum Vergleich von Säure- und Basenstärken besonders geeignet.

Je größer $K_S$, desto stärker ist die Säure.
Je größer p$K_S$, desto schwächer ist die Säure.
Je größer $K_B$, desto stärker ist die Base.
Je größer p$K_B$, desto schwächer ist die Base.

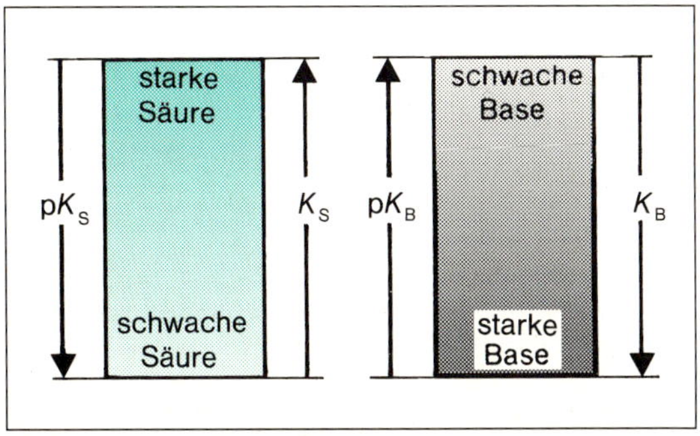


Säure- und Basenstärke

## Korrespondierende Säure-Base-Paare

Für korrespondierende Säure-Base-Paare* gibt es einfache Zusammenhänge zwischen der Säure- und Basenkonstante bzw. zwischen dem Säureexponenten und dem Basenexponenten.

Bei dem allgemeinen *Beispiel*

$$\text{Säure HA} \rightleftarrows \text{Base } A^- + H^+$$

erhält man für die Protolyse der Säure:

$$HA + H_2O \rightleftarrows H_3O^+ + A^-$$

$$K_S = \frac{c(H_3O^+) \cdot c(A^-)}{c(HA)}$$

Für die korrespondierende Base ergibt sich:

$$A^- + H_2O \rightleftarrows OH^- + HA$$

$$K_B = \frac{c(OH^-) \cdot c(HA)}{c(A^-)}$$

Für das Säure-Base-Paar gilt:

$$K_S \cdot K_B = \frac{c(H_3O^+) \cdot c(A^-)}{c(HA)} \cdot \frac{c(OH^-) \cdot c(HA)}{c(A^-)}$$

$$K_S \cdot K_B = c(H_3O^+) \cdot c(OH^-)$$

Das Produkt aus Oxoniumionen- und Hydroxidionenkonzentration ist das **Ionenprodukt* des Wassers $K_W$**.

Für korrespondierende Säure-Base-Paare gilt:

$$K_S \cdot K_B = K_W = 10^{-14}\ mol^2/l^2$$

$$pK_S + pK_B = pK_W = 14$$

Aus dem p$K_S$-Wert einer Säure läßt sich damit leicht der p$K_B$-Wert der korrespondierenden Base berechnen.
Üblicherweise wird bei Säure-Base-Paaren meist nur der Säureexponent p$K_S$ angegeben.

Je größer der p$K_S$-Wert der Säure, desto kleiner ist der p$K_B$-Wert der korrespondierenden Base. Je schwächer die Säure, desto stärker ist die korrespondierende Base.

## $pK_S$- und $pK_B$-Werte wichtiger Säure-Base-Paare

| $pK_S$ | Säure | Name der Säure | Name der Base | Base | $pK_B$ |
|---|---|---|---|---|---|
| –9 | $HClO_4$ | Perchlorsäure | Perchlorat-Ion | $ClO_4^-$ | 23 |
| –8 | HI | Hydrogeniodid | Iodid-Ion | $I^-$ | 22 |
| –6 | HCl | Hydrogenchlorid | Chlorid-Ion | $Cl^-$ | 20 |
| –3 | $H_2SO_4$ | Schwefelsäure | Hydrogensulfat-Ion | $HSO_4^-$ | 17 |
| –1,74 | $H_3O^+$ | Oxonium-Ion | Wasser | $H_2O$ | 15,74 |
| –1,32 | $HNO_3$ | Salpetersäure | Nitrat-Ion | $NO_3^-$ | 15,32 |
| 1,92 | $HSO_4^-$ | Hydrogensulfat-Ion | Sulfat-Ion | $SO_4^{2-}$ | 12,08 |
| 1,96 | $(H_2SO_3)$ | Schweflige Säure | Hydrogensulfit-Ion | $HSO_3^-$ | 12,04 |
| 1,96 | $H_3PO_4$ | Phosphorsäure | Dihydrogenphosphat-Ion | $H_2PO_4^-$ | 12,04 |
| 2,22 | $[Fe(H_2O)_6]^{3+}$ | Hexaaqua-eisen(III)-Kation | Pentaaqua-hydroxo-eisen(III)-Kation | $[FeOH(H_2O)_5]^{2+}$ | 11,78 |
| 3,14 | HF | Hydrogenfluorid | Fluorid-Ion | $F^-$ | 10,86 |
| 3,75 | HCOOH | Ameisensäure | Formiat-Ion | $HCOO^-$ | 10,25 |
| 4,76 | $CH_3COOH$ | Essigsäure | Acetat-Ion | $CH_3COO^-$ | 9,24 |
| 6,52 | $(H_2CO_3)$ | Kohlensäure | Hydrogencarbonat-Ion | $HCO_3^-$ | 7,48 |
| 7,21 | $H_2PO_4^-$ | Dihydrogenphosphat-Ion | Hydrogenphosphat-Ion | $HPO_4^{2-}$ | 6,79 |
| 9,25 | $NH_4^+$ | Ammonium-Ion | Ammoniak | $NH_3$ | 4,75 |
| 10,40 | $HCO_3^-$ | Hydrogencarbonat-Ion | Carbonat-Ion | $CO_3^{2-}$ | 3,60 |
| 12,32 | $HPO_4^{2-}$ | Hydrogenphosphat-Ion | Phosphat-Ion | $PO_4^{3-}$ | 1,68 |
| 15,74 | $H_2O$ | Wasser | Hydroxid-Ion | $OH^-$ | – 1,74 |
| 23 | $NH_3$ | Ammoniak | Amid-Ion | $NH_2^-$ | – 9 |
| 24 | $OH^-$ | Hydroxid-Ion | Oxid-Ion | $O^{2-}$ | – 10 |
| 40 | $H_2$ | Wasserstoff | Hydrid-Ion | $H^-$ | – 26 |

**Einteilung der Säuren nach ihrer Stärke**

| | |
|---|---|
| Sehr starke Säuren | pKS < 0 |
| Starke Säuren | $pK_S$ 0 – 4,5 |
| Mittelstarke Säuren | $pK_S$ 4,5 – 9 |
| Schwache Säuren | $pK_S$ 9 – 14 |
| Sehr schwache Säuren | $pK_S$ > 14 |

## Ablauf von Protolysen

Mit Hilfe der $pK_S$-Werte läßt sich vorhersagen, welches Säure-Base-Paar bei einer Protolyse ein Proton abgibt bzw. aufnimmt.

Die stärkere Säure (mit dem kleineren $pK_S$-Wert) gibt das Proton an die stärkere Base des anderen Säure-Base-Paares ab. Im Gleichgewicht liegen dann bevorzugt die schwächere Säure und die schwächere Base vor.

$$\underset{\text{(stark)}}{\text{Säure I}} + \underset{\text{(stark)}}{\text{Base II}} \rightleftharpoons \underset{\text{(schwach)}}{\text{Säure II}} + \underset{\text{(schwach)}}{\text{Base I}}$$

*Beispiele:*

1. Reaktion zwischen dem Hydrogensulfat-Ion und dem Carbonat-Ion:

$$HSO_4^-(aq) + CO_3^{2-}(aq) \rightleftharpoons HCO_3^-(aq) + SO_4^{2-}(aq)$$

Es läuft bevorzugt die Hinreaktion ab.

2. Reaktion zwischen dem Hydrogencarbonat-Ion und dem Acetat-Ion:

$$HCO_3^-(aq) + CH_3COO^-(aq) \rightleftharpoons CH_3COOH(aq) + CO_3^{2-}(aq)$$

Das Gleichgewicht liegt stärker auf der linken Seite der Gleichung.

Um quantitative Aussagen über die Lage des Gleichgewichts zu erhalten, muß die Gleichgewichtskonstante $K$ berechnet werden.

Die allgemeine Säure-Base-Reaktion

$$HA + B \rightleftharpoons BH^+ + A^-$$

läßt sich in zwei Teilreaktionen zerlegen:

$$HA + H_2O \rightleftharpoons H_3O^+ + A^-$$

$$B + H_3O^+ \rightleftharpoons BH^+ + H_2O$$

Die gesuchte Gleichgewichtskonstante erhält man, indem man die Gleichgewichtskonstanten der Teilreaktionen multipliziert.

$$\frac{c(BH^+) \cdot c(A^-)}{c(HA) \cdot c(B)} = \frac{c(H_3O^+) \cdot c(A^-)}{c(HA) \cdot c(H_2O)} \cdot \frac{c(BH^+) \cdot c(H_2O)}{c(B) \cdot c(H_3O^+)}$$

$$K = K_S(HA) \cdot 1/K_S(BH^+)$$

Mit den negativen dekadischen Logarithmen erhält man:

$$pK = pK_S(HA) - pK_S(BH^+)$$

Ist die Differenz negativ, so ist $K > 1$ und damit die Hinreaktion bevorzugt.

Ist die Differenz positiv, so ist $K < 1$ und damit die Rückreaktion bevorzugt.

## Protolyse der Salze

Wäßrige Lösungen von Salzen können sauer, basisch oder neutral reagieren.

Nach *Brönsted* sind auch Ionen unterschiedlich starke Säuren oder Basen, d.h., es tritt in unterschiedlichem Maße Protolyse auf.

*Beispiele:*

1. Eine Natriumchloridlösung reagiert neutral, da weder die $Na^+(aq)$-Ionen noch die $Cl^-(aq)$-Ionen protolysieren. Alle Anionen starker Säuren zeigen gegenüber Wasser kaum ein basisches Verhalten.

2. Eine Ammoniumchloridlösung reagiert sauer, da die Ammoniumionen protolysieren:

$$NH_4^+(aq) + H_2O(l) \rightleftharpoons NH_3(g) + H_3O^+(aq)$$

Die sich bildenden Oxoniumionen sind für den sauren Charakter der Lösung verantwortlich. Die Chloridionen protolysieren praktisch nicht.

3. Eine Natriumcarbonatlösung reagiert basisch, da die Carbonationen der Protolyse unterliegen:

$$CO_3^{2-}(aq) + H_2O(l) \rightleftharpoons HCO_3^-(aq) + OH^-(aq)$$

Die Hydroxidionen sind für den basischen Charakter der Lösung verantwortlich. Die Natriumionen protolysieren nicht.

Viele Metallsalzlösungen reagieren überraschenderweise stark sauer, so z.B. auch eine wäßrige Eisen(III)-chloridlösung. In dieser Lösung sind die komplexen Ionen $[Fe(H_2O)_6]^{3+}$ vorhanden (hydratisierte $Fe^{3+}$-Ionen), die der Protolyse unterliegen:

$$[Fe(H_2O)_6]^{3+} + H_2O(l) \rightleftharpoons [FeOH(H_2O)_5]^{2+} + H_3O^+(aq)$$

Die Wassermoleküle der Hydrathülle werden so stark von den $Fe^{3+}$-Ionen angezogen, daß es zu einer Protonenabspaltung kommen kann. Der $pK_S$-Wert beträgt 2,22. Diese Säure ist also stärker als die Fluorwasserstoffsäure!

## Das *Ostwald*sche Verdünnungsgesetz

Für die Protolyse einer Säure HA in wäßriger Lösung gilt:

$$HA + H_2O \rightleftharpoons H_3O^+ + A^-$$

(Das Symbol aq ist hier weggelassen worden.)

Der Protolysegrad läßt sich berechnen:

$$\alpha = \frac{c_0 - c(HA)}{c_0} = \frac{c(H_3O^+)}{c_0} = \frac{c(A^-)}{c_0}$$

$c_0$ ist die Konzentration der Säure vor der Protolyse. Durch die Reaktion der Säure mit dem Wasser treten die Oxoniumionen- und Säureanionen-Konzentrationen $\alpha c_0$ auf. Im Gleichgewicht ist noch eine Säurekonzentration von $c_0 - c(H_3O^+)$ bzw. $c_0 - \alpha\, c_0$ vorhanden.

Setzt man diese Werte in das Massenwirkungsgesetz ein, so erhält man den folgenden Ausdruck:

$$K_S = \frac{c(H_3O^+) \cdot c(A^-)}{c(HA)} = \frac{\alpha c_0 \cdot \alpha c_0}{c_0 - \alpha c_0} = \frac{\alpha^2}{1-\alpha} c_0$$

Dies ist das *Ostwald*sche Verdünnungsgesetz.

Für schwache Säuren läßt sich eine Vereinfachung vornehmen.

Für schwache Säuren gilt: $1 - \alpha \approx 1$.

Man erhält: $K_S = \alpha^2 \cdot c_0$ bzw. $\alpha = \sqrt{K_S/c_0}$

*Ostwald*sches Verdünnungsgesetz:

$$K_S = \frac{\alpha^2}{1-\alpha} c_0$$

Diese Gesetzmäßigkeit wurde 1888 von dem deutschen Chemiker *Wilhelm Ostwald* (1853 - 1932) hergeleitet.

Bei unendlich starker Verdünnung geht $\alpha$ gegen 1, d.h., es tritt dann vollständige Protolyse auf.

Das *Ostwald*sche Verdünnungsgesetz läßt sich singemäß auch für Basen verwenden.

## Zusammenhang zwischen $pK_S$- und pH-Wert

Durch die Protolyse in einer wäßrigen Lösung tritt auch eine Änderung des pH-Wertes auf.

Massenwirkungsgesetz für das Protolysegleichgewicht der Säure HA:

$$K_S = \frac{c(H_3O^+) \cdot c(A^-)}{c(HA)}$$

Man erhält daraus die Konzentration der Oxoniumionen:

$$c(H_3O^+) = K_S \cdot c(HA)/c(A^-)$$

Verwendet man die negativen dekadischen Logarithmen, so kommt man zur ***Henderson-Hasselbalch*-Gleichung**:

$$pH = pK_S + \lg \frac{c(A^-)}{c(HA)}$$

Für den Spezialfall $c(A^-) = c(HA)$ erhält man, da $\lg 1 = 0$, die einfache Beziehung: $pH = pK_S$.

Für **schwache Säuren und Basen** läßt sich der $pK_S$-Wert (bzw. der $pK_B$-Wert) leicht bestimmen, wenn die Konzentration der Säure (bzw. der Base) und der pH-Wert bekannt sind.

Bei der Protolyse der einprotonigen Säure HA entstehen Oxoniumionen und Säureanionen in gleicher Konzentration:

$$c(H_3O^+) = c(A^-) = x$$

Die Säurekonzentration beträgt dann noch

$$c(HA) = c_0 - x,$$

wobei $c_0$ die Gesamtkonzentration der Säure ist.

Durch Einsetzen in das Massenwirkungsgesetz erhält man:

$$\frac{c(H_3O^+) \cdot c(A^-)}{c(HA)} = \frac{x^2}{c_0 - x} = K_S$$

Für schwache Säuren gilt:

$$c_0 - x \approx c_0$$

$$K_S = x^2/c_0 \qquad x = \sqrt{K_S \cdot c_0} = c(H_3O^+)$$

Führt man wieder den negativen dekadischen Logarithmus ein, so erhält man die folgenden Beziehungen.

Für schwache Säuren gilt:

$pH = (pK_S - \lg c_0)/2$ oder $pK_S = 2\,pH + \lg c_0$

## Berechnungsbeispiele

1. Essigsäure (Ethansäure) der Konzentration $c_0 = 0{,}5$ mol/l besitzt den pH-Wert 2,50.
Welchen Protolysegrad weist sie auf?

$c(H_3O^+) = 10^{-2{,}50}$ mol/l $= 3{,}16 \cdot 10^{-3}$ mol/l

$\alpha = c(H_3O^+)/c_0 = 3{,}16 \cdot 10^{-3}/0{,}5 = 6{,}32 \cdot 10^{-3}$

Der Protolysegrad $\alpha$ beträgt 0,632%.

2. Welchen pH-Wert besitzt eine Ammoniaklösung der Konzentration $c_0(NH_3) = 0{,}1$ mol/l?
$pK_B(NH_3) = 4{,}75$

Für schwache Säuren gilt: $pH = (pK_S - \lg c_0)/2$

Die Gleichung läßt sich sinngemäß auch für schwache Basen heranziehen:

$pOH = (pK_B - \lg c_0)/2$

$pOH = (4{,}75 + 1)/2 = 2{,}88$

$pH = 14 - pOH = 14 - 2{,}88 = 11{,}12$

Der pH-Wert beträgt 11,12.

3. Essigsäure (Ethansäure) besitzt den $pK_S$-Wert 4,76. Welchen Protolysegrad besitzt eine 0,2-molare Lösung?

Für schwache Säuren läßt sich das *Ostwald*sche Verdünnungsgesetz in der folgenden Form anwenden:

$$\alpha = \sqrt{K_S/c_0}$$

$K_S = 10^{-4{,}76}$ mol/l $= 1{,}74 \cdot 10^{-5}$ mol/l

$c_0 = 0{,}2$ mol/l

$$\alpha = \sqrt{1{,}74 \cdot 10^{-5}/0{,}2} = 9{,}33 \cdot 10^{-3}$$

Der Protolysegrad $\alpha$ beträgt 0,933%.

4. Welchen pH-Wert besitzt eine wäßrige Eisen(III)-chloridlösung ($pK_S = 2{,}2$) der Konzentration $c_0 = 0{,}1$ mol/l?

Auch hier läßt sich mit ausreichender Genauigkeit noch die Näherungsgleichung für schwache Säuren anwenden:

$pH = (pK_S - \lg c_0)/2 = (2{,}2 + 1)/2 = 1{,}6$

Der pH-Wert beträgt 1,6.

5. Eine zweimolare wäßrige Lösung der Ameisensäure (Methansäure) weist den pH-Wert 1,73 auf.
Welchen $pK_S$-Wert besitzt die Ameisensäure?

Verwendung der Näherungsgleichung:

$pK_S = 2\,pH + \lg c_0 \qquad c_0 = 2$ mol/l

$pK_S = 2 \cdot 1{,}73 + 0{,}3 = 3{,}76$

Der $pK_S$-Wert beträgt 3,76.

# 8.4 Pufferlösungen

Eine wäßrige Lösung von Essigsäure und Natriumacetat wird halbiert und tropfenweise mit Salzsäure bzw. die andere Hälfte mit Natronlauge versetzt. Der pH-Wert der beiden Lösungen ändert sich dabei fast gar nicht.

Gibt man dagegen zu Wasser verdünnte Salzsäure bzw. Natronlauge, so ändert sich der pH-Wert sehr stark.

Die oben beschriebene Lösung ist offensichtlich in der Lage, die $H_3O^+$-Ionen aus der Säurelösung bzw. die $OH^-$-Ionen aus der Basenlösung wegzufangen, so daß der pH-Wert trotz des Säure- oder Basenzusatzes annähernd konstant bleibt. Sie wird als **Pufferlösung** bezeichnet.

Eine **Pufferlösung** besteht aus einer schwachen Säure und ihrer korrespondierenden* Base oder aus einer schwachen Base und ihrer korrespondierenden Säure. Sie kann Oxoniumionen und Hydroxidionen wegfangen, so daß sich der pH-Wert kaum ändert.

Die Pufferwirkung läßt sich am Beispiel des oben beschriebenen **Acetatpuffers** (Gemisch aus Essigsäure $CH_3COOH$ und Acetationen $CH_3COO^-$) gut erklären.

Bei der Zugabe einer Base zur Pufferlösung reagieren die $OH^-$-Ionen mit den Molekülen der Essigsäure:

$$CH_3COOH(aq) + OH^-(aq) \rightleftharpoons CH_3COO^-(aq) + H_2O(l)$$

Bei der Zugabe einer Säure reagieren die $H_3O^+$-Ionen mit den Acetationen:

$$CH_3COO^-(aq) + H_3O^+(aq) \rightleftharpoons CH_3COOH(aq) + H_2O(l)$$

Der Acetatpuffer puffert im pH-Bereich von 4,5 - 5.

Weitere wichtige Puffersysteme:

**Phosphatpuffer** ($NaH_2PO_4/Na_2HPO_4$) im pH-Bereich um 7.

**Ammoniakpuffer** ($NH_4Cl/NH_3$) im pH-Bereich 9 - 9,5.

Die Pufferwirkung kann man auch der **Pufferungskurve** entnehmen. Die folgende Abbildung zeigt diese Kurve für eine Pufferlösung, die im pH-Bereich um 7 wirksam ist.

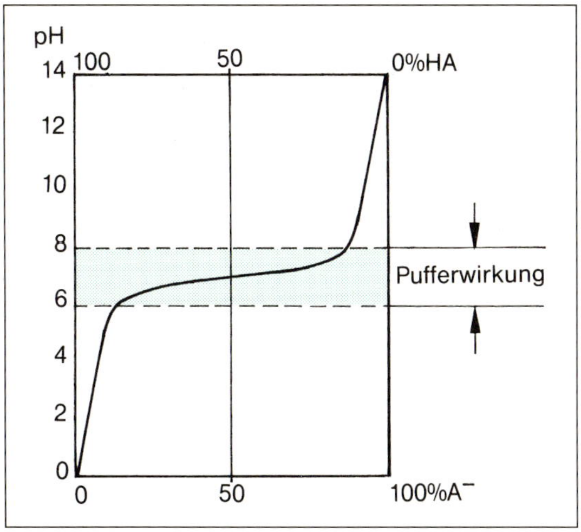


Pufferungskurve (Pufferwirkung im neutralen Bereich)

Ein Puffer ist dann besonders wirkungsvoll, wenn äquimolare Mengen der schwachen Säure HA und der korrespondierenen Base $A^-$ (d.h. im Molverhältnis 1 : 1) vorhanden sind. Das gleiche gilt auch hier für eine schwache Base B und ihre korrespondierende Säure $BH^+$.

Der pH-Wert einer derartigen Lösung läßt sich leicht berechnen.

Man zieht die bereits früher hergeleitete Beziehung heran:

$$pH = pK_S + \lg \frac{c(A^-)}{c(HA)}$$

Für $c(A^-) = c(HA)$, d.h. für eine äquimolare Lösung, erhält man:

$$pH = pK_S$$

Jede Pufferlösung besitzt eine bestimmte **Pufferkapazität**. Damit ist die Stoffmenge an Säure oder Base gemeint, die weggefangen (gepuffert) werden kann.

Je größer die Konzentration der Pufferlösung ist, desto größer ist auch ihre Pufferkapazität.

*Beispiele:*

1. Zu einem Acetatpuffer (pH = 4,76), der sowohl an Essigsäure als auch an Acetationen einmolar ist, werden 0,2 mol HCl gegeben.
Die Oxoniumionen reagieren hierbei mit den Acetationen.

Konzentration der Acetationen:

$c(A^-) = 1\ mol/l - 0{,}2\ mol/l$

Konzentration der Essigsäure:

$c(HA) = 1\ mol/l + 0{,}2\ mol/l$

$pH = pK_S + \lg [c(A^-)/c(HA)] = 4{,}76 + \lg (0{,}8/1{,}2)$
$pH = 4{,}58$

Der pH-Wert ändert sich von 4,76 auf 4,58 (also nur um 0,18 Einheiten).

2. Werden zu einem Acetatpuffer, der nur 0,3-molar an Essigsäure und an Acetationen ist, 0,2 mol HCl gegeben, so ändert sich der pH-Wert von 4,76 auf 4,02, also um 0,74 Einheiten.

Puffersysteme sind in der Chemie sehr wichtig, da für viele Reaktionen ein konstanter pH-Wert notwendig ist.

Auch das Blut im menschlichen Körper ist eine Pufferlösung mit dem pH-Wert 7,4. Damit dieser Wert auch bei unterschiedlicher Zufuhr von Säuren und Basen konstant bleibt, sind im Blut mehrere Puffersysteme vorhanden. Das wichtigste ist der Kohlensäure-Hydrogencarbonat-Puffer.

## 8.5 Redoxreaktionen

Bei der Verbrennung eines Stoffes findet eine Reaktion mit dem Sauerstoff statt. Das Produkt wird als **Oxid** bezeichnet. Der Begriff stammt vom griechischen Wort *oxygenium*, das bedeutet „Säureerzeuger". *Lavoisier** nahm fälschlicherweise an, daß Sauerstoff (*oxygenium*) in allen Säuren enthalten sei.

*Beispiel:*

Bei der Verbrennung von Magnesium bildet sich Magnesiumoxid.

$$2\,Mg(s) + O_2(g) \longrightarrow 2\,MgO(s)$$

Hält man ein brennendes Magnesiumband in einen mit Kohlenstoffdioxid gefüllten Standzylinder, so findet eine heftige Reaktion statt. Es bilden sich dabei weißes Magnesiumoxid und schwarzer Kohlenstoff.

$$2\,Mg(s) + CO_2(g) \longrightarrow 2\,MgO(s) + C(s)$$

Bei dieser Reaktion laufen zwei Vorgänge gleichzeitig ab.
Das Magnesium verbindet sich mit dem Sauerstoff des Kohlenstoffdioxids zu Magnesiumoxid, es wird oxidiert. Dieser Vorgang ist eine Oxidation.

Eine **Oxidation** ist eine Reaktion, bei der sich ein Stoff mit Sauerstoff verbindet.

Dem Kohlenstoffdioxid wird Sauerstoff entzogen, und es bildet sich Kohlenstoff. Kohlenstoffdioxid wird reduziert. Dieser Vorgang ist eine Reduktion.

Eine **Reduktion** ist eine Reaktion, bei der einem Stoff Sauerstoff entzogen wird.

Da in dem oben dargestellten Beispiel eine **Red**uktion des Kohlenstoffdioxids und eine **Ox**idation des Magnesiums gleichzeitig ablaufen, wird eine derartige Reaktion als **Redox**-Reaktion bezeichnet.

Oxidation und Reduktion finden gleichzeitig statt. Man bezeichnet diese Reaktion als Redoxreaktion.

Das **Oxidationmittel** ist der Stoff, der den Sauerstoff zur Verfügung stellt. Das Oxidationsmittel wird in einer Redoxreaktion reduziert.

Das **Reduktionsmittel** ist der Stoff, der sich mit dem Sauerstoff verbindet. Das Reduktionsmittel wird bei einer Redoxreaktion oxidiert.

*Beispiel:*

Im Hochofen* zur Eisengewinnung reagiert Eisen(III)-oxid mit Kohlenstoffmonooxid. Bei der Redoxreaktion bilden sich Eisen und Kohlenstoffdioxid.

## Redoxreaktionen im erweiterten Sinne

Die oben angegebenen Definitionen für die Oxidation und die Reduktion haben heute fast nur noch historische Bedeutung und werden lediglich im Anfangsunterricht des Faches Chemie verwendet.

Betrachtet man die Teilchen, die an einer Redoxreaktion beteiligt sind, so stellt man fest, daß hierbei Vorgänge unter Abgabe und Aufnahme von Elektronen ablaufen.

*Beispiel:*

Bei der Reaktion zwischen Zink und Sauerstoff bildet sich Zinkoxid ZnO.

Jedes Zinkatom besitzt zwei Valenzelektronen, die bei der Reaktion an ein Sauerstoffatom mit sechs Valenzelektronen abgegeben werden.

$$|Zn - 2e^- \longrightarrow Zn^{2+}$$
$$\cdot\underline{\overline{O}}\cdot + 2e^- \longrightarrow |\underline{\overline{O}}|^{2-}$$

Die Elektronenabgabe wird als Oxidation bezeichnet; d.h., das Zinkatom wird zum Zink-Kation $Zn^{2+}$ oxidiert.

Die Elektronenaufnahme ist eine Reduktion. Das Sauerstoffatom wird zum Oxid-Anion $O^{2-}$ reduziert.

Die Begriffe Oxidation und Reduktion sind damit viel weiter gefaßt und unabhängig vom Element Sauerstoff.

**Oxidation:** Abgabe von Elektronen
**Reduktion:** Aufnahme von Elektronen

*Beispiel:*

Taucht man einen Eisennagel in eine Kupfersalzlösung (z.B. aus Kupfersulfat), so überzieht sich der Nagel mit einer rötlichen Schicht von metallischem Kupfer.

Die Eisenatome geben Elektronen ab; sie werden zu Eisenkationen oxidiert:

$$Fe(s) - 2\,e^- \longrightarrow Fe^{2+}(aq)$$

Die Kupferkationen nehmen Elektronen auf; sie werden zum Kupfer reduziert:

$$Cu^{2+}(aq) + 2\,e^- \longrightarrow Cu(s)$$

Der Gesamtvorgang ist auch hier eine Redoxreaktion, da Oxidation und Reduktion gleichzeitig stattfinden:

$$Fe(s) + Cu^{2+}(aq) \longrightarrow Fe^{2+}(aq) + Cu(s)$$

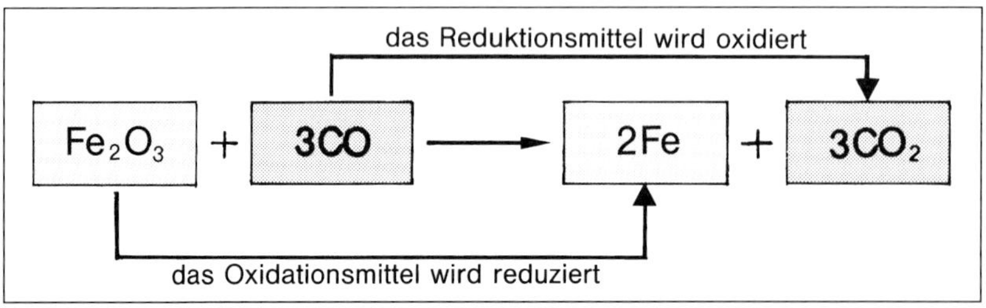


Redoxreaktion

Eine **Redoxreaktion** ist eine Elektronenübertragungsreaktion.

Bemerkenswert sind hier die Parallelen zur Säure-Base-Reaktion. Nach *Brönsted** findet dabei eine **Protonen**übertragungsreaktion (Protolyse) statt.

Entsprechend lassen sich auch die Begriffe Oxidationsmittel und Reduktionsmittel neu definieren.

Das Reduktionsmittel wird oxidiert (gibt Elektronen ab). Es ist ein Elektronendonator (Elektronenspender) und wird dadurch zum Oxidationsmittel.
Das Oxidationsmittel wird reduziert (nimmt Elektronen auf). Es ist ein Elektronenakzeptor (Elektronenempfänger) und wird dadurch zum Reduktionsmittel.

**Reduktionsmittel:** Elektronendonator
**Oxidationsmittel:** Elektronenakzeptor

Reduktionsmittel und Oxidationsmittel stehen also in enger Beziehung. Sie bilden ein **korrespondierendes Redoxpaar**.

Bei Redoxreaktionen bildet sich ein **Gleichgewicht**, das meist stark auf einer Seite liegt.

## Einige wichtige Redoxpaare

| Reduktionsmittel | Oxidation → / ← Reduktion | Oxidationsmittel |
|---|---|---|
| Li | $\rightleftarrows$ | $Li^+ + e^-$ |
| Na | $\rightleftarrows$ | $Na^+ + e^-$ |
| Mg | $\rightleftarrows$ | $Mg^{2+} + 2e^-$ |
| Zn | $\rightleftarrows$ | $Zn^{2+} + 2e^-$ |
| Fe | $\rightleftarrows$ | $Fe^{2+} + 2e^-$ |
| $H_2$ | $\rightleftarrows$ | $2H^+ + 2e^-$ |
| Ag | $\rightleftarrows$ | $Ag^+ + e^-$ |
| $2Cl^-$ | $\rightleftarrows$ | $Cl_2 + 2e^-$ |
| $2F^-$ | $\rightleftarrows$ | $F_2 + 2e^-$ |

Zunahme des Reduktionsvermögens (↑)

Zunahme des Oxidationsvermögens (↓)

Eine quantitative Erfassung der Stärke von Oxidations- und Reduktionsmitteln ist mit Hilfe der **Standardpotentiale** möglich. Darauf wird im 2. Band im Kapitel Elektrochemie eingegangen.

Redoxreaktionen laufen bevorzugt dann ab, wenn zwei Redoxpaare reagieren, von denen das eine ein starkes Oxidationsmittel und das andere ein starkes Reduktionsmittel ist.

*Beispiel:*

Reaktion zwischen Magnesium und Chlor

Redoxpaar 1: $Mg \rightleftarrows Mg^{2+} + 2e^-$

Mg ist ein starkes Reduktionsmittel
$Mg^{2+}$ ist ein schwaches Oxidationsmittel

Redoxpaar 2: $Cl_2 + 2e^- \rightleftarrows 2Cl^-$

$Cl_2$ ist ein starkes Oxidationsmittel
$Cl^-$ ist ein schwaches Reduktionsmittel

Redoxreaktion: $Mg + Cl_2 \rightleftarrows Mg^{2+} + 2Cl^-$

Bei einer **Redoxreaktion** geht ein starkes Oxidationsmittel in ein schwaches Reduktionsmittel und ein starkes Reduktionsmittel in ein schwaches Oxidationsmittel über.

## Oxidationszahlen

Oxidationszahlen sind ein Hilfsmittel zum Erkennen von Oxidationen und Reduktionen und zum Aufstellen von Redoxgleichungen.

Die **Oxidationszahl** gibt
- bei einem Atom-Ion die tätsächliche Ladung
- bei einem Atom in Molekülen oder in Molekül-Ionen die scheinbare Ladung an.

Oxidationszahlen werden in römischen Ziffern angegeben und stehen über dem Elementsymbol. Oxidationszahlen können positiv (Elektronenmangel) oder negativ (Elektronenüberschuß) sein. Bei negativen Oxidationszahlen wird ein Minuszeichen vorangestellt.

Für die **Ermittlung der Oxidationszahlen** gibt es einige Regeln:

1. Die Oxidationszahl von Atom-Ionen ist gleich der Ionenladung.

*Beispiele:*

$\overset{I}{Na^+}$ $\overset{-II}{O^{2-}}$ $\overset{III}{Al^{3+}}$ $\overset{-I}{Br^-}$

2. Atome von Elementen haben immer die Oxidationszahl null, auch wenn sie Moleküle bilden.

*Beispiele:*

$\overset{0}{C}$, $\overset{0}{H_2}$, $\overset{0}{N}\equiv\overset{0}{N}$, $\overset{0}{S_8}$

3. Um die Oxidationszahlen von Atomen in Molekülen oder in Molekül-Ionen zu ermitteln, werden die Bindungselektronen dem Atom zugeordnet, das die größere Elektronegativität* besitzt. Diese Bindungstrennung wird als heterolytische („ungleichartige") Trennung bezeichnet. Durch Vergleich der so ermittelten Elektronenzahl mit den Valenzelektronen erhält man die Oxidationszahl.

*Beispiel:* Wassermolekül

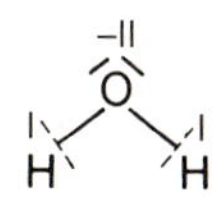


Das Sauerstoffatom im Wassermolekül ist stärker elektronegativ als die Wasserstoffatome. Die Bindungen werden heterolytisch getrennt und die Bindungselektronen dem O-Atom zugeordnet. Die H-Atome weisen jetzt einen Mangel an einem Elektron auf, d.h., sie besitzen die Oxidationszahl I. Das Sauerstoffatom ist von acht Elektronen umgeben. Gegenüber den sechs Valenzelektronen ist jetzt ein Überschuß von zwei Elektronen vorhanden. Das O-Atom besitzt die Oxidationszahl –II.

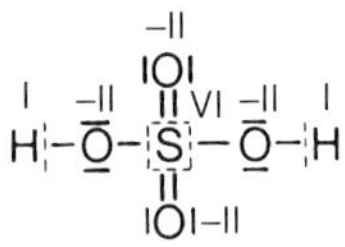

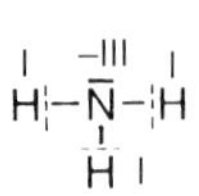

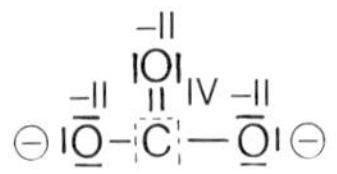

Schwefelsäure Ammoniak Carbonat-Ion

4. Befinden sich in einem Teilchen zwei gleiche, miteinander gebundene Atome, so wird die Bindung homolytisch („gleichartig“) getrennt. Jedes Atom erhält ein Bindungselektron.

*Beispiel:* Wasserstoffperoxid

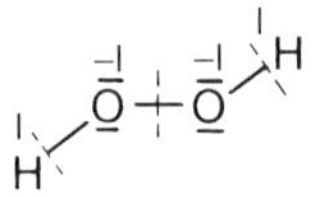

Bei der Herleitung der Oxidationszahlen zeigen sich weitere Regelmäßigkeiten:

5. Metalle besitzen in ihren Verbindungen positive Oxidationszahlen.

6. Fluor besitzt in seinen Verbindungen immer die Oxidationszahl –I.

7. Wasserstoff besitzt in Verbindungen fast immer die Oxidationszahl I.

Ausnahme:
In den Metallhydriden ist die Oxidationszahl –I.

*Beispiel:* $\overset{I}{Na}\overset{-I}{H}$ Natriumhydrid

8. Sauerstoff hat in Verbindungen fast immer die Oxidationszahl –II.

Ausnahme:
In den Peroxiden ist die Oxidationszahl – I.

*Beispiel:* $\overset{I}{H_2}\overset{-I}{O_2}$ Wasserstoffperoxid

9. Die Summe aller Oxidationszahlen in einem Molekül ist null.

*Beispiel:* $\overset{I}{H}\overset{V}{N}\overset{-II}{O_3}$ Salpetersäure

$1 \cdot I + 1 \cdot V + 3 \cdot (-II) = 0$

10. Die Summe aller Oxidationszahlen in einem Molekül-Ion ist gleich der Ionenladung.

*Beispiel:* $\overset{IV}{S}\overset{-II}{O_3}{}^{2-}$ Sulfit-Ion

$1 \cdot IV + 3 \cdot (-II) = -2$

11. Oxidationszahlen können scheinbar auch gebrochen sein.

*Beispiel:*
Ermittlung der Oxidationszahlen im Tetrathionat-Ion

$$\overset{x}{S_4}\overset{-II}{O_6}{}^{2-}$$
$$4 \cdot x + 6 \cdot (-II) = -2$$
$$x = 2{,}5$$

Man erhält als Oxidationszahl für die vier Schwefelatome „2,5“. Dies ist allerdings nur ein Mittelwert und dadurch zu erklären, daß nicht alle S-Atome im Tetrathionat-Ion die gleiche Oxidationszahl aufweisen:

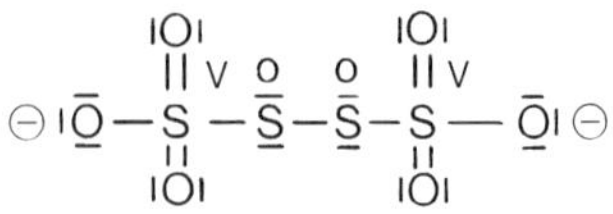

Mit den Oxidationszahlen lassen sich die Begriffe Oxidation und Reduktion auch folgendermaßen formulieren:

**Oxidation:** Zunahme der Oxidationszahl
**Reduktion:** Abnahme der Oxidationszahl

*Beispiel:*
Iod reagiert in wäßriger Lösung mit Thiosulfat-Ionen zu Tetrathionat- und Iodid-Ionen.

$$3\,\overset{0}{I_2} + 6\,\overset{II}{S_2}O_3{}^{2-} \longrightarrow 3\,\overset{„2,5“}{S_4}O_6{}^{2-} + 6\,\overset{-I}{I^-}$$

Die Oxidationszahl des Iods wird kleiner, d.h., die Reaktion des Iods zum Iodid-Ion ist eine Reduktion. Die Oxidationszahl des Schwefels wird größer, d.h., die Reaktion von Thiosulfat- zum Tetrathionat-Ion ist eine Oxidation.

## Das Aufstellen von Redoxgleichungen

Bei vielen Redoxvorgängen ist das Aufstellen von Reaktionsgleichungen mit Schwierigkeiten verbunden. Insbesondere das Ermitteln der Stöchiometriezahlen* (Faktoren) ist hierbei nicht immer einfach. Es hat sich als sinnvoll herausgestellt, die an der Reaktion beteiligten Redoxpaare getrennt zu betrachten und erst dann die vollständige Gleichung durch Kombination der beiden Teilgleichungen aufzustellen.

*Beispiele:*

1. Dichromat-Ionen regieren in saurer Lösung mit Iodid-Ionen. Es bilden sich dabei Iod und Chrom(III)-Ionen.

Iodid-Ionen werden zum Iod oxidiert.

$$\text{Oxidation: } 2\,\overset{-I}{I^-} + \longrightarrow \overset{0}{I_2} + 2\,e^-$$

Jedes Iodid-Ion gibt ein Elektron ab. Die Oxidationszahl ändert sich von –I nach 0.

Die Dichromat-Ionen werden zu Chrom(III)-Ionen reduziert.

$$\text{Reduktion: } \overset{VI}{Cr_2}O_7{}^{2-} + 6\,e^- \longrightarrow 2\,\overset{III}{Cr^{3+}}$$

Die Oxidationszahl ändert sich von VI zu III, d.h., es werden 2 · 3 = 6 Elektronen aufgenommen.

Die Teilgleichung für die Reduktion ist unvollständig; die **Stoffbilanz** stimmt nicht.

Die Reaktion findet in saurer Lösung statt, d.h., es sind Oxoniumionen vorhanden. Die Stoffbilanz wird bei Reaktionen in wäßrigen Lösungen nach den Gegebenheiten immer durch Oxoniumionen, Hydroxidionen oder durch Wassermoleküle ausgeglichen.

Reduktion:

$$\overset{VI}{Cr}_2O_7^{2-} + 14\ H_3O^+ + 6\ e^- \longrightarrow 2\ \overset{III}{Cr}{}^{3+} + 21\ H_2O$$

Die beiden Teilgleichungen für die Oxidation und die Reduktion können jetzt zur Redoxreaktion vereinigt werden.

Zu beachten ist jedoch, daß in der Gleichung für die Oxidation zwei Elektronen abgegeben werden, während in der Gleichung für die Reduktion eine Aufnahme von sechs Elektronen erfolgt. Um die **Elektronenbilanz** auszugleichen, muß die Gleichung für die Oxidation mit drei multipliziert werden.

Oxidation: $6\ I^- \longrightarrow 3\ I_2 + 6\ e^-$

Reduktion: $Cr_2O_7^{2-} + 14\ H_3O^+ + 6\ e^- \longrightarrow 2\ Cr^{3+} + 21\ H_2O$

---

Redoxreaktion: $6\ I^- + Cr_2O_7^{2-} + 14\ H_3O^+ \longrightarrow 3\ I_2 + 2\ Cr^{3+} + 21\ H_2O$

Durch die Addition der beiden Teilgleichungen erhält man die vollständige Redoxgleichung.
Es ist empfehlenswert, die Stoffbilanz und die Ladungsbilanz noch einmal zu überprüfen.

**Ladungsbilanz**:

$$6 \cdot (-1) + 1 \cdot (-2) + 14 \cdot (+1) = 2 \cdot (+3)$$
$$6 = 6$$

Bei jeder Redoxgleichung müssen die Elektronenbilanz, die Ladungsbilanz und die Stoffbilanz stimmen.

2. Eine angesäuerte Permanganatlösung reagiert mit Eisen(III)-Ionen.

Die Permanganat-Ionen werden dabei zu Mangan(II)-Ionen reduziert. Die Eisen(II)-Ionen werden zu Eisen(III)-Ionen oxidiert.

Reduktion: $\overset{VII}{Mn}O_4^- + 8\ H_3O^+ + 5\ e^- \longrightarrow \overset{II}{Mn}{}^{2+} + 12\ H_2O$

Oxidation: $\overset{II}{Fe}{}^{2+} \longrightarrow \overset{III}{Fe}{}^{3+} + e^- \quad | \cdot 5$

---

Redoxreaktion: $MnO_4^- + 5\ Fe^{2+} + 8\ H_3O^+ \longrightarrow Mn^{2+} + 5\ Fe^{3+} + 12\ H_2O$

3. Leitet man Chlorgas in eine Hydroxidionenlösung (z.B. Natronlauge), so bilden sich Chlorat- und Chlorid-Ionen.

Oxidation:

$$1/2\ \overset{0}{Cl_2} + 6\ OH^- \longrightarrow \overset{V}{Cl}O_3^- + 3\ H_2O + 5\ e^-$$

Reduktion:

$$1/2\ \overset{0}{Cl_2} + e^- \longrightarrow \overset{-I}{Cl}{}^- \quad | \cdot 5$$

---

Redoxreaktion:

$$3\ Cl_2 + 6\ OH^- \longrightarrow ClO_3^- + 5\ Cl^- + 3\ H_2O$$

Hier liegt eine besondere Redoxreaktion vor, da das elementare Chlor sowohl oxidiert als auch reduziert wird. Dieser Vorgang wird als Disproportionierung bezeichnet.

**Disproportionierung**: Redoxreaktion mit einem Übergang eines Elements von einer mittleren in eine niedrigere und eine höhere Oxidationsstufe.

Anmerkung: Für den Ausdruck „Oxidationszahl“ wird häufig auch der Begriff „Oxidationsstufe“ verwendet.

4. Erhitzt man das Salz Ammoniumnitrat $NH_4NO_3$, so bilden sich Wasser und Distickstoffmonooxid („Lachgas“).

Oxidation: $\overset{-III}{N}H_4^+ \longrightarrow 1/2\ \overset{I}{N}_2O + 4\ e^-$

Reduktion: $\overset{V}{N}O_3^- + 4\ e^- \longrightarrow 1/2\ \overset{I}{N}_2O$

---

Redoxreaktion:

$$NH_4^+ + NO_3^- \longrightarrow N_2O + 2\ H_2O$$

Hier wäre es ungünstig, die Stoffbilanzen bereits in den Teilgleichungen auszugleichen.

Die Besonderheit dieser Reaktion liegt darin, daß sowohl bei der Oxidation als auch bei der Reduktion das gleiche Produkt ($N_2O$) entsteht.
Dieser Vorgang wird als Komproportionierung bezeichnet.

**Komproportionierung**: Redoxreaktion mit einem Übergang eines Elements von einer niedrigen und einer hohen Oxidationsstufe in eine mittlere Oxidationsstufe.

Anmerkung: Die Komproportionierung wird auch als Synproportionierung bezeichnet.

# 9 Stoffgruppen der anorganischen Chemie

## 9.1 I. Hauptgruppe (Wasserstoff und Alkalimetalle)

In der I. Hauptgruppe des Periodensystems* der Elemente (PSE) stehen der Wasserstoff und die Alkalimetalle Lithium, Natrium, Kalium, Rubidium, Caesium und Francium.

| Periode | I | |
|---|---|---|
| 1 | 1,008 H 1 | Wasserstoff |
| 2 | 6,941 Li 3 | Lithium |
| 3 | 22,99 Na 11 | Natrium |
| 4 | 39,10 K 19 | Kalium |
| 5 | 85,47 Rb 37 | Rubidium |
| 6 | 132,9 Cs 55 | Caesium |
| 7 | 223 Fr 87 | Francium |

I. Hauptgruppe des PSE

## Wasserstoff

### Physikalische Eigenschaften des Wasserstoffs

Schmelztemperatur: – 259°C
Siedetemperatur: – 253°C
Dichte bei 20 °C: 0,084 g/l

Wasserstoff ist ein farbloses, geruch- und geschmackloses Gas. Es löst sich kaum in Wasser und ist brennbar.

In der Häufigkeit der Elemente in der Erdkruste steht es an neunter Stelle. Die größten Mengen sind im Wasser ($H_2O$) gebunden.

Im natürlichen Wasserstoff sind die drei Isotope* $^1_1H$ („normaler" oder leichter Wasserstoff), $^2_1H$(schwerer Wasserstoff oder Deuterium D) und $^3_1H$ (überschwerer Wasserstoff oder Tritium T) enthalten. Vom Deuterium und vor allem vom Tritium sind nur geringe Anteile vorhanden.

Tritium ist radioaktiv ($\alpha$-Strahler*).

### Darstellung von Wasserstoff

1. Reaktion zwischen Wasser und reaktionsfähigen Metallen (z.B. Natrium):

$$2\,Na(s) + 2\,H_2O(l) \longrightarrow 2\,NaOH(aq) + H_2(g)$$

2. Reaktion zwischen verdünnten Säuren und unedlen Metallen (z.B. Zink und Schwefelsäure):

$$Zn(s) + 2\,H_3O^+(aq) \longrightarrow Zn^{2+}(aq) + 2\,H_2O(l) + H_2(g)$$

Zur Gewinnung von Wasserstoff aus Zink und Säure im Laboratorium verwendet man Gasentwickler.

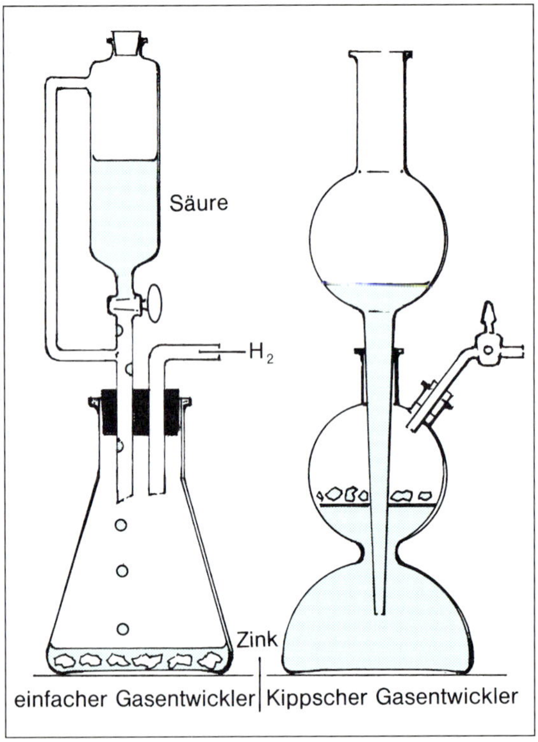


Gasentwickler

3. Elektrolyse* von verdünnter Natronlauge oder verdünnter Schwefelsäure („Wasserelektrolyse"):

$$2\,H_2O(l) \longrightarrow 2\,H_2(g) + O_2(g)$$
(vereinfachte Reaktionsgleichung)

4. In der chemischen Technik wird der Wasserstoff aus Erdgas, Erdöl, Kohle und Wasser hergestellt. Durch Reaktion von Erdgas (das hauptsächlich aus Methan $CH_4$ besteht) mit Wasserdampf erhält man bei hohem Druck und hoher Temperatur unter Einsatz eines Ni-Katalysators Wasserstoff:

$$CH_4 + H_2O \longrightarrow 3\,H_2 + CO$$

Bei 1000 °C reagiert Kohle (besteht hauptsächlich aus Kohlenstoff) mit Wasserdampf:

$$C + H_2O \longrightarrow CO + H_2$$

Gemische aus Kohlenstoffmonooxid CO und Wasserstoff $H_2$ werden als **Wassergas** bezeichnet.

5. Als Nebenprodukt entsteht Wasserstoff bei der Chlorherstellung* durch Elektrolyse von Natriumchloridlösungen.

Wasserstoff wird häufig durch die **Knallgasprobe** nachgewiesen. Knallgas ist ein Gemisch aus Wasserstoff und Sauerstoff, das beim Zünden mit lautem Knall reagiert.

Gasförmiger Wasserstoff kommt in roten Stahlflaschen unter einem Druck von ca. 150 bar in den Handel.

Wasserstoff wird hauptsächlich in der chemischen Industrie für Synthesen eingesetzt.

*Beispiele:*

- Ammoniaksynthese
- Fetthärtung (Margarine)
- Methanolsynthese
- Benzingewinnung durch Hydrocracking

## Verbindungen des Wasserstoffs

Das Wasserstoffgas besteht aus zweiatomigen Molekülen ($H_2$). Um die Bindungen zu spalten, ist eine Energie von 436 kJ/mol erforderlich. Dadurch ist auch die relative Reaktionsträgheit des Wasserstoffs zu erklären.

Im Gegensatz dazu ist der atomare Wasserstoff (H) sehr reaktionsfähig.

Wasserstoff ist in seinen Verbindungen immer einwertig. Die Oxidationszahl beträgt meist I, in wenigen Fällen ist sie –I.

## Salzartige Hydride

Bei hohen Temperaturen reagieren die Alkali- und Erdalkalimetalle* mit Wasserstoff. Hierbei bilden sich Salze, die das Hydrid-Ion $H^-$ enthalten.

*Beispiel:* $2\,Na(s) + H_2(g) \longrightarrow 2\,NaH(s)$

In den salzartigen Hydriden besitzt der Wasserstoff die Oxidationszahl –I.

Diese Hydride reagieren mit Wasser unter Bildung von Wasserstoff:

$$H^-(aq) + H_2O(l) \longrightarrow OH^-(aq) + H_2(g)$$

Diese Reaktion ist sowohl eine Säure-Base-Reaktion* als auch eine Redoxreaktion*.

## Metallartige Hydride

Viele Schwermetalle absorbieren Wasserstoff und bilden dabei Verbindungen unterschiedlicher Zusammensetzung. Da das Elektron des Wasserstoffatoms in das Elektronengas der Metalle eingefügt werden kann, treten häufig metallische Eigenschaften auf. Schwermetallhydride lassen sich auch als Legierungen aus Metall und Wasserstoff ansehen.

## Flüchtige Hydride

Zu dieser Gruppe von Wasserstoffverbindungen gehören insbesondere die Nichtmetallhydride. Die vorliegenden Bindungen sind Atombindungen* (kovalente Bindungen).

Zu den flüchtigen Hydriden zählen außerordentlich viele chemische Verbindungen. Einige Beispiele sollen dies zeigen. Die Stoffe werden später genauer beschrieben.

| | |
|---|---|
| III. Hauptgruppe: | Diboran $B_2H_6$ |
| IV. Hauptgruppe: | Methan $CH_4$ und andere Kohlenwasserstoffe (Band 2)<br>Silan $SiH_4$ |
| V. Hauptgruppe: | Ammoniak $NH_3$<br>Phosphin $PH_3$<br>Arsin $AsH_3$ |
| VI. Hauptgruppe: | Wasser $H_2O$<br>Hydrogensulfid $H_2S$<br>Hydrogenselenid $H_2Se$ |
| VII. Hauptgruppe: | Hydrogenfluorid HF<br>Hydrogenchlorid HCl<br>Hydrogenbromid HBr<br>Hydrogeniodid HI |

## Wasser

Die wichtigste Wasserstoffverbindung ist das Wasser $H_2O$, das Oxid des Wasserstoffs.

Reines Wasser ist geruch- und geschmacklos und praktisch farblos. Beim Normdruck von 1013 mbar besitzt Wasser eine Schmelztemperatur von 0 °C und eine Siedetemperatur von 100 °C. Bei 4 °C hat Wasser seine größte Dichte von genau 1 g/cm³ (Anomalie des Wassers).

Natürlich vorkommendes Wasser ist immer mehr oder weniger stark verunreinigt. Für den Laborgebrauch läßt sich Wasser durch **Destillation*** reinigen. Man erhält dadurch destilliertes Wasser („aqua dest."). Eine weitere Möglichkeit der Wasserreinigung besteht in der Entfernung von Salzen mit Hilfe von Ionenaustauschern. Das so gereinigte Wasser bezeichnet man als demineralisiertes Wasser („aqua demin.") oder entsalztes Wasser.

**Ionenaustauscher** bestehen aus Kunstharzen mit vielen sauren Sulfonsäuregruppen ($-SO_3H$) und basischen Aminogruppen ($-NH_2$). Gibt man Wasser dazu, so bilden sich Oxoniumionen $H_3O^+(aq)$ und Hydroxidionen $OH^-(aq)$.

Leitet man nun salzhaltiges Wasser über dieses Kunstharz, so werden die Kationen $K^+$ der Salze durch Oxoniumionen und die Anionen $A^-$ durch Hydroxidionen ausgetauscht. Die $H_3O^+$- und $OH^-$-Ionen verbinden sich dann zu Wasser.

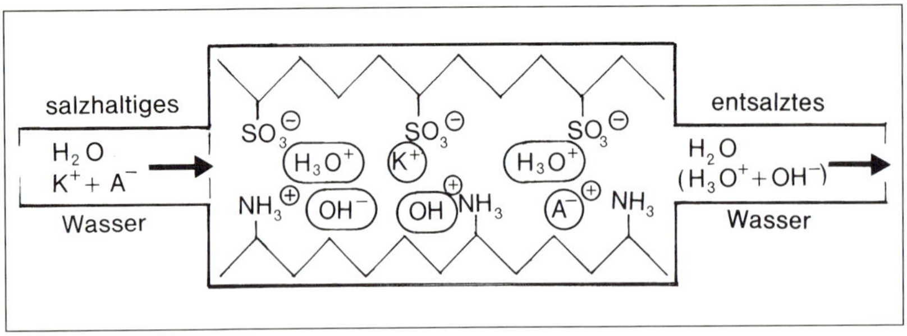


Ionenaustauscher

**Trinkwasser** wird durch verschiedene Verfahren aufbereitet, um bestimmte Verunreinigungen zu entfernen. Darauf kann im Rahmen dieses Buches nicht näher eingegangen werden.

Die **Wasserhärte*** ist sehr unterschiedlich und abhängig von den geologischen Verhältnissen der wasserführenden Schichten. Hartes Wasser besitzt häufig einen hohen Gehalt an gelösten Calciumverbindungen* (z.B. Calciumhydrogencarbonat).

Wasser ist ein gutes **Lösungsmittel** für viele Stoffe (z.B. Salze). Entscheidend für diese Eigenschaft des Wassers ist der polare Charakter des Moleküls (Dipolmolekül*).

Wasser besitzt aufgrund seiner Eigenschaften eine besondere Bedeutung für die Natur. Entscheidend dafür ist die Struktur des Wassers und die dadurch gegebene Möglichkeit der Ausbildung von Wasserstoffbrücken*.

## Alkalimetalle

Die Alkalimetalle bilden eine **Elementfamilie**, d.h., sie sind in ihren Eigenschaften sehr ähnlich.

Zu den Alkalimetallen gehören die Elemente Lithium Li, Natrium Na, Kalium K, Rubidium Rb, Caesium Cs und Francium Fr.
Alle Isotope* des Franciums sind radioaktiv. Es ist ein außerordentlich seltenes Element.

### Eigenschaften der Alkalimetalle

Erläuterungen zu den Namen der Alkalimetalle:
Lithium: *lithos* (griech.) = Stein
Natrium: *neter* (hebr.) bzw. *natrun* (arab.) = Soda
Kalium: *al kalja* (arab.) = Pflanzenasche
Rubidium: *rubidus* (lat.) = dunkelrot
Caesium: *caesius* (lat.) = himmelblau

Die Alkalimetalle sind mit Ausnahme des Lithiums sehr weich und lassen sich leicht schneiden. Der metallische Glanz ist nur an der frischen Schnittfläche erkennbar, da die Oxidation sehr schnell erfolgt. Wegen der ausgeprägten Reaktionsfreudigkeit müssen die Alkalimetalle unter Luftabschluß aufbewahrt werden. Dazu eignen sich Petroleum, Paraffinöl und Schutzgase (z.B. Argon*). Lithium, Natrium und Kalium schwimmen aufgrund ihrer geringen Dichte auf dem Wasser.

Die Alkalimetalle lassen sich durch Elektrolyse von geschmolzenen Alkalimetallhydroxiden erhalten.
Natrium gewinnt man häufig auch durch Elektrolyse eines bereits bei 610 °C schmelzenden Gemisches aus Natriumchlorid und Calciumchlorid. Hierfür verwendet man spezielle Tiegel.

$$2\,NaCl \longrightarrow 2\,Na + Cl_2$$

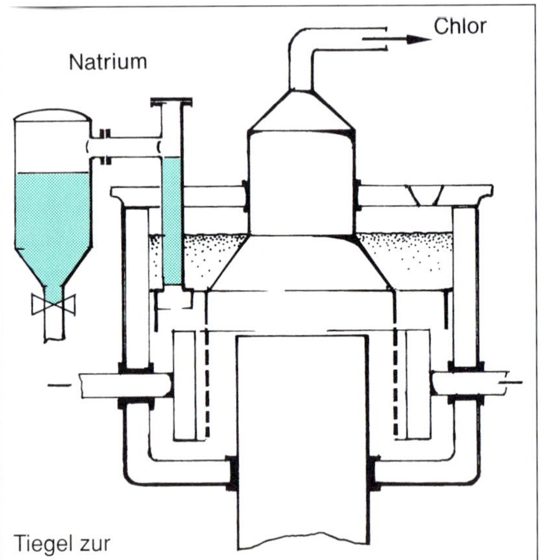


Tiegel zur Natriumchloridelektrolyse

| | Li | Na | K | Rb | Cs |
|---|---|---|---|---|---|
| Schmelztemperatur in °C | 179 | 98 | 64 | 39 | 28 |
| Siedetemperatur in °C | 1340 | 883 | 759 | 696 | 690 |
| Dichte in g/cm³ bei 20 °C | 0,53 | 0,97 | 0,86 | 1,53 | 1,90 |
| Flammenfärbung | karminrot | gelb | rotviolett | violett | blauviolett |
| Reaktionsfähigkeit | ⟶ Zunahme ⟶ | | | | |

## Verbindungen der Alkalimetalle

In der Natur finden sich keine Alkalimetalle in elementarer Form. Sie bilden einfach positiv geladene Ionen, d.h., die Oxidationszahl beträgt I.

Die Alkalimetalle verbrennen an der Luft, wobei charakteristische Flammenfärbungen auftreten.

*Beispiel:*

$4\,Li(s) + O_2(g) \longrightarrow 2\,Li_2O(s)$ Lithiumoxid

Neben den **Oxiden** können bei der Verbrennung auch **Peroxide** entstehen.

*Beispiel:*

$2\,Na(s) + O_2(g) \longrightarrow Na_2O_2(s)$ Natriumperoxid

Die Alkalimetalloxide reagieren mit Wasser zu den **Hydroxiden**.

*Beispiel:*

$Li_2O(s) + H_2O(l) \longrightarrow 2\,LiOH(aq)$ Lithiumhydroxid

Die Bezeichnung „Hydroxid" ist gewählt worden, weil in diesen Verbindungen außer Sauerstoff noch Wasserstoff („hydrogenium") gebunden vorliegt.

Hydroxide bilden sich auch bei der meist heftigen Reaktion der Alkalimetalle mit Wasser.

*Beispiel:*

$2\,K(s) + 2\,H_2O(l) \longrightarrow H_2(g) + 2\,KOH(aq)$
Kaliumhydroxid

**Alkalimetallhydroxide** sind feste Stoffe, in denen neben den Alkalimetallkationen Hydroxidionen vorliegen. Sie lösen sich gut in Wasser und zeigen eine basische (alkalische) Reaktion.

Mit Hilfe eines **Indikators** (*indicare*, lat. = anzeigen), beispielsweise Phenolphthalein, lassen sich die Hydroxidionen, die für die basische Wirkung verantwortlich sind, nachweisen. Es erfolgt hierbei eine rotviolette Färbung.

Die wäßrigen Lösungen der Alkalimetallhydroxide werden auch als **Laugen** bezeichnet.

*Beispiele:*

**Natronlauge** ist eine Lösung von Natriumhydroxid NaOH in Wasser.

**Kalilauge** ist eine wäßrige KOH-Lösung.

## Natriumhydroxid

Das wichtigste Alkalimetallhydroxid ist Natriumhydroxid NaOH, das auch als Ätznatron bezeichnet wird. Es ist ein weißer, fester Stoff, der bei 322 °C schmilzt und eine Dichte von 2,13 g/cm³ besitzt. Bei 20 °C lösen sich 107 g NaOH in 100 g Wasser. Natriumhydroxid ist eine sehr starke Base.
In wäßriger Lösung liegen vollständig Hydroxid- und Natriumionen vor.

Natriumhydroxid läßt sich durch Elektrolyse einer wäßrigen Natriumchloridlösung (Kochsalzlösung) herstellen.

An der Anode (Pluspol) werden die Chloridionen entladen:

$$2\,Cl^-(aq) \longrightarrow Cl_2(g) + 2\,e^-$$

An der Kathode (Minuspol) kommt es nicht zur Entladung der Natriumionen $Na^+$. Aus den Oxoniumionen bilden sich durch Elektronenaufnahme Wasserstoffmoleküle:

$$2\,H_3O^+(aq) + 2\,e^- \longrightarrow H_2(g) + 2\,H_2O(l)$$

Die Oxoniumionen werden durch die Verschiebung des Gleichgewichtes* laufend nachgeliefert, so daß immer mehr Hydroxidionen zurückbleiben:

$$2\,H_2O(l) \longrightarrow H_3O^+(aq) + OH^-(aq)$$

Durch Aufkonzentrierung erhält man festes Natriumhydroxid. Nebenprodukte sind hierbei Chlor und Wasserstoff, die für Synthesen eingesetzt werden.

In der chemischen Großtechnik gewinnt man NaOH durch Elektrolyse nach dem Diaphragma- oder dem Amalgamverfahren. Sie werden in Band 2 (Elektrochemie) beschrieben.

Natriumhydroxid gehört zu den wichtigsten Grundchemikalien der chemischen Industrie. Es wird u.a. zur Herstellung von Natriumsalzen, für die Bereitung von Seifen, zur Zellstoffgewinnung, für Farbstoffsynthesen, zur Baumwollbehandlung und zur Herstellung von Aluminiumoxid aus Bauxit verwendet.

## Natriumchlorid

Eine der wichtigsten Alkalimetallverbindungen ist das Natriumchlorid NaCl. Es kommt in großen Mengen in der Natur vor: als Steinsalz in Salzlagerstätten, in der Salzsole und im Meerwasser. Hieraus läßt sich Natriumchlorid in reiner Form gewinnen.

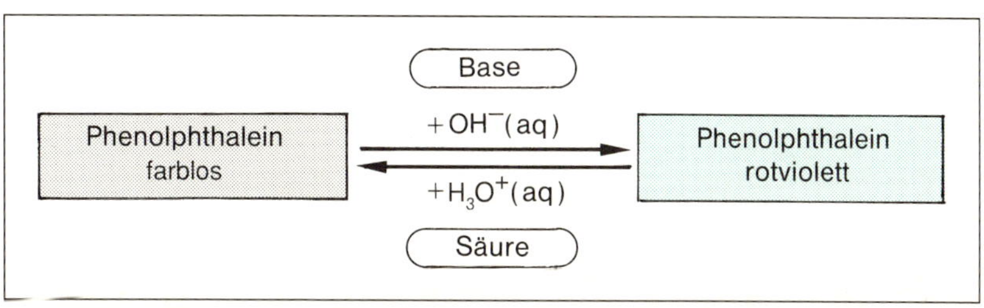


Indikatorwirkung des Phenolphthaleins

Natriumchlorid bildet farblose („weiße") Kristalle (reguläre Würfel; siehe Kapitel „Ionenbindung") und besitzt eine Schmelztemperatur von 800 °C. Die Löslichkeit bei 20 °C beträgt 35,8 g in 100 g Wasser. Auch bei höheren Temperaturen löst sich etwa die gleiche Menge.

Gemische aus Natriumchlorid und Eis werden als Kältemischungen verwendet. Man erzielt damit Temperaturen bis –21 °C. Die Einwirkung von Natriumchlorid auf Eis und Schnee führt zum Schmelzen der letztgenannten Stoffe. Dieser Effekt beruht auf der **Gefrierpunktserniedrigung**: Lösungen (hier eine Salzlösung) besitzen geringere Erstarrungstemperaturen (= Gefrierpunkte) als das reine Lösungsmittel.

Natriumchlorid (Kochsalz) ist für den menschlichen Organismus notwendig und wird mit der Nahrung aufgenommen. Zu große Mengen sind allerdings schädlich. Das menschliche Blut enthält 0,9% NaCl. Eine gleichkonzentrierte Lösung kann als kurzzeitiger Ersatz für Blutplasma verwendet werden (physiologische Kochsalzlösung).

Natriumchlorid läßt sich auch zum Konservieren von Lebensmitteln verwenden (Pökelsalz). Außerdem ist es ein wichtiger Rohstoff zur Herstellung vieler Verbindungen des Natriums und des Chlors.

### Weitere wichtige Alkalimetallverbindungen

Diese Verbindungen werden in den folgenden Abschnitten (in Klammern angegeben) genauer behandelt:

Natriumcarbonat $Na_2CO_3$ (9.4)
Natriumsulfat $Na_2SO_4$ (9.6)
Natriumhypochlorit NaOCl (9.7)
Natriumchlorat $NaClO_3$ (9.7)
Natriumperchlorat $NaClO_4$ (9.7)
Natriumcyanid NaCN (9.4)
Natriumsulfit $Na_2SO_3$ (9.6)
Natriumsulfid $Na_2S$ (9.6)
Natriumthiosulfat $Na_2S_2O_3$ (9.6)
Natriumnitrat $NaNO_3$ (9.5)
Natriumnitrit $NaNO_2$ (9.5)
Natriumhydrogencarbonat $NaHCO_3$ (9.4)
Kaliumfluorid KF (9.7)
Kaliumchlorid KCl (9.7)
Kaliumbromid KBr (9.7)
Kaliumiodid KI (9.7)
Kaliumchlorat $KClO_3$ (9.7)
Kaliumcarbonat $K_2CO_3$ (9.4)
Kaliumnitrat $KNO_3$ (9.5)
Kaliumcyanid KCN (9.4)

## 9.2 II. Hauptgruppe (Erdalkalimetalle)

In der II. Hauptgruppe des Periodensystems stehen die Elemente Beryllium, Magnesium, Calcium, Strontium, Barium und Radium.

| Periode | II | |
|---|---|---|
| 2 | 9,012 Be 4 | Beryllium |
| 3 | 24,31 Mg 12 | Magnesium |
| 4 | 40,08 Ca 20 | Calcium |
| 5 | 87,62 Sr 38 | Strontium |
| 6 | 137,3 Ba 56 | Barium |
| 7 | 226,0 Ra 88 | Radium |

II. Hauptgruppe des PSE

Die Elemente der II. Hauptgruppe ähneln in einigen Eigenschaften den Alkalimetallen (I. Hauptgruppe). So reagieren sie teilweise recht heftig mit Wasser und bilden dabei Hydroxide. Die Oxide sind erdige, weiße Pulver. Diese Eigenschaften führten zum Namen „Erdalkalimetalle".

Aufgrund ihrer Reaktionsfähigkeit kommen die Erdalkalimetalle in der Natur nicht elementar, sondern nur in ihren Verbindungen vor. Als Elemente der II. Hauptgruppe (2 Elektronen auf der äußeren Schale) bilden sie fast ausschließlich Verbindungen mit der Oxidationszahl II (meist zweifach positiv geladene Ionen).

## Beryllium

Beryllium gehört zu den sehr seltenen Elementen. Die wichtigste Berylliumverbindung in der Natur ist der Beryll $Be_3Al_2Si_6O_{18}$. Smaragd ist ein durch 0,3% Chrom(III)-oxid grün gefärbter Beryll. Be ist ein silberweißes, hartes Metall, das durch Schmelzflußelektrolyse des Berylliumchlorids gewonnen wird. Beryllium wird als Moderator (zum Abbremsen der schnellen Neutronen) in Kernreaktoren* verwendet. Berylliumverbindungen sind sehr giftig und häufig krebserregend.

Beryllium nimmt eine gewisse Sonderstellung in der II. Hauptgruppe ein. Es ähnelt in seinen Eigenschaften mehr dem Aluminium (III. Hauptgruppe).

### Eigenschaften der Erdalkalimetalle

| | Be | Mg | Ca | Sr | Ba | Ra |
|---|---|---|---|---|---|---|
| Schmelztemperatur in °C | 1280 | 650 | 851 | 770 | 714 | 700 |
| Siedetemperatur in °C | 2967 | 1102 | 1437 | 1366 | 1640 | 1530 |
| Dichte in $g/cm^3$ bei 20 °C | 1,86 | 1,74 | 1,55 | 2,60 | 3,61 | 5 |
| Flammenfärbung | – | – | orange | zinnoberrot | hellgrün | karminrot |
| Reaktionsfähigkeit | ⟶ Zunahme ⟶ | | | | | |

## Magnesium

Magnesiumverbindungen sind in der Natur sehr verbreitet. Mg steht in der Häufigkeit der Elemente in der Erdkruste an achter Stelle. Wichtige Magnesiummineralien sind z.B. der Olivin $Mg_2SiO_4$, Talk, Asbest, Dolomit $CaCO_3 \cdot MgCO_3$, Magnesit $MgCO_3$, Kainit $KCl \cdot MgSO_4 \cdot 3\,H_2O$ und Kieserit $MgSO_4 \cdot H_2O$.

Auch das Meerwasser enthält beträchtliche Mengen an Magnesium-Ionen.

Magnesium liegt auch im Chlorophyll (grüner Blattfarbstoff) gebunden vor, das für die Photosynthese (Band 2) der Pflanzen notwendig ist.

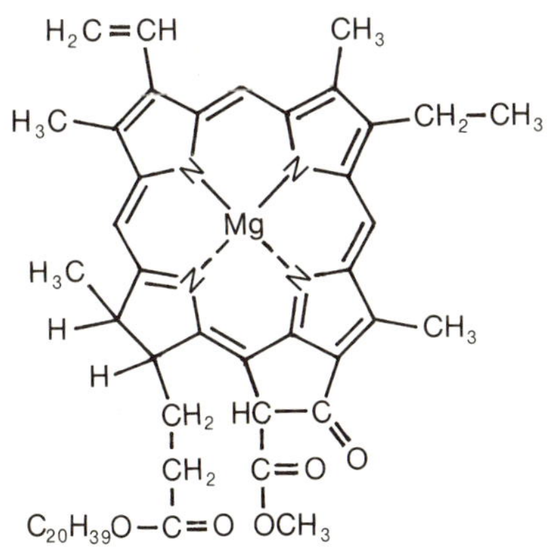


Molekül des Chlorophylls a

Durch Schmelzflußelektrolyse des Magnesiumchlorids $MgCl_2$ läßt sich das silberweiße, weiche Leichtmetall gewinnen.

Magnesium ist das Gebrauchsmetall mit der geringsten Dichte und wird häufig in Legierungen mit Aluminium im Flugzeug- und Automobilbau verwendet.

### Magnesiumverbindungen

Bei der Verbrennung von Magnesium an der Luft entsteht unter Abgabe eines sehr hellen, weißen Lichtes **Magnesiumoxid** MgO, das auch als Magnesia bezeichnet wird:

$$2\,Mg + O_2 \longrightarrow 2\,MgO$$

Auch Wasserdampf reagiert mit Magnesium unter Bildung von Wasserstoff und Magnesiumoxid:

$$Mg + H_2O \longrightarrow H_2 + MgO$$

Magnesiumoxid ist ein weißer Stoff mit einer Schmelztemperatur von ≈ 2800 °C. Es wird zur Herstellung von feuerfesten Geräten (z.B. Magnesiastäbchen, Magnesiarinnen) verwendet.

Magnesiumoxid reagiert mit Wasser zu **Magnesiumhydroxid**:

$$MgO + H_2O \longrightarrow Mg(OH)_2$$

Bei hohen Temperaturen ist auch Stickstoff in der Lage, sich mit Magnesium zu verbinden. Dabei bildet sich das grünlichgelbe **Magnesiumnitrid**:

$$3\,Mg + N_2 \longrightarrow Mg_3N_2$$

Als sehr unedles Metall reagiert Magnesium auch mit schwachen und verdünnten Säuren:

$$Mg + 2\,H_3O^+(aq) \longrightarrow Mg^{2+}(aq) + H_2 + 2\,H_2O$$

**Magnesiumsulfat** kristallisiert aus kaltem Wasser als $MgSO_4 \cdot 7\,H_2O$ (Bittersalz).

## Calcium

Calcium ist ein in der Erdkruste häufig anzutreffendes Element. Sein Anteil beträgt 3,4%.

Wichtige Calciummineralien sind Kalkstein, Kalkspat, Marmor und Kreide (jeweils Calciumcarbonat $CaCO_3$), Gips $CaSO_4 \cdot 2\,H_2O$, Anhydrit $CaSO_4$ und Flußspat $CaF_2$.

Das Calciumcarbonat besitzt als Gerüst- und Gehäusematerial vieler Organismen eine besondere Bedeutung. Der Mensch muß mit der Nahrung etwa 1 g Calcium-Ionen pro Tag aufnehmen, da es sonst zu Knochenerweichungen kommen kann. Calciumverbindungen sind hauptsächlich für die Wasserhärte* verantwortlich.

Metallisches Calcium erhält man durch Elektrolyse eines Gemisches aus 85% Calciumchlorid und 15% Kaliumchlorid bei 850 °C. Reines Calcium ist ein silberweißes, recht hartes Metall, das schnell an der Luft anläuft.

## Calciumverbindungen

Calcium verbrennt an der Luft mit orangeroter Flamme zu **Calciumoxid**, einem weißen Feststoff, der auch als Branntkalk bezeichnet wird:

$$2\,Ca + O_2 \longrightarrow 2\,CaO$$

Mit Wasser reagiert Calcium nicht allzu heftig:

$$Ca + 2\,H_2O \longrightarrow H_2 + Ca(OH)_2$$

Neben dem Wasserstoff bildet sich das schwerlösliche **Calciumhydroxid**. Es wird auch als Löschkalk bezeichnet. Die wäßrige Calciumhydroxidlösung wird häufig „Kalkwasser" genannt. Der Name ist unglücklich gewählt worden, denn Kalk ist Calciumcarbonat $CaCO_3$.

Die wichtigste Calciumverbindung in der Natur ist das **Calciumcarbonat** $CaCO_3$, das als Kalkspat, Kalkstein, Kreide oder Marmor vorkommt.

Reines Calciumcarbonat ist weiß und in Wasser sehr schwer löslich. Bei 25 °C lösen sich nur 1,4 mg $CaCO_3$ in 100 g Wasser.

Beim Erhitzen („Brennen") auf ca. 900 °C zerfällt das Calciumcarbonat in Kohlenstoffdioxid und Calciumoxid:

$$CaCO_3 \longrightarrow CO_2 + CaO$$

Gibt man zu dem entstehenden Calciumoxid Wasser, so bildet sich Calciumhydroxid:

$$CaO + H_2O \longrightarrow Ca(OH)_2$$

In $CO_2$-haltigem Wasser „löst" sich Calciumcarbonat auf, d.h., es findet eine Reaktion zum **Calciumhydrogencarbonat** statt, das im Wasser besser löslich ist als Calciumcarbonat (Carbonate*):

$$CaCO_3 + CO_2 + H_2O \longrightarrow Ca(HCO_3)_2$$

Mischungen aus etwa 10% Calciumoxid (durch Brennen von Calciumcarbonat), 15% Wasser und 75% Sand werden als **Mörtel** bezeichnet. Er wird zum Zusammenfügen und Verputzen von Ziegeln verwendet. Beim Abbinden reagiert das Calciumhydroxid mit dem Kohlenstoffdioxid der Luft („Luftmörtel") zu Calciumcarbonat:

$$Ca(OH)_2 + CO_2 \longrightarrow CaCO_3 + H_2O$$

Calciumcarbonat (z.B. in der Form von Marmor) wird im Labor häufig zur Herstellung von Kohlenstoffdioxid $CO_2$ eingesetzt. Bei der Zugabe einer verdünnten Säurelösung (beispielsweise Salzsäure) tritt eine stürmische Gasentwicklung auf:

$$CaCO_3 + 2\,H_3O^+(aq) \longrightarrow CO_2 + Ca^{2+}(aq) + 3\,H_2O$$

Calciumcarbonat ist auch in Zahnpasta und als Füllstoff im Papier enthalten.

**Calciumsulfat** $CaSO_4$ kommt in der Natur mit Kristallwasser* als Gipsstein $CaSO_4 \cdot 2\,H_2O$ und wasserfrei als Anhydrit vor.

Erhitzt man Gipsstein auf ca. 150 °C, so entsteht gebrannter Gips oder Stuckgips $2\,CaSO_4 \cdot H_2O$ ($CaSO_4 \cdot 1/2\,H_2O$):

$$2\,(CaSO_4 \cdot 2\,H_2O) \longrightarrow 2\,CaSO_4 \cdot H_2O + 3\,H_2O$$

Durch Zugabe von Wasser bildet sich in einer exothermen Reaktion wieder $CaSO_4 \cdot 2\,H_2O$ (Abbinden des Gipses). Gips wird für Bauzwecke (Gipskartonplatten, Ausbessern von Fugen und Löchern), in der Medizin (Gipsverbände) und zum Modellieren verwendet.

**Calciumcarbid** $CaC_2$ wird bei 2000 °C in einer stark endothermen* Reaktion im Lichtbogenofen aus gebranntem Kalk und Koks (Kohlenstoff) gewonnen:

$$CaO + 3\,C \longrightarrow CaC_2 + CO$$

Das technische Calciumcarbid ist meist graubraun gefärbt und enthält ca. 85% $CaC_2$. Mit Wasser bildet sich Ethin $C_2H_2$, das früher auch als Acetylen bezeichnet wurde. Ethin ist ein brennbares Gas, das zum autogenen Schweißen verwendet wird.

$$CaC_2 + 2\,H_2O \longrightarrow C_2H_2 + Ca(OH)_2$$

Durch Verunreinigungen besitzt das entstehende Gas meist einen unangenehmen Geruch.

## Strontium

Strontium ist ein recht seltenes Element. Strontiummetall besitzt keine praktische Bedeutung.

Strontiumverbindungen, z.B. Strontiumchlorid $SrCl_2 \cdot 6\,H_2O$, färben die Flamme intensiv rot. Sie werden zur Herstellung von Feuerwerkskörpern („bengalisches Licht") verwendet.

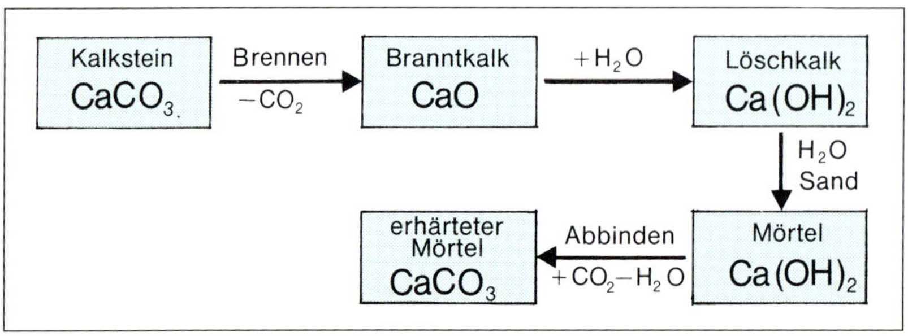


Bildung und Abbinden von Mörtel

## Barium

Barium kommt in der Natur hauptsächlich als Schwerspat $BaSO_4$ vor. Das silberweiße, weiche Bariummetall oxidiert an der Luft sehr schnell und reagiert heftig mit Wasser.

Die löslichen Bariumverbindungen sind giftig und erzeugen eine hellgrüne Flammenfärbung.

**Bariumchlorid** $BaCl_2 \cdot 2\,H_2O$ wird in wäßriger Lösung zum Nachweis von Sulfationen verwendet. Es bildet sich dabei ein in Salzsäure unlöslicher weißer Niederschlag von Bariumsulfat:

$$Ba^{2+}(aq) + SO_4^{2-}(aq) \longrightarrow BaSO_4(s)$$

**Bariumsulfat** $BaSO_4$ ist ein weißer, äußerst schwer löslicher Stoff. Es wird als Weißpigment zur Herstellung von Malerfarben verwendet und dient als Füllstoff für Papier und Kautschuk. Als ungiftiges Röntgenkontrastmittel wird Bariumsulfat in der medizinischen Diagnostik eingesetzt.

**Bariumperoxid** $BaO_2$ ist bei höherer Temperatur ein starkes Oxidationsmittel und läßt sich daher in Zündsätzen verwenden.

**Bariumhydroxid** $Ba(OH)_2 \cdot 8\,H_2O$ löst sich mäßig gut in Wasser und bildet das stark basische „Barytwasser". Es läßt sich zum Nachweis von Kohlenstoffdioxid einsetzen:

$$Ba(OH)_2(aq) + CO_2 \longrightarrow BaCO_3(s) + H_2O$$

Es tritt dabei eine weiße Trübung bzw. Fällung von Bariumcarbonat auf.

## Radium

Das radioaktive Element Radium wurde 1898 von dem Ehepaar *Marie Curie* (1867 - 1934), einer französischen Chemikerin polnischer Herkunft, und *Pierre Curie* (1859 - 1906), einem französischen Physiker, in dem Uranmineral Pechblende entdeckt.

Das Radiumisotop $^{226}_{88}Ra$ zerfällt unter Aussendung von α-Strahlen* zu Radon. Die Halbwertszeit* beträgt 1600 Jahre.

Radiumverbindungen leuchten. Das führte auch zu dem Namen *Radium* = das Strahlende.

Radium und Radiumverbindungen ähneln in ihren Eigenschaften sehr stark dem Barium und seinen Verbindungen. Radiumsalze färben die Flamme karminrot.

## 9.3 III. Hauptgruppe (Erdmetalle)

In der III. Hauptgruppe des Periodensystems stehen die Elemente Bor, Aluminium, Gallium, Indium und Thallium.

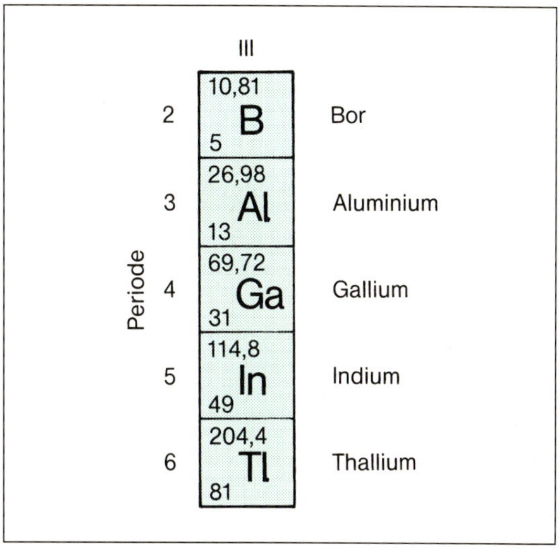


III. Hauptgruppe des PSE

Die Elemente der III. Hauptgruppe sind Metalle, mit Ausnahme des Bors, das ein Halbmetall ist. Diese Sonderstellung des ersten Elements einer Hauptgruppe tritt beispielsweise auch beim Beryllium auf.

Die Erdmetalle bilden vorzugsweise dreifach positiv geladene Ionen. Mit steigender Ordnungszahl nimmt die Beständigkeit von Verbindungen mit der Oxidationszahl I zu.

Bor bildet hauptsächlich Atombindungen aus und ähnelt in dieser Eigenschaft dem Kohlenstoff.

### Eigenschaften der Erdmetalle

| | B | Al | Ga | In | Tl |
|---|---|---|---|---|---|
| Schmelztemperatur in °C | 2030 | 660 | 30 | 156 | 305 |
| Siedetemperatur in °C | 3900 | 2450 | 2400 | 2000 | 1400 |
| Dichte in g/cm³ bei 20 °C | 2,4 | 2,7 | 5,9 | 7,3 | 11,8 |

# Bor

Kristallines Bor ist ein sehr harter, grauschwarzer, glänzender Stoff. Nur der Diamant ist ein noch härteres Element. Bor ist ein Halbleiter und nicht sehr reaktionsfreudig. Es bildet keine Kationen.

Die wichtigsten Bormineralien sind Borax $Na_2B_4O_7 \cdot 10\ H_2O$, Kernit $Na_2B_4O_7 \cdot 4\ H_2O$ und Boracit $Mg_3B_7O_{13}Cl$. Aus ihnen läßt sich durch die Reaktion zu Boroxid $B_2O_3$ und anschließende Reduktion mit Magnesium elementares Bor erhalten.

## Borverbindungen

**Natriumtetraborat** (Borax) $Na_2B_4O_7 \cdot 10\ H_2O$ ist ein weißer, in heißem Wasser gut löslicher Stoff. In der Boraxschmelze lösen sich viele Metalloxide. Dabei bilden sich charakteristische Farben („Boraxperle").

Durch die Röntgenstrukturanalyse (Band 2) weiß man, daß Borax die Atomanordnung $Na_2[B_4O_5(OH)_4] \cdot 8\ H_2O$ besitzt. Das Tetraboratanion besitzt die Zusammensetzung $[B_4O_5(OH)_4]^{2-}$.

Tetraboratanion

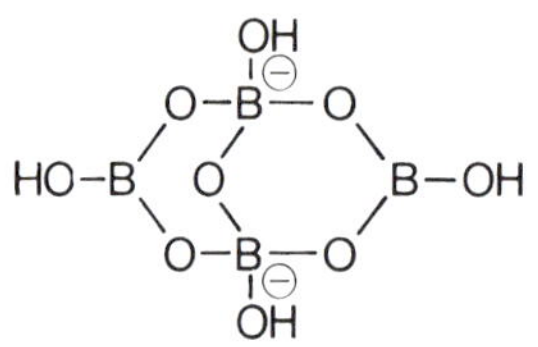

Versetzt man Borate mit Wasserstoffperoxid $H_2O_2$, so bilden sich **Perborate**. So wird z.B. Natriumperborat $NaBO_2 \cdot H_2O_2 \cdot 3\ H_2O$ in Waschmitteln eingesetzt. In Gegenwart von Wasser wird atomarer Sauerstoff abgegeben, der bleichend wirkt.

Läßt man Borax mit einer Säure reagieren, so bildet sich die weiße, feste **Borsäure** $H_3BO_3$:

$$Na_2B_4O_7 + 2\ H_3O^+ + 3\ H_2O \longrightarrow 4\ H_3BO_3 + 2\ Na^+$$

Borsäure wirkt schwach desinfizierend. Die 3%ige Lösung wird als „Borwasser" bezeichnet.

Borsäure wird zur Herstellung von temperaturbeständigem Glas* (Borosilicatglas) und Email* verwendet. Mit Methanol $CH_3OH$ bildet sich der flüchtige Borsäuretrimethylester, der mit grüner Flamme brennt.

Borsäuretrimethylester

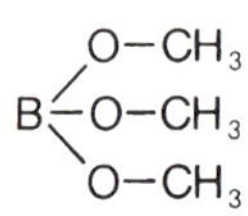

Durch Erhitzen von Borsäure erhält man **Boroxid** $B_2O_3$.

$$2\ H_3BO_3 \longrightarrow B_2O_3 + 3\ H_2O$$

Die ablaufende Reaktion ist eine Dehydratisierung.

Das sich bildende Boroxid ist das Anhydrid (= ohne Wasser) der Borsäure.

Eine **Dehydratisierung** ist eine Reaktion, bei der Wasser abgespalten wird. Bei der Dehydratisierung einer Säure bildet sich das Säureanhydrid.

**Borfluorid** $BF_3$ ist ein farbloses Gas mit einem stechenden Geruch. $BF_3$ ist eine *Lewis*-Säure* (Elektronenpaarakzeptor), die z.B. mit der *Lewis*-Base (Elektronenpaardonator) Diethylether $(C_2H_5)_2O$ zum Bortrifluoridetherat reagiert:

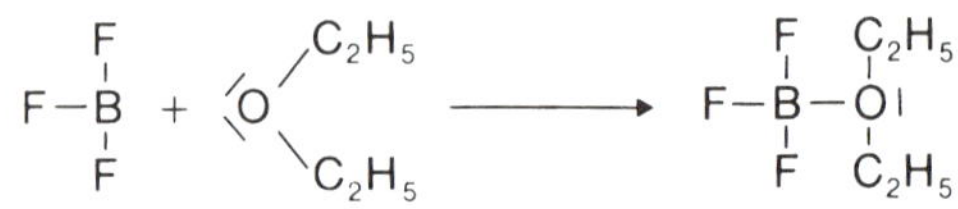

Die **Wasserstoffverbindungen des Bors** sind vom theoretischen Standpunkt aus sehr interessant. Die einfachste B-H-Verbindung, das Monoboran $BH_3$, existiert nicht.

Durch die Reaktion von Natriumhydrid mit Borfluorid erhält man die Komplexverbindung (Band 2) Natriumborhydrid $NaBH_4$:

$$4\ NaH + BF_3 \longrightarrow NaBH_4 + 3\ NaF$$

Die komplexen Borhydride werden in der organischen Chemie für Reduktionen eingesetzt (Band 2).

Läßt man Natriumborhydrid mit Borfluorid reagieren, so bildet sich neben Natriumtetrafluoroborat $NaBF_4$ das unangenehm riechende Gas **Diboran** $B_2H_6$:

$$3\ NaBH_4 + 4\ BF_3 \longrightarrow 2\ B_2H_6 + 3\ NaBF_4$$

Durch spektroskopische Untersuchungen ist die Struktur des Diborans gesichert:

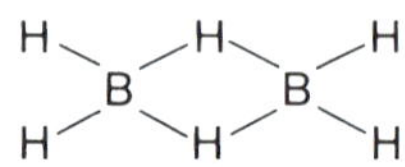

Die Borhydride gehören zu den Elektronenmangelverbindungen. Die B-H-B-Bindungen sind sogenannte „Zweielektronen-Dreizentren-Bindungen" (ein Bindungsstrich entspricht hierbei nicht einem Elektronenpaar). Die sechs Wasserstoffatome sind nicht gleichwertig.

Diboran ist sehr reaktionsfähig. Mit Ammoniak bildet sich u.a. **Borazin**, das Ähnlichkeiten mit dem Benzol (Benzen) $C_6H_6$ aufweist. Es wird daher als „anorganisches Benzol" bezeichnet.

Borazin

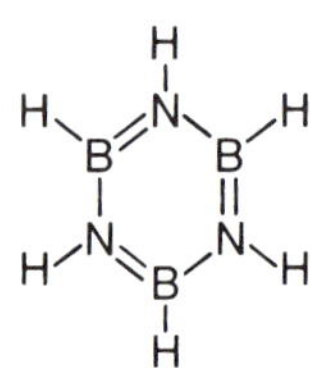

**Bornitrid** BN entsteht bei hohen Temperaturen aus den Elementen. In kristalliner Form ist dieser Stoff fast so hart wie Diamant und besitzt eine Schmelztemperatur von ca. 3000 °C. Bornitrid ist mit dem

Diamant isoelektronisch und wird aufgrund seiner bemerkenswerten Eigenschaften zur Herstellung von Raketentriebwerken verwendet.

## Aluminium

Aluminium ist ein silberweißes, glänzendes Leichtmetall, das sich an der Luft schnell mit einer dünnen Oxidschicht überzieht.

Aluminiumverbindungen sind in der Natur in großer Menge anzutreffen. Aluminium ist das dritthäufigste Element der Erdkruste.

Zu den wichtigen Aluminiummineralien gehören Feldspat $K[Si_3AlO_8]$ und weitere Aluminiumsilicate wie z.B. Glimmer, Tonerde (Kaolin) $Al_2O_3$, Kryolith $Na_3[AlF_6]$ und Bauxit $Al(OH)_3$, der durch Eisenoxid rot gefärbt ist.

Reines Aluminiumoxid tritt kristallisiert als Korund auf, durch Chromoxid $Cr_2O_3$ rot gefärbt als Rubin und durch Eisen- und Titanverbindungen blau gefärbt als Saphir.

Aluminium wird durch Schmelzelektrolyse aus Bauxit gewonnen. Vorher muß der Bauxit, der durch Eisen- und Titanoxid verunreinigt ist, in reine Tonerde (Aluminiumoxid) $Al_2O_3$ überführt werden.

Durch die Reaktion des Bauxits mit Natronlauge erhält man gelöstes Natriumtetrahydroxoaluminat $Na[Al(OH)_4]$ und durch Kristallisation Aluminiumhydroxid, das durch Erhitzen unter Wasserabspaltung in $Al_2O_3$ übergeht. Zur Herabsetzung der Schmelztemperatur ist Kryolith $Na_3[AlF_6]$ erforderlich, der aus $Na[Al(OH)_4]$ und Flußsäure HF hergestellt wird. Als Kathode dient die Kohleauskleidung des Elektrolyseofens. Hier werden die Aluminiumionen reduziert:

$$2\,Al^{3+} + 6\,e^- \longrightarrow 2\,Al$$

Große Kohle-Anoden ragen in die Schmelze. Der freiwerdende Sauerstoff reagiert teilweise mit dem Elektrodenmaterial zu CO und $CO_2$. Bei einer Spannung von ca. 6 V treten Stromstärken bis 30000 A auf. Die Temperatur beträgt etwa 1000 °C.

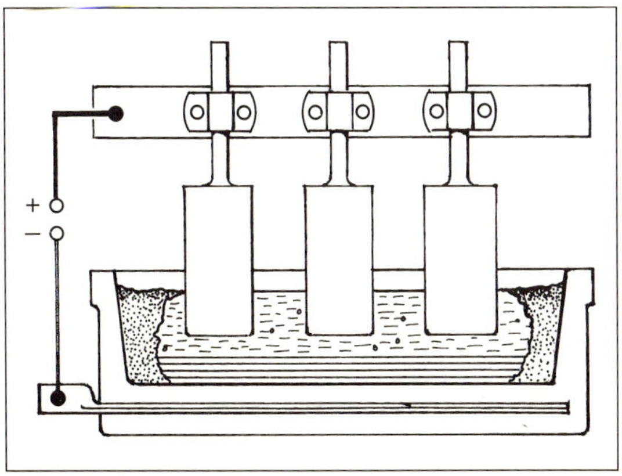


Elektrolyseofen zur Aluminiumherstellung

Ein Nachteil des Verfahrens ist der hohe Energieeinsatz. Für die Herstellung von 1 kg Aluminium benötigt man die elektrische Energie 15 kWh. Bei der Elektrolyse wird auch das Gas Fluorwasserstoff frei, das für die Umwelt sehr schädlich ist. Daher ist eine besonders gründliche Abgasreinigung notwendig.

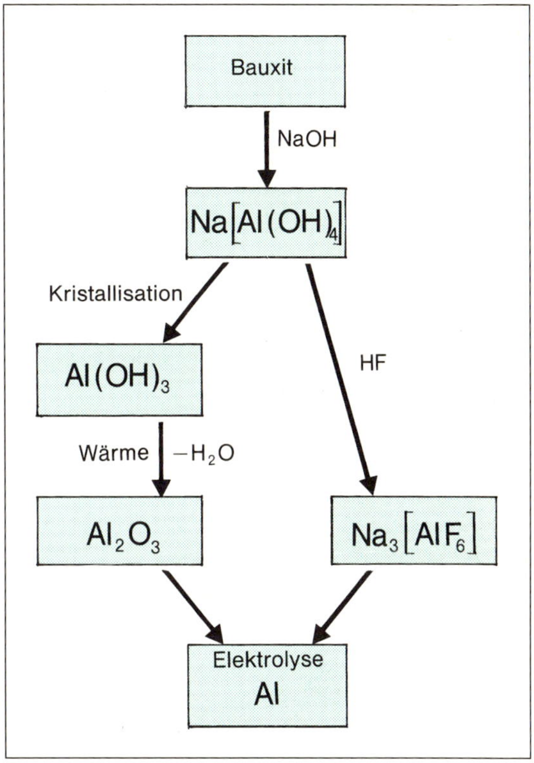


Schema der Aluminiumherstellung

Aluminium ist ein sehr weiches und dehnbares Metall. Es besitzt eine sehr gute elektrische Leitfähigkeit.

Um die Festigkeit des Aluminiums zu erhöhen, wird es meist in Legierungen* verwendet. So enthält das Duraluminium (dur = hart) ca. 4% Cu und 1% Mg. Es wird z.B. als Konstruktionsmaterial im Fahrzeug- und Flugzeugbau verwendet.

Aluminium wird häufig an der Oberfläche elektrolytisch oxidiert, um es vor weiterer Korrosion zu schützen (Eloxal-Verfahren).

### Aluminiumverbindungen

**Aluminiumoxid** $Al_2O_3$ ist ein weißes Pulver (Tonerde), oder es bildet sehr harte, farblose Kristalle (Korund). Die Schmelztemperatur beträgt ca. 2000 °C. $Al_2O_3$ wird aus Bauxit hergestellt.

Reduktionen von Metalloxiden mit Aluminium sind wegen der Bildung von Aluminiumoxid stark exotherm*.

*Beispiel:*

$$2\,Al + Fe_2O_3 \longrightarrow Al_2O_3 + 2\,Fe$$
$$\Delta H = -\,850\ kJ$$

Bei der hohen Temperatur, die bei der Reaktion auftritt, ist das entstehende Eisen flüssig. Der Vorgang wird zum Verschweißen von Straßenbahnschienen eingesetzt (Thermit-Verfahren).

**Aluminiumhydroxid** $Al(OH)_3$ zeigt ein amphoteres* Verhalten. Bei der Reaktion mit Säuren bilden sich Aluminiumionen:

$$Al(OH)_3(s) + 3\,H_3O^+(aq) \longrightarrow Al^{3+}(aq) + 6\,H_2O(l)$$

In alkalischer Lösung (z.B. mit Natronlauge) reagiert Aluminiumoxid zu Tetrahydroxoaluminat-Ionen:

$$Al(OH)_3(s) + OH^-(aq) \longrightarrow [Al(OH)_4]^-(aq)$$

**Aluminiumsulfat** $Al_2(SO_4)_3 \cdot 18\,H_2O$ ist ein farbloses, leicht wasserlösliches Salz, das bei der Reaktion zwischen Aluminium und verdünnter Schwefelsäure entsteht. Versetzt man Aluminiumsulfat oder ein anderes lösliches Aluminiumsalz mit geringen Mengen einer Base, so bildet sich Aluminiumhydroxid:

$$Al^{3+}(aq) + 3\,OH^-(aq) \longrightarrow Al(OH)_3(s)$$

**Kaliumaluminiumsulfat** $KAl(SO_4)_2 \cdot 12\,H_2O$ wird auch als Alaun bezeichnet. Es ist ein sogenanntes „Doppelsalz", da in ihm zwei verschiedene Kationen vorliegen. Alaun kristallisiert besonders gut. Es wird zum Blutstillen verwendet.

**Aluminiumchlorid** $AlCl_3$ bildet sich bei der Reaktion zwischen Aluminium und Chlor:

$$2\,Al + 3\,Cl_2 \longrightarrow 2\,AlCl_3$$

In der Technik stellt man Aluminiumchlorid aus Aluminiumoxid und Phosgen* her:

$$Al_2O_3 + 3\,COCl_2 \longrightarrow 2\,AlCl_3 + 3\,CO_2$$

Es sublimiert* bereits bei etwa 180 °C. Aluminiumchlorid ist in reinem Zustand weiß; das Handelsprodukt ist häufig leicht gelblich gefärbt. An feuchter Luft tritt infolge der Entstehung von Chlorwasserstoff HCl eine Nebelbildung auf.

Wasserfreies Aluminiumchlorid wird in der organischen Chemie für *Friedel-Crafts*-Synthesen benötigt (Band 2).

**Aluminiumhydrid** $AlH_3$ ist nicht beständig. Es polymerisiert zu $(AlH_3)_n$, das sich bei Temperaturen > 100 °C zersetzt.

**Lithiumaluminiumhydrid** $LiAlH_4$ ist ein weißes, in Ether lösliches Salz, das in der Organischen Chemie zur Reduktion polarer funktioneller Gruppen eingesetzt wird (Band 2).

## Gallium

Gallium wurde bereits 1869 von *Mendelejew** vorausgesagt und 1875 in einem Zinkerz entdeckt. Es ist ein außerordentlich seltenes Element. Bemerkenswert ist die große Differenz zwischen der Schmelztemperatur (30 °C) und der Siedetemperatur (2400 °C).

Gallium wird zum Dotieren von Halbleitern (z.B. Silicium und Germanium) verwendet.
Gallium bildet hauptsächlich Verbindungen in der Oxidationsstufe III.

*Beispiele:* Galliumchlorid $GaCl_3$, Galliumhydroxid $Ga(OH)_3$, Galliumsulfat $Ga_2(SO_4)_3 \cdot 18\,H_2O$.

Daneben existieren auch Gallium(I)- und Gallium(II)-Verbindungen.

*Beispiel:* Gallium(I)-oxid $Ga_2O$.

Galliumarsenid GaAs ist eine Verbindung zwischen einem Element der III. und einem Element der V. Hauptgruppe. Derartige Stoffe besitzen Halbleitereigenschaften.

## Indium

Auch das 1863 in der Freiberger Zinkblende entdeckte Indium ist äußerst selten. Es ist ein silberweißes, bleiähnliches Metall. Es dient wie Gallium zur Dotierung von Halbleitern für die Elektronik.

Neben Indium(III)-verbindungen gibt es auch solche mit den Oxidationszahlen II und I.

## Thallium

Thallium ist ein bleiähnliches, weiches Metall mit einer recht hohen Dichte. Es besitzt keine praktische Bedeutung.

Thallium und seine Verbindungen sind sehr giftig. In dieser Hinsicht besteht eine Ähnlichkeit mit dem Quecksilber.

In Thalliumverbindungen liegen die Oxidationsstufen I und III vor, wobei die erstgenannten die stabileren sind. Die Thallium(I)-verbindungen ähneln den Alkalimetallverbindungen.

Thallium(I)-sulfat $Tl_2SO_4$ wird als Rattengift eingesetzt.

Das schwarze Thallium(I)-oxid $Tl_2O$ reagiert mit Wasser und bildet die starke Base Thallium(I)-hydroxid TlOH.

Thalliumverbindungen färben die Flamme grün.

# 9.4 IV. Hauptgruppe (Kohlenstoffgruppe)

In der IV. Hauptgruppe des Periodensystems stehen die Elemente Kohlenstoff, Silicium, Germanium, Zinn und Blei.

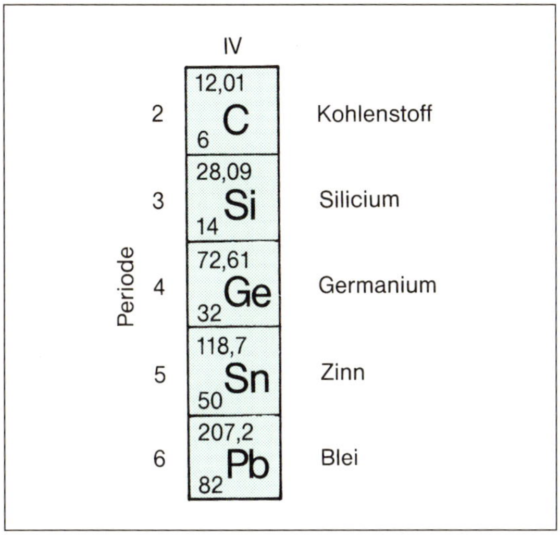


IV. Hauptgruppe des PSE

Innerhalb der IV. Hauptgruppe nimmt der Metallcharakter vom Kohlenstoff bis zum Blei zu.

Eine besondere Rolle in dieser Gruppe nehmen die ersten beiden Elemente ein.

Der Kohlenstoff bildet außerordentlich viele Verbindungen. Die meisten gehören zur organischen Chemie (Band 2).

Silicium ist das wichtigste gesteinsbildende Element.

Aufgrund der Elektronenkonfiguration* (vier Valenzelektronen*) ist nur eine geringe Tendenz zur Ausbildung von Ionen vorhanden. Die Bindungen in Kohlenstoff- und Siliciumverbindungen sind fast ausschließlich kovalent (Atombindungen*).

## Eigenschaften der Elemente der Kohlenstoffgruppe

| | C | Si | Ge | Sn | Pb |
|---|---|---|---|---|---|
| Schmelztemperatur in °C | 3550 (Diamant) | 1410 | 937 | 232 | 327 |
| Siedetemperatur in °C | 4830 | 2600 | 2830 | 2270 | 1750 |
| Dichte in g/cm³ bei 20 °C | 3,51 (Diamant) 2,2 (Graphit) | 2,33 | 5,32 | 7,30 (weiß) 5,75 (grau) | 11,34 |

## Kohlenstoff

Obwohl Kohlenstoffverbindungen weit verbreitet sind und die zahlenmäßig größte Gruppe von Stoffen darstellen, steht der Kohlenstoff erst an 13. Stelle der häufigsten Elemente in der Erdkruste.

In gebundener Form findet sich der Kohlenstoff u.a. in allen Organismen, in den Carbonaten, in Kohle, Erdöl, Erdgas und im Kohlenstoffdioxid.

In elementarer Form tritt der Kohlenstoff in zwei sehr unterschiedlichen Modifikationen auf.

**Modifikationen** sind unterschiedliche Erscheinungsformen eines Stoffes.

Ein Stoff, der in mehreren Modifikationen auftritt, ist **polymorph**.

Der Begriff „polymorph“ stammt aus der griechischen Sprache: *poly* = vielfach, *morphe* = Gestalt.

Kohlenstoff bildet hauptsächlich die beiden Modifikationen Diamant und Graphit. Seit 1985 sind zusätzlich die **Fullerene** bekannt (z.B. das $C_{60}$-Molekül in der Form eines Fußballs). **Ruß** besteht aus kleinen Graphitkristallen..

Im **Diamant** ist jedes Kohlenstoffatom tetraedrisch von vier weiteren umgeben. Die Bindungsenthalpie* der C-C-Bindungen ist mit 348 kJ/mol außerordentlich groß. Dies erklärt die extremen Eigenschaften, wie z.B. die Schmelztemperatur und die Härte. Der Diamant ist der härteste natürliche Stoff. In reinem Zustand ist er farblos und stark lichtbrechend. Er wird nach dem Schliff für Schmuckzwecke verwendet (Brillant). Verunreinigter Diamant (Industriediamant) wird beispielsweise zur Herstellung von Bohrkronen und Glasschneidern benutzt.

Das Kristallgitter des **Graphits** ist schichtförmig aufgebaut. Die Kohlenstoffatome sind in ebenen, regelmäßigen Sechsecken angeordnet, wobei der C-C-Abstand 0,142 nm beträgt. Dagegen liegt ein Schichtabstand von 0,340 nm vor. Da sich die einzelnen Schichten leicht gegeneinander verschieben lassen, ist der Graphit sehr weich und kann sogar als Schmiermittel (z.B. für Türschlösser) verwendet werden.

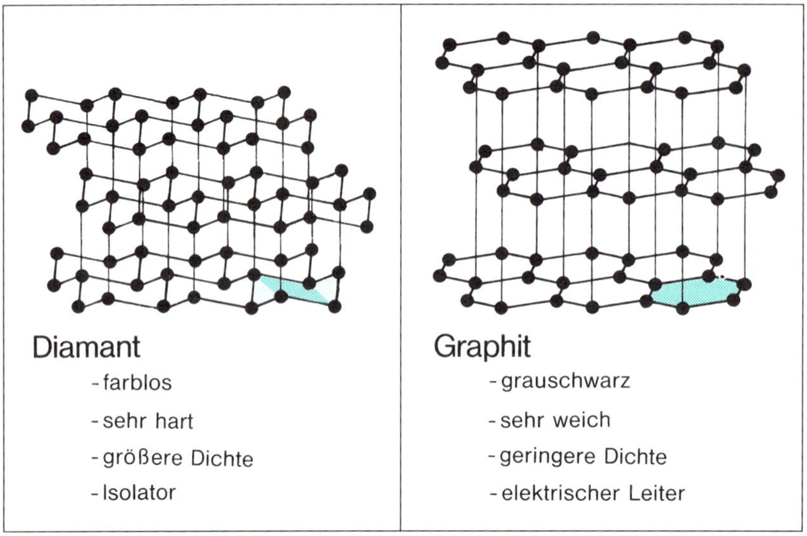


Diamant und Graphit

Die Kohlenstoffatome liegen $sp^2$-hybridisiert vor. Die nicht an der Hybridisierung* teilnehmenden p-Orbitale bilden durch ihre Überlappung ein delokalisiertes Elektronensystem. Dies erklärt die gute elektrische Leitfähigkeit des Graphits.

Graphit wird zur Herstellung von Schreibstiftminen („Bleistifte") verwendet. Die unterschiedlichen Härten erzielt man durch Mischungen mit Ton.

Weitere Anwendungen: Schmiermittel, Elektrodenmaterial, Rostschutzanstriche, Moderator in Kernreaktoren.

Eine Umwandlung von Graphit in Diamant ist möglich und wird auch technisch durchgeführt. Bei einer Temperatur von ca. 2000 °C und einem Druck von 50000 bar erhält man dunkle Industriediamanten.

Kohlenstoffasern zeichnen sich durch eine außerordentliche mechanische Festigkeit aus. Man erhält sie aus bestimmten Kunststoffen durch eine spezielle Wärmebehandlung (Pyrolyse).

## Kohle

Die Kohle gehört neben dem Erdöl und dem Erdgas zu den fossilen Brennstoffen. Sie ist während des Karbons durch die Zersetzung von Pflanzen unter Luftabschluß entstanden.

Kohle enthält nur einen geringen Anteil an elementarem Kohlenstoff. Dieser beträgt beispielsweise bei der Steinkohle etwa 10%. In der Kohle liegen hauptsächlich komplizierte ringförmige Verbindungen vor, die neben Kohlenstoff auch Wasserstoff, Sauerstoff, Stickstoff und Schwefel enthalten.

Durch „trockene Destillation" der Steinkohle (d.h. Erhitzen unter Luftabschluß in großen eisernen Kammern) erhält man **Koks**, der weitgehend aus elementarem Kohlenstoff besteht. Bei dieser Zersetzung („Verkokung") entstehen als Nebenprodukte das brennbare Kokereigas (enthält CO) und der Steinkohlenteer, in dem sich viele aromatische Kohlenstoffverbindungen (z.B. Benzol und Phenol) befinden.

Koks ist ein wichtiger Rohstoff zur Gewinnung von Eisen*.

## Aktivkohle

Aktivkohle ist eine porenreiche Holzkohle, die eine Oberfläche von bis zu 800 $m^2$ pro Gramm aufweist. Sie kann viele Gase und gelöste Stoffe absorbieren. Aktivkohle wird zur Reinigung von Gasen, in Atemschutzmasken, zur Entfärbung von Zuckersäften und als medizinische Kohle bei Magen- und Darmstörungen verwendet.

## Kohlenstoffverbindungen

Der Kohlenstoff bildet fast ausschließlich Atombindungen. Es sind mehr als 11 Millionen Kohlenstoffverbindungen bekannt. Dagegen gibt es weniger als 1 Million Stoffe ohne gebundenen Kohlenstoff.

Dies ist hauptsächlich darauf zurückzuführen, daß bei den C-Verbindungen Ketten und Ringe unterschiedlicher Größe auftreten können.

Während die meisten Kohlenstoffverbindungen zum Bereich der Organischen Chemie gehören (Band 2), werden der elementare Kohlenstoff, seine Oxide und Sulfide, die Kohlensäure, die Carbonate, die Cyanide und Carbide in der Anorganischen Chemie behandelt.

## Kohlenstoffdioxid

Kohlenstoffdioxid (Kohlendioxid) $CO_2$ ist ein farbloses, geruch- und geschmackloses Gas der Dichte 1,98 g/l (bei 20 °C). Festes Kohlenstoffdioxid kommt als Trockeneis für Kühlzwecke in den Handel; es sublimiert* bei –78 °C.

Kohlenstoffdioxid entsteht bei der menschlichen und tierischen Atmung und bei der alkoholischen Gärung z.B. aus Traubenzucker (Glucose):

$$C_6H_{12}O_6 \longrightarrow 2\,C_2H_5OH + 2\,CO_2$$

Kohlenstoffdioxid bildet sich bei der Verbrennung von Kohlenstoff und vielen Kohlenstoffverbindungen:

$$C + O_2 \longrightarrow CO_2$$

Kohlenstoffdioxid tritt auch beim Brennen von Kalkstein* $CaCO_3$ auf und bei der Reaktion zwischen Carbonaten und Säuren.

Durch die Verbrennung von Kohle, Erdöl und Erdgas (fossile Brennstoffe) zur Energiegewinnung ist der $CO_2$-Gehalt der Luft laufend angestiegen und beträgt heute 0,0335 % (Volumenanteil). Kohlenstoffdioxid kann Wärmestrahlen absorbieren, so daß der sogenannte „Treibhauseffekt" auftritt. Er führt zu einer Temperaturerhöhung auf der Erde. Dies könnte langfristig ein Abschmelzen der Polkappen bewirken und hätte einen Anstieg des Meeresspiegels zur Folge (Band 2: Umweltschutz).

Kohlenstoffdioxid löst sich gut in Wasser und reagiert dabei teilweise zu Kohlensäure (s.u.).

$CO_2$ läßt sich mit einer Calciumhydroxidlösung nachweisen:

$$Ca(OH)_2 + CO_2 \longrightarrow CaCO_3 + H_2O$$

Es tritt eine weiße Trübung von schwerlöslichem Calciumcarbonat auf.

Kohlenstoffdioxid ist in vielen Getränken enthalten (Mineralwasser, Bier, Sekt).

Es wird auch als Feuerschutzmittel verwendet, da es Flammen erstickt.

$CO_2$ wird von den Pflanzen aufgenommen und mit Hilfe des Sonnenlichtes und des Blattgrüns (Chlorophyll*) zum Aufbau organischer Substanzen verwendet. Dabei wird Sauerstoff frei (Photosynthese: Band 2).

## Kohlenstoffmonooxid

Kohlenstoffmonooxid (Kohlenmonoxid) ist ein farb-, geruch- und geschmackloses Gas, das sehr giftig ist. Die Giftwirkung ist darauf zurückzuführen, daß der rote Blutfarbstoff (Hämoglobin) eine stabile Bindung mit dem Kohlenstoffmonooxid eingeht, so daß kein Sauerstofftransport zu den Körperzellen stattfinden kann.

Kohlenstoffmonooxid bildet sich bei der unvollständigen Verbrennung von Kohlenstoff und Kohlenstoffverbindungen:

$$2\,C + O_2 \longrightarrow 2\,CO$$

Es tritt in den Auspuffgasen von Fahrzeugen mit Verbrennungsmotoren und im Tabakrauch auf.

Im Chemielabor stellt man Kohlenstoffmonooxid durch Reaktion der Methansäure (Ameisensäure) mit konzentrierter Schwefelsäure her:

$$HCOOH + H_2SO_4 \longrightarrow CO + H_2SO_4 \cdot H_2O$$

Kohlenstoffmonooxid steht mit Kohlenstoffdioxid und Kohlenstoff in einem chemischen Gleichgewicht* (*Boudouard*-Gleichgewicht):

$$CO_2 + C \rightleftharpoons 2\,CO$$

Bei ca. 1000 °C und 1 bar befinden sich 99% CO im Gleichgewichtsgemisch, bei 500 °C dagegen nur etwa 3% CO (jeweils auf das Volumen bezogen).

Kohlenstoffmonooxid entsteht neben Wasserstoff bei der Reduktion von Wasserdampf mit glühendem Koks (Wassergas):

$$H_2O + C \longrightarrow CO + H_2$$

Chlor reagiert mit CO unter Bildung von **Phosgen**:

$$CO + Cl_2 \longrightarrow COCl_2$$

Phosgen ist ein farbloses, sehr giftiges Gas mit süßlichem Geruch, das als reaktives Zwischenprodukt für viele organische Verbindungen dient.

Mit feinverteilten Metallen kann Kohlenstoffmonooxid zu **Metallcarbonylen** reagieren.

*Beispiel:*

$$Ni + 4\,CO \longrightarrow Ni(CO)_4$$

Das entstehende Nickeltetracarbonyl ist eine sehr giftige, leicht flüchtige Flüssigkeit.

## Kohlenstoffsuboxid

Kohlenstoffsuboxid $C_3O_2$ ist ein Gas mit einem unangenehmen Geruch, das durch Abspaltung von Wasser aus Malonsäure in Gegenwart von Phosphor(V)-oxid entsteht:

$$HOOC{-}CH_2{-}COOH \longrightarrow O{=}C{=}C{=}C{=}O + 2\,H_2O$$

## Kohlensäure

Leitet man $CO_2$ in Wasser, so reagiert nur ca. 1% des gelösten Kohlenstoffdioxids. Durch Protolyse* entsteht eine schwach saure Lösung.

Es treten die folgenden Gleichgewichte auf:

$$CO_2 + H_2O \rightleftharpoons H_2CO_3 \text{ Kohlensäure}$$

$$H_2CO_3 + H_2O \rightleftharpoons H_3O^+ + HCO_3^- \text{ Hydrogencarbonat-Ion}$$

$$HCO_3^- + H_2O \rightleftharpoons H_3O^+ + CO_3^{2-} \text{ Carbonat-Ion}$$

Aus Kohlenstoffdioxid und Wasser bildet sich nur sehr wenig Kohlensäure, da das Gleichgewicht stark auf der linken Seite der Gleichung liegt.

Die Kohlensäure ist eine sehr schwache Säure ($pK_S$ = 6,52). Sie läßt sich nicht in reiner Form herstellen.

Kohlensäure

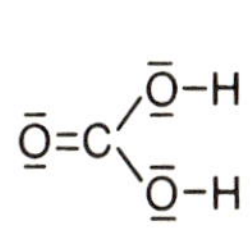

Die Kohlensäure ist eine zweiprotonige Säure, d.h., pro Formeleinheit können zwei Protonen abgegeben

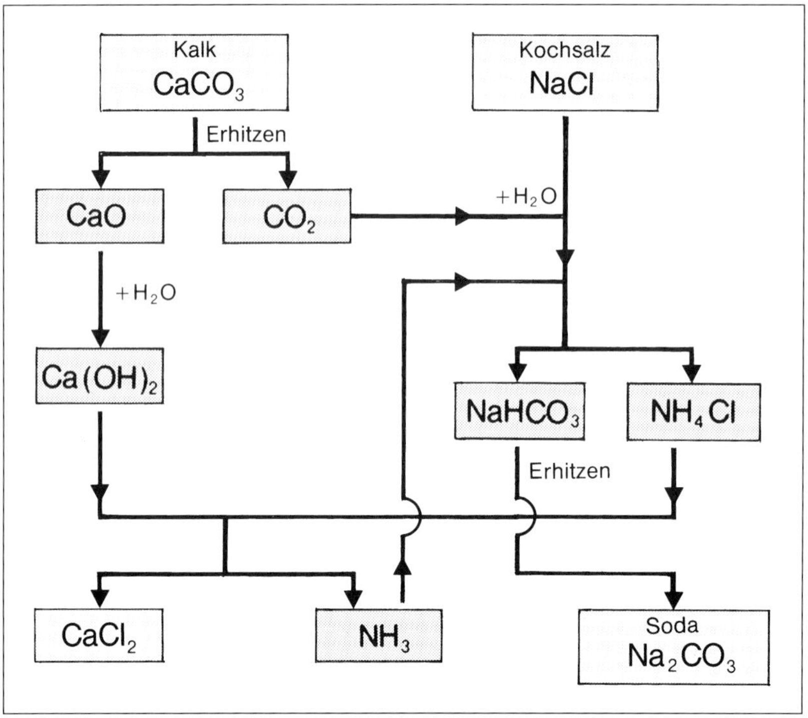


Solvay-Verfahren zur Sodaherstellung

werden. Sie bildet daher auch zwei Gruppen von Salzen:

- Carbonate (enthalten das Carbonat-Ion $CO_3^{2-}$)
- Hydrogencarbonate (enthalten das Hydrogencarbonat-Ion $HCO_3^-$)

## Wichtige Carbonate und Hydrogencarbonate

**Natriumcarbonat** $Na_2CO_3$ kristallisiert aus wäßrigen Lösungen als **Soda** $Na_2CO_3 \cdot 10\ H_2O$ aus. Soda wird z.B. bei der Herstellung von Glas* in großen Mengen benötigt. Sie wird in der chemischen Industrie aus Kalk und Kochsalz nach dem *Solvay*-Verfahren hergestellt.

Ammoniak und Kohlenstoffdioxid werden in eine gesättigte Natriumchloridlösung geleitet. Es bildet sich Natriumhydrogencarbonat:

$$NH_3 + CO_2 + H_2O + NaCl \longrightarrow NaHCO_3 + NH_4Cl$$

Durch Erhitzen des Natriumhydrogencarbonats erhält man Natriumcarbonat:

$$2\ NaHCO_3 \longrightarrow Na_2CO_3 + H_2O + CO_2$$

Aus dem Ammoniumchlorid wird mit Hilfe von Calciumhydroxid Ammoniak freigesetzt:

$$2\ NH_4Cl + Ca(OH)_2 \longrightarrow CaCl_2 + 2\ NH_3 + 2\ H_2O$$

Als Nebenprodukt entsteht Calciumchlorid.

**Natriumhydrogencarbonat** $NaHCO_3$ (Natron), Mittel gegen Sodbrennen.

**Kaliumcarbonat** $K_2CO_3$ (Pottasche)

**Ammoniumhydrogencarbonat** $NH_4HCO_3$ (Hirschhornsalz)

**Calciumcarbonat** $CaCO_3$ (Kalkstein*, Kreide*, Marmor*)

**Calciumhydrogencarbonat** $Ca(HCO_3)_2$

Beim Erhitzen wird aus den Carbonaten und Hydrogencarbonaten Kohlenstoffdioxid freigesetzt. Sie reagieren mit fast allen Säuren unter Bildung von $CO_2$.

*Beispiel:*

$$HCO_3^- + H_3O^+ \longrightarrow CO_2 + 2\ H_2O$$

## Wasserhärte

Im Wasser gelöste Salze sind für die Härte des Wassers verantwortlich.

Die Gesamthärte setzt sich aus der temporären (vorübergehenden) Härte und der permanenten (bleibenden) Härte zusammen.

| Gesamthärte | |
|---|---|
| Temporäre Härte (Carbonathärte) | Permanente Härte (Nichtcarbonathärte) |
| verschwindet beim Erhitzen<br>Ursache z.B.:<br>$Ca(HCO_3)_2$<br>$Mg(HCO_3)_2$ | bleibt beim Erhitzen bestehen<br>Ursache z.B.:<br>$CaSO_4$<br>$MgSO_4$ |

Die Härte des Wassers wird durch die Konzentration der Calcium- und Magnesiumionen bestimmt.

Früher wurde die Einheit °d (deutscher Grad Härte) verwendet, die allerdings nicht dem Einheitengesetz entspricht.

Es gilt: Härte $c(Ca^{2+}/Mg^{2+}) = 1$ mmol/l $\hat{=}$ 5,6 °d

Die Wasserwerke und Waschmittelhersteller verwenden meist **Härtebereiche**:

| | |
|---|---|
| 1 (weich): | < 7 °d |
| 2 (mittel): | 7 °d bis 14 °d |
| 3 (hart): | 14 °d bis 21 °d |
| 4 (sehr hart): | > 21 °d |

Hartes Wasser entsteht hauptsächlich dadurch, daß $CO_2$-haltiges Wasser mit Kalkstein reagiert:

$$CaCO_3 + CO_2 + H_2O \rightleftharpoons Ca(HCO_3)_2$$

Wird das calciumhydrogencarbonathaltige Wasser erhitzt, so bildet sich wieder Calciumcarbonat, das sich als unerwünschter Wasserstein (Kesselstein) in Heißwasserbereitern oder Rohrleitungen festsetzt.

Verwendet man zum Waschen Seife in hartem Wasser, so bildet sich mit den Calciumionen schwerlösliche „Kalkseife", die sich in den Textilien absetzt und die Wäsche verunreinigt.

Waschmittel enthalten meist Stoffe, die das Wasser enthärten. Hierfür eignen sich Phosphate* (Meta- und Polyphosphate). Ein zu hoher Phosphatgehalt beeinträchtigt allerdings die Gewässer, so daß heute meist andere Enthärtungsmittel eingesetzt werden. Gut geeignet scheinen **Zeolithe** zu sein. Es sind poröse Silicate* mit großer Oberfläche, die Calciumionen gegen Natriumionen austauschen.

Um alle Härtebildner zu entfernen, gibt es die Möglichkeit der Destillation* oder die Verwendung eines Ionenaustauschers* (Vollentsalzung).

# Weitere anorganische Kohlenstoffverbindungen

## Carbide und Acetylide

Carbide sind Verbindungen zwischen Kohlenstoff und Metallen. In den salzartigen **Carbiden** liegen $C^{4-}$-Ionen vor.

Einige Carbide reagieren mit Wasser unter Bildung von Kohlenwasserstoffen.

Aluminiumcarbid $Al_4C_3$ reagiert mit Wasser zu Methan $CH_4$:

$$Al_4C_3 + 12\,H_2O \longrightarrow 3\,CH_4 + 4\,Al(OH)_3$$

„Calciumcarbid" $CaC_2$ enthält das Acetylid-Ion $C_2^{2-}$. Es müßte daher als Calciumacetylid bezeichnet werden. Mit Wasser reagiert es zu Ethin (Acetylen):

$$CaC_2 + 2\,H_2O \longrightarrow C_2H_2 + Ca(OH)_2$$

Leitet man Acetylen (Ethin) in Schwermetallsalzlösungen, so erhält man **Acetylide**.

Sie können häufig durch Schlag oder durch Erhitzen zur Explosion gebracht werden.

*Beispiele:*

Silberacetylid $Ag_2C_2$ und Kupferacetylid $Cu_2C_2$

Siliciumcarbid SiC und Borcarbid $B_4C$ sind kovalente Carbide. Sie zeichnen sich durch eine große Härte aus und werden als Schleifmittel verwendet.

## Harnstoff

Harnstoff (Carbamid) $CO(NH_2)_2$ ist das Diamid der Kohlensäure.

Harnstoff

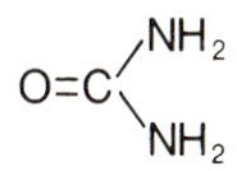

Es ist ein farb- und geruchloser Stoff mit bitterem Geschmack. Der Mensch scheidet täglich etwa 25 g Harnstoff im Urin aus.

Harnstoff wurde 1828 von dem deutschen Chemiker *Friedrich Wöhler* (1800 - 1882) durch Umlagerung von Ammoniumcyanat erhalten:

$$NH_4OCN \longrightarrow CO(NH_2)_2$$

Es war die erste Synthese einer im menschlichen Organismus auftretenden „organischen" Verbindung aus „anorganischen" (nicht organischen) Ausgangsstoffen.

Harnstoff wird industriell aus Ammoniak und Kohlenstoffdioxid unter Druck hergestellt:

$$2\,NH_3 + CO_2 \longrightarrow CO(NH_2)_2 + H_2O$$

Harnstoff wird als Stickstoffdüngemittel, zur Synthese von Kunstharzen und in der Waschmittelindustrie verwendet.

## Kohlenstoffdisulfid

Kohlenstoffdisulfid (Schwefelkohlenstoff) $CS_2$ ist eine farblose, unangenehm nach Rettich riechende, giftige und brennbare Flüssigkeit. Sie verdunstet bei Raumtemperatur schnell, da die Siedetemperatur mit 46 °C sehr niedrig liegt.

Schwefelkohlenstoff löst Schwefel sehr gut. Er wird aus Methan und Schwefeldampf bei 600 °C erhalten:

$$CH_4 + 4\,S \longrightarrow CS_2 + 2\,H_2S$$

## Cyanverbindungen

**Dicyan** ist ein farbloses, giftiges Gas der Struktur $N \equiv C - C \equiv N$. Es verhält sich wie ein Halogen* (Element der VII. Hauptgruppe) und wird daher auch als „Pseudohalogen" bezeichnet. So reagiert Dicyan mit Metallen und bildet Salze (Cyanide).

**Cyanide** sind die Salze des **Hydrogencyanids** (Cyanwasserstoffs) HCN. Es ist eine schwache Säure, die den Trivialnamen „Blausäure" besitzt.

**Trivialnamen** sind Bezeichnungen für chemische Verbindungen, aus denen sich nicht die Zusammensetzung des Stoffes entnehmen läßt.

Blausäure siedet bereits bei 25,6 °C und weist einen mandelartigen Geruch auf. Diese Säure und ihre Salze, z.B. Kaliumcyanid KCN („Zyankali") und Natriumcyanid NaCN sind außerordentlich giftig.

Cyanide werden in der Galvanotechnik (Herstellung von metallischen Überzügen durch Elektrolyse; Band 2) und bei der Gold- und Silbergewinnung benötigt.

Wird Dicyan in eine alkalische Lösung geleitet, so findet eine Disproportionierung* statt:

$$(CN)_2 + 2\,OH^- \longrightarrow OCN^- + CN^- + H_2O$$

Es bildet sich das Cyanat-Ion $OCN^-$. **Cyanate** sind die Salze der **Cyansäure** HOCN.

Mit der Cyansäure ist die **Knallsäure** isomer.

Unter der **Isomerie** versteht man die Erscheinung, daß verschiedene Stoffe die gleiche Zusammensetzung aufweisen.
**Isomere** besitzen die gleiche Summenformel, aber unterschiedliche Atomanordnungen (Strukturen).

Der Begriff „Isomerie" stammt aus der griechischen Sprache: *isos* = gleich, *meros* = Bestandteil.

Die Salze der Knallsäure sind die **Fulminate**. Quecksilberfulminat („Knallquecksilber") $Hg(ONC)_2$ detoniert bei Schlag oder Stoß.

Wird Kaliumcyanid mit Schwefel geschmolzen, bildet sich Kaliumthiocyanat (Kaliumrhodanid) KSCN. Es ist ein Salz der **Thiocyansäure** (**Rhodanwasserstoffsäure**) HSCN.
Kaliumthiocyanat ist ein Reagenz auf Eisen(III)-Ionen. Es tritt bei dieser Nachweisreaktion eine blutrote Färbung von Eisen(III)-thiocyanat auf:

$$Fe^{3+} + 3\,SCN^- \longrightarrow Fe(SCN)_3$$

# Silicium

Silicium ist das zweithäufigste Element in der Erdkruste. Es kommt in der Natur als Oxid und in den Silicaten vor.

Silicium ist ein dunkelgrauer, harter, kristalliner Stoff mit schwachem Metallglanz. Es wird technisch durch Reduktion von Siliciumdioxid (Quarz) $SiO_2$ erhalten:

$$SiO_2 + C \longrightarrow Si + CO_2$$

Reinstes Silicium, das zur Herstellung von Halbleiterbauelementen in der Elektronik benötigt wird, kann aus dem Rohsilicium gewonnen werden. Durch die Reaktion mit Chlor erhält man Siliciumtetrachlorid $SiCl_4$, das anschließend mit Wasserstoff reduziert wird:

$$Si + 2\,Cl_2 \longrightarrow SiCl_4$$
$$SiCl_4 + 2\,H_2 \longrightarrow Si + 4\,HCl$$

Durch Zonenschmelzen erhält man schließlich Reinstsilicium.

## Siliciumverbindungen

**Siliciumdioxid** $SiO_2$ kommt in der Natur in kristalliner Form als Quarz vor. Es ist ein harter Stoff mit Schmelztemperaturen zwischen 1500 und 1700 °C. Die Silicium- und Sauerstoffatome bilden ein räumliches Gitter; $SiO_2$-Moleküle treten nicht auf.

Quarz ist gegenüber den meisten Stoffen sehr widerstandsfähig. Mit Fluor und Fluorwasserstoff finden Reaktionen statt. Hierbei bilden sich Siliciumtetrafluorid $SiF_4$ bzw. Hexafluorokieselsäure $H_2SiF_6$.

Quarz (Quarzsand) wird z.B. zur Herstellung von Glas, Porzellan und Mörtel verwendet. Quarzglas, das aus reinem Quarz besteht, ist temperatur- und chemikalienbeständiger als normales Glas. Es ist für ultraviolette Strahlung (UV-Licht) durchlässig.

In der Natur sind außerordentlich viele **Silicate** zu finden. Sie sind die Salze der **Kieselsäuren**.

Die einfachste Kieselsäure ist die unbeständige **Orthokieselsäure** $H_4SiO_4$. Von ihr leiten sich die beständigen Orthosilicate ab.

Durch Abspaltung von Wasser aus zwei Molekülen Orthokieselsäure kommt man zur Orthodikieselsäure $H_6Si_2O_7$.

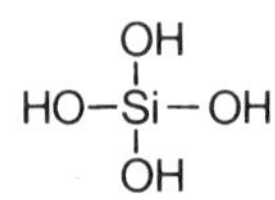
Orthokieselsäure

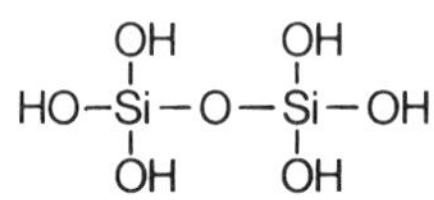
Orthodikieselsäure

Unter weiterer Wasserabspaltung entsteht das kettenförmige Molekül der **Metakieselsäure** $(H_2SiO_3)_x$.

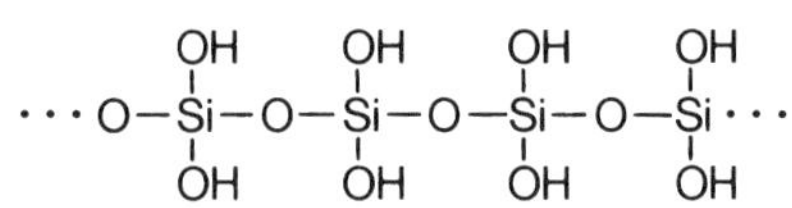

Die Silicate weisen eine große strukturelle Vielfalt auf. Sie reicht von der „Inselstruktur" mit dem $SiO_4^{4-}$-Ion über Ketten-, Band-, Blatt- bis zu Raumnetzstrukturen.

Silicate mit Ketten- oder Bandstruktur bilden häufig Fasern, wie z.B. im **Asbest**. Asbest wird (noch) als Isolier- und Baumaterial sowie für Feuerschutzzwecke verwendet. Der Einsatz von Asbest sollte stark eingeschränkt werden, da Asbestfasern Lungenkrebs hervorrufen können.

Silicatstrukturen

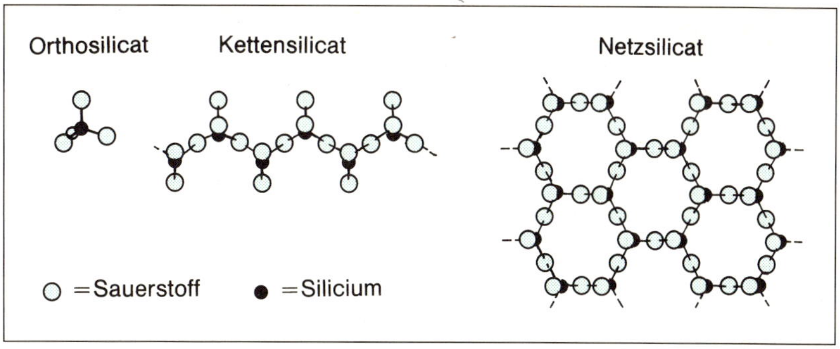


Neben den natürlichen Silicaten sind die **künstlichen Silicate** sehr wichtig.

**Glas** ist ein Gemisch unterschiedlicher Silicate, hauptsächlich Natrium- bzw. Kaliumsilicat und Calciumsilicat. Zur Herstellung von Glas benötigt man Quarzsand $SiO_2$, Soda $Na_2CO_3$ oder Pottasche $K_2CO_3$ und Kalkstein $CaCO_3$. Durch Erhitzen auf ca. 1500 °C erhält man eine zähflüssige Masse, die sich in unterschiedlicher Weise weiterverarbeiten läßt (z.B. durch Blasen, Gießen, Walzen und Ziehen).

Festes Glas besitzt praktisch keine kristalline Struktur. Es liegt eine unterkühlte Schmelze vor. Dies zeigt sich z.B. auch im Fehlen einer definierten Schmelztemperatur. Glas ist chemisch sehr widerstandsfähig. Es wird durch konzentrierte Laugen, Fluor und Flußsäure (Fluorwasserstoffsäure) angegriffen. Letztere eignet sich zum Ätzen des Glases (Herstellung von Mattglas).

Durch den Zusatz bestimmter Stoffe lassen sich die Eigenschaften des Glases verändern. Bleikristall entsteht aus Quarzsand, Blei(II,IV)-oxid $Pb_3O_4$ und Pottasche. Es besitzt eine starke Lichtbrechung und wird daher als Schmuckglas verwendet. Borhaltiges Borosilicatglas ist besonders beständig gegen Temperaturwechsel („Jenaer Glas").

**Porzellan** ist eines der wichtigsten Erzeugnisse der keramischen Industrie. Die Porzellanmasse wird aus 55% Kaolin (Aluminiumsilicat), 22,5% Feldspat (Kaliumaluminiumsilicat) und 22,5% Quarz hergestellt. Die fein gemahlenen Rohstoffe werden mit Wasser zu einem dickflüssigen Brei angerührt.

Nach dem Formen erfolgt ein Rohbrand bei 900 °C und nach dem Glasieren das Garbrennen bei etwa 1500 °C.

Porzellan wird seit 1709 in Europa hergestellt (*Friedrich Böttger*, Meißen). In China war das Porzellan schon viel länger bekannt.

**Zement** wird durch Brennen von Mergel bei 1450 °C in Drehrohröfen erhalten. Mergel besteht aus 2 Teilen Kalk und 1 Teil Ton. Ton ist ein Kaliumaluminiumsilicat und bildet sich bei der Verwitterung von Feldspat.

Der Zement wird nach dem Mahlen („Portlandzement") mit Sand, Kies und Wasser gemischt. Man erhält **Beton**, der nach dem Abbinden sehr hart wird. Er wird im Straßen-, Brücken- und Hochbau verwendet.

## Weitere Verbindungen des Siliciums

**Silane** sind die Wasserstoffverbindungen des Siliciums mit der allgemeinen Formel $Si_nH_{2n+2}$. Silane mit bis zu sechs Si-Atomen sind bekannt. Sie sind sehr reaktionsfähig. Bei Raumtemperatur sind nur Monosilan $SiH_4$ und Disilan $Si_2H_6$ beständig.

**Hexafluorosilicate** sind die Salze der Hexafluorokieselsäure $H_2SiF_6$. Sie werden als Holzschutzmittel eingesetzt.

**Silicone** sind meist kettenförmige Makromoleküle (Riesenmoleküle), die z.B. die folgende Struktur aufweisen:

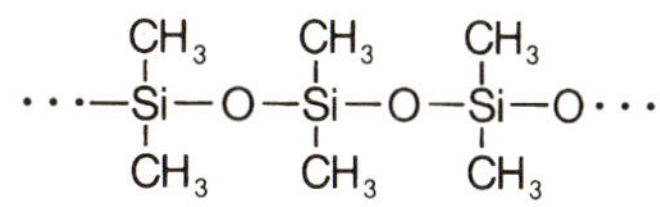


Durch eine geringe Vernetzung der Ketten bildet sich Siliconkautschuk, bei stärkerer Vernetzung entstehen Siliconharze (Band 2).

# Germanium

Germanium wurde 1871 von *Mendelejew** vorhergesagt, aber erst 1885 entdeckt. Es ist ein silberglänzender, spröder Stoff mit Halbleitereigenschaften und kann wie Silicium extrem rein hergestellt werden.

Germanium wird in der Elektronik zur Herstellung von Halbleiterbauelementen benötigt.

Germane sind die Wasserstoffverbindungen des Germaniums. Sie reagieren mit Wasser unter Bildung von Germanium(IV)-oxid $GeO_2$, einem weißen Feststoff.

## Zinn

Zinn ist ein Metall, das durch Reduktion von Zinnstein $SnO_2$ mit Kohlenstoff erhalten wird. Es bildet verschiedene Modifikationen*. Bei Raumtemperatur liegt das weiße β-Zinn vor, das unterhalb 13 °C in das graue α-Zinn übergeht („Zinnpest").

Zinn wird zum Verzinnen verwendet (z.B. Herstellung von Weißblech). Die Legierung* aus Kupfer und Zinn wird als Bronze bezeichnet, die u.a. zur Herstellung von Glocken benötigt wird.

Zinnverbindungen können die Oxidationsstufen II und IV aufweisen. Zinn(II)-Salze, z.B. Zinn(II)-chlorid $SnCl_2$, sind Reduktionsmittel und werden zu Zinn(IV)-Verbindungen oxidiert, die beständiger sind.

Zinn(IV)-chlorid $SnCl_4$ ist eine an der Luft rauchende Flüssigkeit.

Die Stannate entstehen durch Reaktion von z.B. Zinn(II)-hydroxid mit Natronlauge:

$$Sn(OH)_2 + 2\ NaOH \longrightarrow Na_2[Sn(OH)_4]$$

Natriumtetrahydroxostannat(II)

## Blei

Blei ist ein bläulich-graues, weiches Metall mit einer recht hohen Dichte.

Metallisches Blei läßt sich z.B. aus Bleiglanz PbS gewinnen. Durch das Rösten (Reaktion mit dem Luftsauerstoff) erhält man Blei(II)-oxid:

$$2\ PbS + 3\ O_2 \longrightarrow 2\ PbO + 2\ SO_2$$

Das entstehende Bleioxid wird in Gegenwart von Koks* reduziert. Reduktionsmittel ist das Kohlenstoffmonooxid:

$$PbO + CO \longrightarrow Pb + CO_2$$

Reines Blei erhält man durch eine elektrolytische Raffination.

Blei wird hauptsächlich in Legierungen verwendet. Große Bleimengen werden für die Herstellung von Bleiakkumulatoren (Band 2) benötigt.

Blei und seine Verbindungen sind giftig.

Bleiverbindungen der Oxidationsstufe II sind beständiger als Blei(IV)-Verbindungen.

Es gibt drei Oxide des Bleis: Blei(II)-oxid (Bleiglätte) PbO ist ein gelbes Pulver. Das Mischoxid Blei(II,IV)-oxid (Mennige) $Pb_3O_4$ besitzt eine orangerote Farbe und wird für Rostschutzanstriche verwendet.

Blei(IV)-oxid $PbO_2$ ist ein dunkelbrauner Stoff.

Blei reagiert gut mit konzentrierter Salpetersäure. Neben dem braunen Stickstoffdioxid bildet sich dabei das leicht lösliche Bleinitrat:

$$Pb + 4\ HNO_3 \longrightarrow Pb(NO_3)_2 + 2\ NO_2 + 2\ H_2O$$

Bleiacetat $Pb(CH_3COO)_2$ ist das Bleisalz der Essigsäure (Ethansäure). Wegen des süßen Geschmacks wird es auch als „Bleizucker" bezeichnet. Mit Bleiacetat getränktes Papier läßt sich zum Nachweis von Sulfiden und Schwefelwasserstoff verwenden. Es tritt eine Schwarzfärbung durch Blei(II)-sulfid PbS auf:

$$Pb^{2+}(aq) + S^{2-}(aq) \longrightarrow PbS(s)$$

Bleisulfat $PbSO_4$ ist in Wasser schwer löslich. Blei(II)-chlorid $PbCl_2$ löst sich in kaltem Wasser schlecht, in heißem mäßig gut.

Tetraethylblei $Pb(C_2H_5)_4$ ist eine farblose, sehr giftige Flüssigkeit, die dem Benzin zugefügt wird, um die Klopffestigkeit (Band 2) zu erhöhen („verbleites Superbenzin"). Normalbenzin darf in der Bundesrepublik Deutschland nur „bleifrei" angeboten werden.

## 9.5 V. Hauptgruppe (Stickstoffgruppe)

In der V. Hauptgruppe des Periodensystems stehen die Elemente Stickstoff, Phosphor, Arsen, Antimon und Bismut.

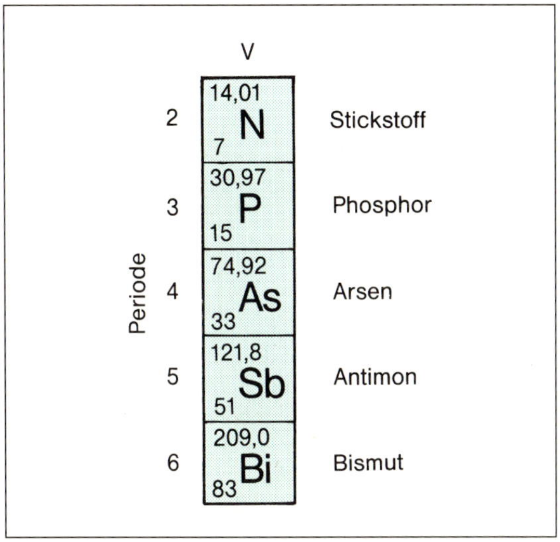

V. Hauptgruppe des PSE

Innerhalb der V. Hauptgruppe nimmt der Metallcharakter mit steigender Ordnungszahl zu. Stickstoff ist ein typisches Nichtmetall und besitzt, wie das jeweils erste Element in den anderen Hauptgruppen, eine gewisse Sonderstellung.

Vom Phosphor, Arsen und Antimon gibt es metallische und nichtmetallische Modifikationen*. Bismut ist ein Metall.

In den Verbindungen der Elemente der V. Hauptgruppe treten hauptsächlich die Oxidationszahlen V, -III und III auf. Die Beständigkeit der beiden erstgenannten Oxidationsstufen nimmt vom Stickstoff bis zum Bismut ab, die der Oxidationsstufe III nimmt dagegen bis zum Bismut hin zu.

## Stickstoff

Elementarer Stickstoff ist zu 78,1 % (Vol.) in der Luft vorhanden. Wichtige Stickstoffverbindungen in der Natur sind u.a. Salpeter (Natriumnitrat $NaNO_3$ und Kaliumnitrat $KNO_3$), Ammoniak $NH_3$ und die Proteine (Eiweißstoffe).

Stickstoff ist bei Raumtemperatur ein farb-, geruch- und geschmackloses Gas. Es liegen Moleküle mit der Zusammensetzung $N_2$ vor.

Elektronenformel des Stickstoffmoleküls:

$$|N{\equiv}N|$$

Die Bindung zwischen den beiden Stickstoffatomen besitzt eine extrem große Bindungsenthalpie (Bindungsenergie) von 945 kJ/mol. Dies erklärt die Reaktionsträgheit des Stickstoffs. Viele Stickstoffverbindungen bilden sich daher in endothermen* Reaktionen.

Stickstoff kommt in grünen Stahlflaschen unter einem Druck bis zu 200 bar in den Handel. Er wird als Schutzgas für sauerstoffempfindliche Stoffe verwendet.

### Stickstoffverbindungen

Stickstoffverbindungen können die Oxidationszahlen –III und I bis V aufweisen.

Fast alle Stickstoffverbindungen werden in der chemischen Technik aus dem Luftstickstoff erzeugt.

Die „Stickstoffixierung" (Reaktion mit dem Stickstoff) erfolgt hauptsächlich über die Ammoniaksynthese.

### Ammoniak

Eine der wichtigsten Stickstoffverbindungen ist das Ammoniak. Es ist ein farbloses, gesundheitsschädliches Gas mit einem stechenden Geruch. Die Siedetemperatur beträgt –33,4°C. Ammoniak entsteht bei der Fäulnis von Eiweißverbindungen. Es tritt auch bei der Verkokung* der Steinkohle auf.

Ammoniak bildet sich bei der Reaktion der salzartigen **Metallnitride** (z.B. Magnesiumnitrid $Mg_3N_2$) mit Wasser:

$$N^{3-} + 3\,H_2O \longrightarrow NH_3 + 3\,OH^-$$

Die großtechnische Synthese von Ammoniak erfolgt nach dem *Haber-Bosch*-Verfahren aus Luftstickstoff und Wasserstoff:

$$N_2 + 3\,H_2 \rightleftarrows 2\,NH_3 \quad \Delta H_R = -45{,}6\text{ kJ}$$

### Eigenschaften der Elemente der Stickstoffgruppe

| | N | P(weiß) | As | Sb | Bi |
|---|---|---|---|---|---|
| Schmelztemperatur in °C | – 210 | 44,1 | – | 631 | 271 |
| Siedetemperatur in °C | – 196 | 280 | 613 (Sublim.) | 1380 | 1560 |
| Dichte in g/cm³ bei 20 °C | 0,00125 | 1,82 | 5,72 | 6,69 | 9,80 |

Das *Haber-Bosch*-Verfahren wurde von den deutschen Chemikern *Fritz Haber* (1868 - 1934) und *Carl Bosch* (1874 - 1940) entwickelt.

*Haber* erforschte 1905 - 1910 als Professor für Chemie in Berlin das Ammoniakgleichgewicht. *Bosch* führte 1913 als Industriechemiker die praktische Erprobung bei der BASF in Ludwigshafen durch. Die erste großtechnische Synthese von Ammoniak erfolgte 1916 in den Leunawerken bei Merseburg.

Nach dem Prinzip des kleinsten Zwanges* sollte durch Temperaturerniedrigung und Druckerhöhung eine Steigerung der Ammoniakausbeute möglich sein. Die für das Verfahren verwendeten eisenhaltigen Katalysatoren sind jedoch erst bei Temperaturen oberhalb 450 °C wirksam.

In der Praxis arbeitet man meistens bei einer Temperatur von ca. 500 °C und bei einem Druck von etwa 300 bar. Das Gleichgewichtsgemisch enthält bis zu 17 % (Vol.) Ammoniak. Es wird durch Kondensation entfernt und das restliche $N_2/H_2$-Gemisch erneut in das Reaktionsgefäß geleitet.

Die Synthese erfolgt in bis zu 60 m hohen zylindrischen Reaktionsgefäßen aus wasserstoffdichtem Chromstahl.

Die Katalysatoren bestehen aus mit Aluminiumoxid $Al_2O_3$ und Kaliumoxid $K_2O$ versetztem Eisenoxid $Fe_3O_4$, das im Reaktor zu Eisen reduziert wird.

Der für die Synthese erforderliche Wasserstoff wird hauptsächlich aus dem Erdgas (Methan) erhalten:

$$CH_4 + H_2O \rightleftharpoons CO + 3\,H_2$$

Die Reaktion verläuft nicht vollständig (Gleichgewicht). Das restliche Methan reagiert mit dem Sauerstoff der Luft unter Einsatz eines Katalysators zu Wasserstoff, Wasser und Kohlenstoffmonooxid.

Im Gasgemisch befindet sich auch der Stickstoff der Luft. Das Kohlenstoffmonooxid wird anschließend in Kohlenstoffdioxid umgewandelt („Konvertierung“) und ausgewaschen. Nach der Entschwefelung und Feinreinigung wird das Synthesegas aus Stickstoff und Wasserstoff komprimiert (= der Druck wird erhöht) und in den Reaktor geleitet.

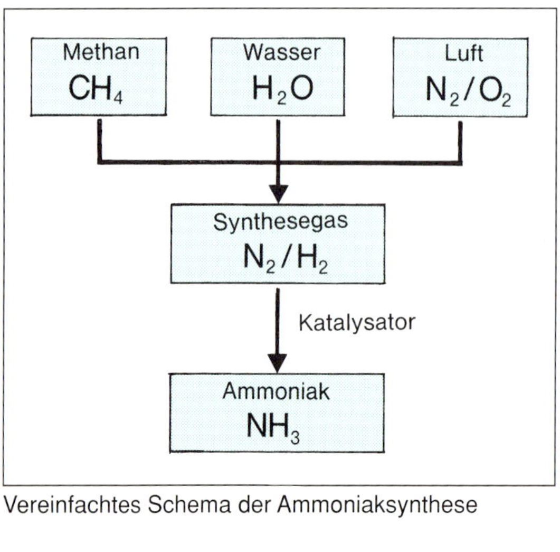


Vereinfachtes Schema der Ammoniaksynthese

Ammoniak ist eine Schlüsselsubstanz der chemischen Industrie. Es wird zu einer Vielzahl von Produkten weiterverarbeitet.

*Beispiele:*
- Salpetersäure
- Düngemittel
- Harnstoff
- Nitrate und Ammoniumsalze
- Blausäure
- Acrylnitril
- Soda (Solvay-Verfahren)

Ammoniak löst sich gut in Wasser. Infolge der Hydrolyse reagiert eine $NH_3$-Lösung basisch:

$$NH_3(g) + H_2O(l) \rightleftharpoons NH_4^+(aq) + OH^-(aq)$$

Die wäßrige Ammoniaklösung wird als „Salmiakgeist“ oder Ammoniakwasser bezeichnet. Ein Ammoniumhydroxid „$NH_4OH$“ existiert nicht.

Ammoniaklösungen reagieren mit Säuren unter Bildung von **Ammoniumsalzen**.

*Beispiele:*
- Ammoniumchlorid (Salmiak) $NH_4Cl$
- Ammoniumsulfat $(NH_4)_2SO_4$
- Ammoniumnitrat $NH_4NO_3$

Festes Ammoniumchlorid bildet sich direkt aus den Gasen Ammoniak und Chlorwasserstoff (Säure-Base-Reaktion*):

$$NH_3(g) + HCl(g) \longrightarrow NH_4Cl(s)$$

Beim Erhitzen zerfällt das Ammoniumchlorid wieder in Ammoniak und Chlorwasserstoff (thermische Dissoziation):

$$NH_4Cl(s) \longrightarrow NH_3(g) + HCl(g)$$

Wegen dieser Eigenschaft läßt sich Salmiak (Ammoniumchlorid) als Löthilfsmittel verwenden. Metalloxide werden durch das entstehende Chlorwasserstoffgas in flüchtige Chloride umgewandelt, so daß gut haftende Metalloberflächen entstehen:

$$CuO + 2\,HCl \longrightarrow CuCl_2 + H_2O$$

Ammoniumsalze kann man leicht durch die Reaktion mit einer starken Base (z.B. Natronlauge) erkennen. Es bildet sich dabei Ammoniak mit seinem typischen Geruch:

$$NH_4^+(aq) + OH^-(aq) \longrightarrow NH_3(g) + H_2O(l)$$

## Stickstoffoxide

Es existieren sechs Stickstoffoxide mit den Oxidationsstufen des Stickstoffs von I bis V:

I: $N_2O$ Distickstoffmonoxid
II: $NO$ Stickstoffmonoxid
III: $N_2O_3$ Distickstofftrioxid

IV: $NO_2$ Stickstoffdioxid
$N_2O_4$ Distickstofftetroxid
V: $N_2O_5$ Distickstoffpentoxid
Dazu kommen noch die beiden unbeständigen Peroxide $NO_3$ und $N_2O_6$.

**Distickstoffmonoxid** $N_2O$ ist ein farbloses, leicht süßlich riechendes Gas. Es entsteht bei der thermischen Zersetzung von Ammoniumnitrat:

$$NH_4NO_3 \longrightarrow N_2O + H_2O$$

$N_2O$ wird als Narkosegas („Lachgas") und als Treibmittel in Sprühdosen (z.B. für Sahne) verwendet. Die Bindungsverhältnisse lassen sich durch die angegebenen mesomeren Grenzstrukturen* beschreiben:

Ein brennender Span brennt in Distickstoffmonoxid weiter (Zerfall in die Elemente).

**Stickstoffmonoxid** NO ist ein farb- und geruchloses Gas. Es bildet sich bei Gewittern und im elektrischen Lichtbogen aus Stickstoff und Sauerstoff:

$$N_2 + O_2 \rightleftharpoons 2\,NO \quad \Delta H_R = +180\ kJ$$

Die Reaktion tritt auch bei der Verbrennung von Benzin in Motoren oder bei der Verbrennung fossiler Brennstoffe* in Kraftwerken auf.

Das NO-Molekül besitzt eine ungerade Elektronenzahl. Die folgende Elektronenformel ist möglich (Grenzstruktur):

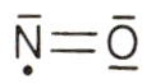

Stickstoffmonoxid ist sehr reaktionsfähig. Es ist ein Radikal*. Mit dem Sauerstoff der Luft reagiert es sehr schnell zum braunen Stickstoffdioxid $NO_2$:

$$2\,NO + O_2 \longrightarrow 2\,NO_2$$

**Distickstofftrioxid** $N_2O_3$ ist das Anhydrid* der Salpetrigen Säure $HNO_2$. Der blaue Stoff ist nur bei Temperaturen unter 0 °C beständig.

**Stickstoffdioxid** $NO_2$ ist ein braunes Gas mit einem eigenartigen Geruch. Es steht mit dem farblosen **Distickstofftetroxid** $N_2O_4$ im Gleichgewicht:

$$2\,NO_2 \rightleftharpoons N_2O_4 \quad \Delta H_R = -58\ kJ$$

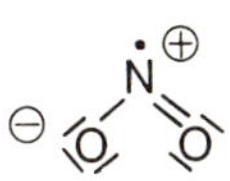

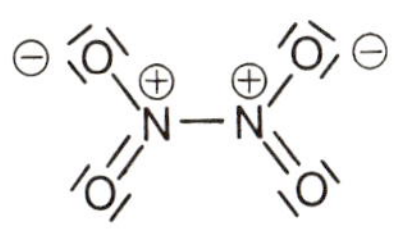

Stickstoffdioxid bildet sich beim Erhitzen von Schwermetallnitraten (z.B. Bleinitrat) und bei der Reaktion von Salpetersäure* mit Metallen.

**Distickstoffpentoxid** $N_2O_5$ ist das Anhydrid* der Salpetersäure $HNO_3$. Bei Raumtemperatur ist es ein farbloser Feststoff, in dem $NO_2^+$- und $NO_3^-$-Ionen vorliegen. Im gasförmigen Zustand sind $N_2O_5$-Moleküle vorhanden.

Grenzstruktur des $N_2O_5$:

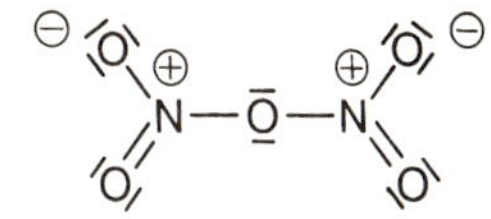

Die Stickstoffoxide NO, $NO_2$ und $N_2O_4$ werden auch als „nitrose Gase" bezeichnet. Sie tragen neben anderen Stoffen zur Verschmutzung der Luft bei (Band 2: Umweltschutz).

## Salpetrige Säure

Leitet man Stickstoffdioxid $NO_2$ in Wasser, so kommt es zur Bildung von Salpetersäure $HNO_3$ und Salpetriger Säure $HNO_2$ (Disproportionierung*):

$$2\,NO_2 + H_2O \longrightarrow HNO_2 + HNO_3$$

Salpetrige Säure

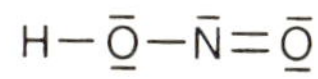

Salpetrige Säure existiert nur in verdünnten wäßrigen Lösungen. Beim Erwärmen erfolgt ein Zerfall unter Bildung von NO und $NO_2$. Beständig sind die Nitrite, die Salze der Salpetrigen Säure. Sie bilden sich beim Erhitzen der Alkalimetallnitrate:

$$2\,NaNO_3 \longrightarrow 2\,NaNO_2 + O_2$$

Natriumnitrat Natriumnitrit

Die Nitrite sind giftig und gut wasserlöslich. Natriumnitrit $NaNO_2$ ist für die Herstellung von Azofarbstoffen (Band 2) notwendig. Es ist neben Natriumchlorid (Kochsalz) auch zu 0,4% im Nitritpökelsalz enthalten, das die rote Farbe des Fleisches erhält.

## Salpetersäure

Salpetersäure $HNO_3$ ist die wichtigste Säure des Stickstoffs. Sie wird heute fast nur noch nach dem seit 1915 bekannten *Ostwald**-Verfahren hergestellt. Hierbei wird ein Ammoniak-Luft-Gemisch bei 800 °C kurzzeitig über einen netzförmigen Katalysator aus Platin oder einer Platin-Rhodium-Legierung geleitet (Ammoniak-Verbrennung):

$$4\,NH_3 + 5\,O_2 \longrightarrow 4\,NO + 6\,H_2O$$
$$\Delta H_R = -907\ kJ$$

Nach dem Abkühlen reagiert das entstandene Stickstoffmonoxid mit Sauerstoff zu Stickstoffdioxid:

$$2\,NO + O_2 \longrightarrow 2\,NO_2$$

Durch Absorption des Stickstoffdioxids in Wasser (in Gegenwart von Sauerstoff) wird die Salpetersäure erhalten:

$$4\,NO_2 + 2\,H_2O + O_2 \longrightarrow 4\,HNO_3$$

Salpetersäure (Grenzstruktur)

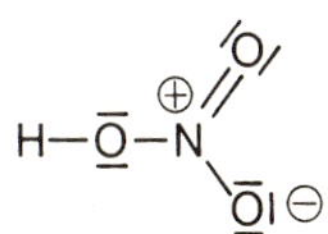

Die „rauchende" Salpetersäure ist wasserfrei (≈ 100%ig) und enthält noch Stickoxide. Die Be-

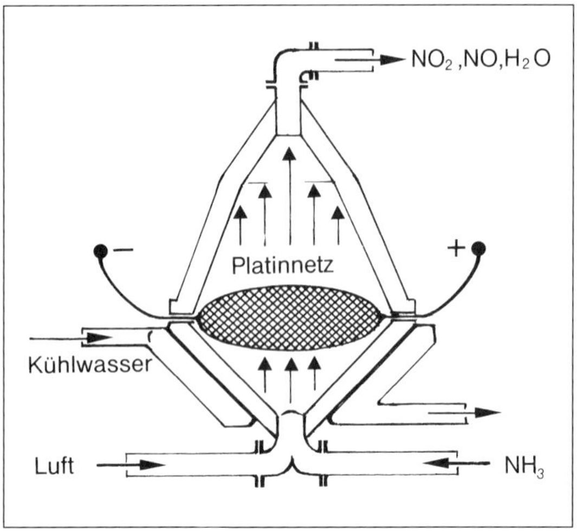

Ammoniak-Verbrennungsofen

zeichnung „rauchend“ ist falsch. Die Säure neigt zur Nebelbildung.

Die „konzentrierte“ Salpetersäure des Handels ist 68%ig und weist eine Siedetemperatur von 122 °C auf.

Salpetersäure ist eine starke Säure. In verdünnter wäßriger Lösung tritt eine fast vollständige Protolyse* auf:

$$HNO_3(l) + H_2O(l) \longrightarrow H_3O^+(aq) + NO_3^-(aq)$$

Mit unedlen Metallen reagiert eine stark verdünnte Salpetersäure unter Wasserstoffentwicklung:

$$Mg(s) + 2\ H_3O^+(aq) \longrightarrow H_2(g) + Mg^{2+}(aq) + 2\ H_2O(l)$$

Konzentrierte Salpetersäure kann viele Metalle (Ausnahmen sind z.B. Gold und Platin) und Nichtmetalle oxidieren:

$$Cu + 2\ NO_3^- + 4\ H_3O^+ \longrightarrow Cu^{2+} + 2\ NO_2 + 6\ H_2O$$
$$S + 6\ NO_3^- + 4\ H_3O^+ \longrightarrow SO_4^{2-} + 6\ NO_2 + 6\ H_2O$$

Anmerkung: Die Gleichungen lassen sich auch mit dem Salpetersäure-Molekül formulieren. In der konzentrierten Salpetersäure liegen Moleküle und Ionen nebeneinander vor.

Gold und Platin reagieren mit dem „Königswasser“, einem Gemisch aus einem Volumenteil konzentrierter Salpetersäure und drei Volumenteilen konzentrierter Salzsäure.

Aluminium, Eisen und Chrom sind in konzentrierter Salpetersäure beständig, da die entstehenden Oxidschichten vor einer Weiterreaktion schützen (Passivierung).

Konzentrierte Salpetersäure ergibt mit Proteinen (z.B. auch mit denen in der Haut) eine Gelbfärbung (Xanthoproteinreaktion).

Die **Nitrate** sind die Salze der Salpetersäure. Sie enthalten das Nitrat-Anion $NO_3^-$. Es besitzt eine trigonal-planare Struktur mit gleichen Bindungslängen und -winkeln.

Nitrat-Anion

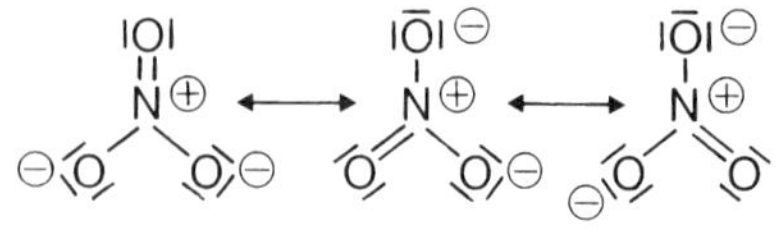

Alle Nitrate sind leicht wasserlöslich. Die Alkalimetallnitrate, z.B. Kaliumnitrat (Kalisalpeter) $KNO_3$ und Natriumnitrat (Natronsalpeter, Chilesalpeter) $NaNO_3$ geben beim Erhitzen Sauerstoff ab. Gleichzeitig entstehen Nitrite, die sauerstoffärmeren Salze:

$$2\ KNO_3 \longrightarrow 2\ KNO_2 + O_2$$

Kaliumnitrat wurde früher zur Herstellung von **Schwarzpulver** (Schießpulver) verwendet. Es ist ein Gemisch aus Kohlepulver, Schwefel und Kaliumnitrat.

Die Schwermetallnitrate entwickeln beim Erhitzen neben Sauerstoff auch Stickstoffdioxid:

$$2\ Pb(NO_3)_2 \longrightarrow 2\ PbO + O_2 + 4\ NO_2$$

Ammoniumnitrat gibt beim vorsichtigen Erhitzen Distickstoffmonoxid und Wasser ab:

$$NH_4NO_3 \longrightarrow N_2O + 2\ H_2O$$

Beim schnellen Erwärmen oder durch eine Initialzündung zerfällt Ammoniumnitrat explosionsartig zu Wasser, Stickstoff und Sauerstoff. Es läßt sich daher als Sprengmittel verwenden.

Da es keine schwerlöslichen Nitrate gibt, lassen sie sich nicht durch eine Fällungsreaktion nachweisen. Zum Erkennen von Nitraten läßt sich die „Ringreaktion“ heranziehen. Hierbei wird eine Probelösung mit einer frisch bereiteten Eisen(II)-sulfatlösung versetzt und vorsichtig mit konzentrierter Schwefelsäure unterschichtet. In Anwesenheit eines Nitrats bildet sich an der auftretenden Grenzfläche ein brauner Ring von Nitrosyleisen(II)-sulfat $[Fe(NO)]SO_4$.

## Weitere wichtige Stickstoffverbindungen

**Hydrazin** $N_2H_4$ ist eine farblose Flüssigkeit, die durch Oxidation von Ammoniak mit Hypochloriger Säure* entsteht. Hydrazin ist brennbar und wird als Raketentreibstoff verwendet:

$$N_2H_4 + O_2 \longrightarrow N_2 + 2\ H_2O \qquad \Delta H_R = -604{,}1\ kJ$$

**Hydroxylamin** $NH_2OH$ ist ein farbloser Feststoff. Man kann ihn durch die Reduktion von Nitraten erhalten.

**Stickstoffwasserstoffsäure** $HN_3$ ist eine farblose, explosionsfähige Flüssigkeit. Ihre Salze sind die Azide. Schwermetallazide wie z.B. Bleiazid $Pb(N_3)_2$ werden als Initialzünder verwendet.

**Calciumcyanamid** (Kalkstickstoff) $CaCN_2$ wird aus Calciumcarbid und Stickstoff hergestellt:

$$CaC_2 + N_2 \longrightarrow CaCN_2 + C$$

Kalkstickstoff wird als Düngemittel eingesetzt.

### Düngemittel

*Liebig* hat bereits 1840 ermittelt, daß Pflanzen zum Wachstum die folgenden zehn Elemente benötigen:

C, O, H, N, P, S, K, Ca, Fe, Mg

Dazu kommen teilweise noch die folgenden Spurenelemente:

B, Cu, Mo, Zn, Co

Kohlenstoff, Wasserstoff und Sauerstoff werden von den Pflanzen in Form von $CO_2$ und $H_2O$ aufgenommen. Die übrigen Stoffe entziehen die Pflanzen dem Boden und müssen, insbesondere bei intensiver Nutzung, als Dünger wieder zugeführt werden.

Wichtige Bestandteile der Düngemittel sind Stickstoffverbindungen. Geeignet sind Ammoniumsalze, Harnstoff*, Kalkstickstoff und Nitrate.
Bei einer Überdüngung besteht die Gefahr, daß diese Verbindungen in das Trinkwasser gelangen (Band 2: Umweltschutz).

## Phosphor

Der elementare Phosphor bildet unterschiedliche Modifikationen*.

**Weißer Phophor** ist ein wachsweicher Stoff mit einer Schmelztemperatur von 44 °C. Er besitzt einen knoblauchartigen Geruch, ist sehr giftig und entzündet sich spontan an der Luft. Weißer Phosphor muß daher unter Wasser aufbewahrt werden.

Der Name „Phosphor" kommt aus der griechischen Sprache und bedeutet „Lichtträger". Er beruht auf der Beobachtung, daß der weiße Phosphor im Dunkeln leuchtet.

Im weißen Phosphor liegen $P_4$-Moleküle in einer tetraedrischen Anordnung vor.

**Roter Phosphor** entsteht durch Einwirkung von Licht oder Wärme aus weißem Phosphor. Er ist geruchlos, ungiftig und nur unter Druck schmelzbar. Die Atome sind netzartig in Schichten angeordnet.

Roter Phosphor ist stabiler und weniger reaktionsfähig als weißer Phosphor. Verwendet wird er für die Herstellung von Zündholzreibflächen.

**Schwarzer Phosphor** ist die metallische Modifikation des Phosphors. Er ist relativ weich, geruchlos, ungiftig und leitet den elektrischen Strom. Dies ist auf die Schichtstruktur zurückzuführen, bei der nichtbindende Elektronenpaare teilweise delokalisiert vorliegen.

### Phosphorverbindungen

Viele Metalle reagieren mit Phosphor zu **Phosphiden**. Die Alkali- und Erdalkalimetallphosphide entwickeln mit Wasser **Phosphin**. Es ist ein sehr giftiges Gas mit unangenehmem Geruch:

$$Na_3P + 3\,H_2O \longrightarrow PH_3 + 3\,NaOH$$

Bei der Verbrennung von Phosphor entsteht **Phosphor(V)-oxid** $P_4O_{10}$, das fälschlicherweise häufig als „Phosphorpentoxid $P_2O_5$" bezeichnet wird.

$$P_4 + 5\,O_2 \longrightarrow P_4O_{10}$$

Es ist ein weißer Feststoff, der wasseranziehend (hygroskopisch) ist. $P_4O_{10}$ ist das Anhydrid* der Phosphorsäure $H_3PO_4$. Es läßt sich als wirksames Trockenmittel z.B. im Exsikkator* verwenden. Der Aufbau des $P_4O_{10}$-Moleküls läßt sich der folgenden Abbildung entnehmen.

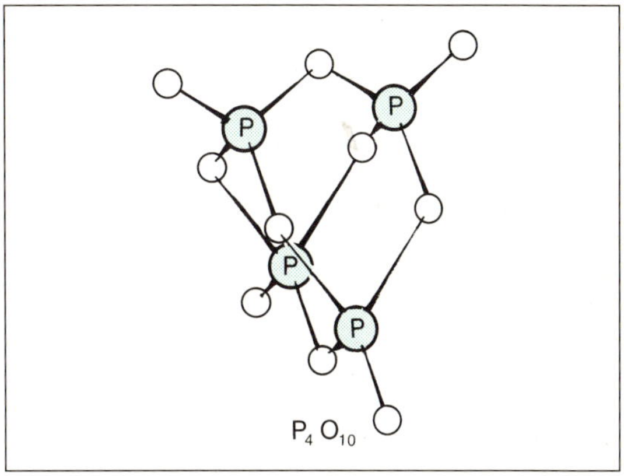


Struktur des Phosphor(V)-oxids

### Phosphorsäuren

Bei der Reaktion des Phosphor(V)-oxids mit Wasser bildet sich die **Orthophosphorsäure** $H_3PO_4$, die meist nur als Phosphorsäure bezeichnet wird.

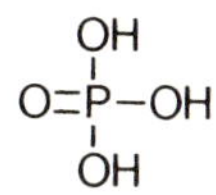


Phosphorsäure ist eine mittelstarke Säure und kommt meist als 85%ige, sirupartige Lösung in den Handel. In wasserfreier Form liegen farblose Kristalle vor, die bei 42 °C schmelzen.

Als dreiprotonige Säure kann sie unterschiedliche Salze bilden.

*Beispiele:*

**primäres Phosphat**
$NaH_2PO_4$ Natriumdihydrogenphosphat

**sekundäres Phosphat**
$Na_2HPO_4$ Dinatriumhydrogenphosphat

**tertiäres Phosphat**
$Na_3PO_4$ Trinatriumphosphat

Phosphate werden u.a. zur Herstellung von Düngemitteln* und zur Wasserenthärtung eingesetzt. Mit Hilfe von Phospaten läßt sich Eisen vor Korrosion* schützen (Phosphatieren).

Durch Abspaltung von Wasser (Kondensation) erhält man aus der Orthophosphorsäure die Pyrophosphorsäure (Diphosphorsäure) $H_4P_2O_7$:

$$2\ H_3PO_4 \longrightarrow H_4P_2O_7 + H_2O$$

In Waschmitteln wird teilweise noch Pentanatriumtriphosphat $Na_5P_3O_{10}$ als Wasserenthärtungsmittel eingesetzt. Das Anion besitzt die folgende Struktur:

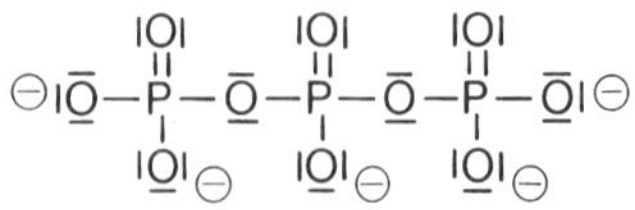

Phosphate belasten die Gewässer (Band 2: Umweltschutz). Daher sind viele Waschmittel bereits „phosphatfrei". Zur Wasserenthärtung werden dann meist bestimmte Silicate (z.B. Zeolithe*) verwendet.

Die Metaphosphorsäuren weisen die allgemeine Formel $(HPO_3)_n$ auf. Sie bilden ringförmige Moleküle.

*Beispiel:*

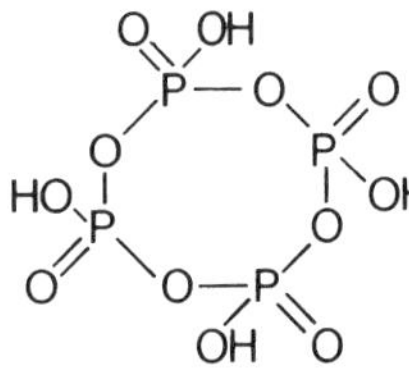

Tetrametaphosphorsäure $H_4P_4O_{12}$

Neben den Phosphorsäuren der Oxidationsstufe V gibt es auch solche mit den Oxidationsstufen I und III.

Die Hypophosphorige Säure $H_3PO_2$ ist eine einprotonige, die Phosphorige Säure $H_3PO_3$ eine zweiprotonige Säure, da hier nur die an den Sauerstoffatomen gebundenen H-Atome durch Protolyse abgetrennt werden können.

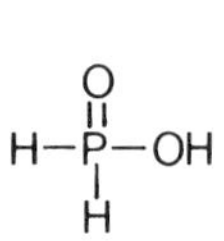

Hypophosphorige Säure

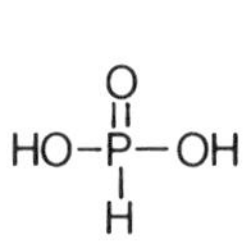

Phosphorige Säure

## Arsen

Auch das elementare Arsen kommt wie der Phosphor in drei Modifikationen vor.

Das gelbe Arsen ist sehr instabil. In dieser nichtmetallischen Form liegen $As_4$-Moleküle vor. Das graue Arsen, die metallische Modifikation, bildet glänzende Kristalle und ist beständig. Daneben existiert noch das schwarze Arsen. Es ist ein Nichtmetall und recht unbeständig.

Ein wichtiges Arsenmineral ist der Arsenkies FeAsS. Durch Erhitzen unter Luftabschluß erhält man das giftige elementare Arsen und Eisensulfid.

Arsen bildet mit Metallen **Arsenide**. Alkali- und Erdalkalimetallarsenide (z.B. CaAs) reagieren mit Wasser. Es entwickelt sich das sehr giftige **Arsin** $AsH_3$.

Das wichtigste Arsenoxid ist das **Arsen(III)-oxid** $As_4O_6$, das die angegebene Struktur aufweist:

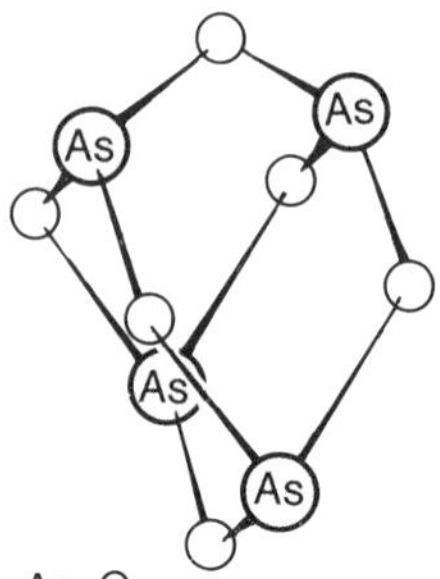


$As_4O_6$

Struktur des Arsen(III)-oxids

Für das Arsen(III)-oxid $As_4O_6$ wurde früher häufig die Formel $As_2O_3$ („Arsentrioxid") angegeben. $As_4O_6$ wird auch als Arsenik bezeichnet. Es ist ein weißer, sehr giftiger Feststoff.

Bei der Oxidation von Arsen(III)-oxid mit konzentrierter Salpetersäure erhält man die **Arsensäure** $H_3AsO_4$ (Arsen mit der Oxidationszahl V). Ihre Salze sind die Arsenate. Eine Arsenige Säure $H_3AsO_3$ existiert wohl nicht. Beständig sind ihre Salze, die Arsenite.

Arsen bildet auch mehrere Sulfide, z.B. das rote $As_4S_4$ (Realgar).

Arsenverbindungen lassen sich durch die *Marsh*sche Probe nachweisen. Zink und Salzsäure werden dabei mit der zu prüfenden Substanz versetzt. In Gegenwart von Arsen entsteht $AsH_3$-haltiger Wasserstoff. Leitet man das Gas durch ein erhitztes Glasrohr, so entsteht ein dunkler, metallisch glänzender Belag („Arsenspiegel"). Das Verfahren war früher für die Forensische Chemie* wichtig.

## Antimon

Antimon bildet drei Modifikationen. Die beständigste ist das metallische, graue Antimon.

Beim Verbrennen von Antimon bildet sich das Antimon(III)-oxid $Sb_4O_6$, das die gleiche Struktur wie das Arsen(III)-oxid aufweist.

Antimon(III)-oxid reagiert mit Basen unter Bildung von Antimoniten (Oxidationsstufe III), z.B. Natriumhexahydroxoantimonit $Na_3[Sb(OH)_6]$.

Da Antimon(III)-oxid amphoter* ist, kann es auch mit Säuren reagieren. Hierbei bilden sich Antimon(III)-Salze, die das Kation $Sb^{3+}$ enthalten.

Bei der Reaktion von Antimon(V)-oxid mit Basen bilden sich Antimonate (Oxidationsstufe V), z.B. $Na[Sb(OH)_6]$.

Das orangerote, brennbare Antimon(V)-sulfid $Sb_2S_5$ befindet sich in den Zündholzköpfen.

Antimonmetall wird zum Härten von Blei und Zinn verwendet.

## Bismut

Vom Element Bismut, das früher als Wismut bezeichnet wurde, gibt es nur eine (metallische) Erscheinungsform.

Bismut ist ein leicht rötliches, silberglänzendes Metall mit geringer Schmelztemperatur (271 °C).

Bismut reagiert mit Säuren. Dabei bilden sich farblose Salze, wie z.B. das Bismutnitrat $Bi(NO_3)_3 \cdot 5\,H_2O$.

Bismut(III)-oxid $Bi_2O_3$ ist ein gelber Feststoff. Durch Reaktion mit Salpetersäure erhält man daraus das weiße Bismutylnitrat (Bismutoxidnitrat) $BiONO_3$.

Bismut bildet besonders niedrig schmelzende Legierungen. So schmilzt das *Rose*sche Metall (50% Bi, 25% Sn, 25% Pb) bereits in siedendem Wasser, da die Schmelztemperatur nur 94 °C beträgt.

---

# 9.6 VI. Hauptgruppe (Chalkogene)

In der VI. Hauptgruppe des Periodensystems stehen die Elemente Sauerstoff, Schwefel, Selen, Tellur und Polonium.

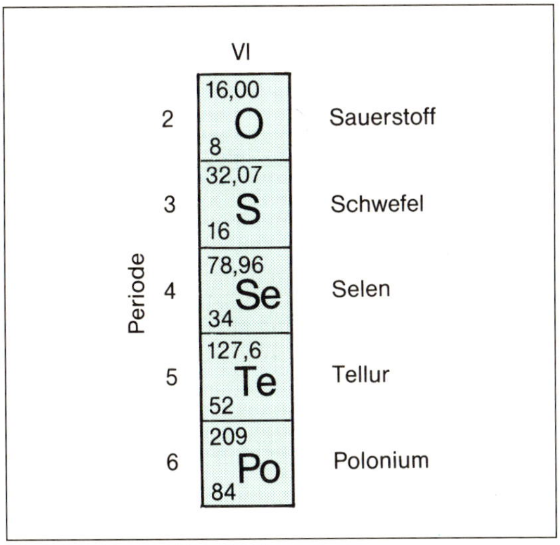


VI. Hauptgruppe des PSE

Die Elemente der VI. Hauptgruppe werden als Chalkogene bezeichnet. Der Begriff stammt aus der griechischen Sprache (*chalkos* = Erz) und bedeutet „Erzbildner". Viele Schwefel- und Sauerstoffverbindungen der Metalle sind wichtige Erze.

Die Elemente dieser Hauptgruppe unterscheiden sich in ihren Eigenschaften recht stark. Sauerstoff und Schwefel sind typische Nichtmetalle. Der metallische Charakter der übrigen Elemente dieser Gruppe nimmt zum Polonium hin zu.

## Sauerstoff

Sauerstoff ist das häufigste Element der Erdkruste mit einem Anteil von etwa 49% (bezogen auf die Masse).

Elementarer Sauerstoff befindet sich in der Luft und im Wasser gelöst. Der größte Teil des Sauerstoffs liegt in gebundener Form im Wasser und in vielen Mineralien (z.B. in Silicaten, Oxiden und Carbonaten) vor.

Sauerstoff ist in der Luft vorhanden. **Luft** ist ein Gasgemisch mit der folgenden ungefähren Zusammensetzung (in Volumenanteilen):

78% Stickstoff
21% Sauerstoff
1% Edelgase
0,03% Kohlenstoffdioxid
+ Spuren weiterer Gase

Die wichtigste Modifikation* des Sauerstoffs ist der „gewöhnliche" Sauerstoff. Hier liegen zweiatomige Moleküle mit einer Diradikalstruktur (zwei ungepaarte Elektronen) vor. Die häufig verwendete Elektronenformel $\overline{\underline{O}} = \overline{\underline{O}}$ gibt die Bindungsverhältnisse nicht vollständig wieder.

### Eigenschaften der Elemente der VI. Hauptgruppe

| | O | S | Se | Te | Po |
|---|---|---|---|---|---|
| Schmelztemperatur in °C | – 219 | 119 (monoklin) | 217 (grau) | 450 | 254 |
| Siedetemperatur in °C | – 183 | 445 | 685 | 1390 | 962 |
| Dichte in g/cm³ bei 20 °C | 0,00133 | 2,07 (monoklin) | 4,80 (grau) | 6,24 | 9,4 |

Luft besitzt bei 20 °C und 1013 mbar eine Dichte von 1,20 g/l.

Sauerstoff ist ein farb-, geruch- und geschmackloses Gas. Bei 20 °C lösen sich maximal 31 ml Sauerstoff in 1 l Wasser. Im flüssigen und festen Zustand besitzt Sauerstoff eine hellblaue Farbe. Sauerstoff ist für fast alle Organismen lebensnotwendig.

In der Technik gewinnt man reinen Sauerstoff aus flüssiger Luft, die nach dem *Linde*-Verfahren erhalten wird. Durch fraktionierte Destillation bekommt man hierbei neben Sauerstoff auch Stickstoff und die Edelgase.

Im Labor läßt sich Sauerstoff in kleinen Mengen durch die folgenden Reaktionen erzeugen:

- Erhitzen von Nitraten:

$$2\ NaNO_3 \longrightarrow 2\ NaNO_2 + O_2$$

- Erhitzen von Kaliumpermanganat:

$$2\ KMnO_4 \longrightarrow K_2MnO_4 + MnO_2 + O_2$$

- Erhitzen von Kaliumchlorat (Braunstein als Katalysator):

$$2\ KClO_3 \longrightarrow 2\ KCl + 3\ O_2$$

- Zersetzung von Wasserstoffperoxid (Braunstein als Katalysator):

$$2\ H_2O_2 \longrightarrow 2\ H_2O + O_2$$

- Elektrolyse einer wäßrigen Schwefelsäurelösung (z.B. im Wasserzersetzungsapparat nach *Hofmann*). Hierbei kommt es zu einer Zerlegung des Wassers. An der Platinanode entsteht Sauerstoff.

$$2\ H_2O \longrightarrow 2\ H_2 + O_2$$

Sauerstoff verbindet sich mit vielen Stoffen. Die Reaktion ist eine Oxidation*. Unter Flammenerscheinung ablaufende Oxidationen werden auch als Verbrennungen bezeichnet.

Diese Erkenntnis stammt von *Lavoisier** (1775), einem der Begründer der wissenschaftlichen Chemie. Er wurde während der französischen Revolution hingerichtet. *Lavoisiers* Theorie löste die **Phlogistontheorie** von *Stahl* (1697) ab, der annahm, daß beim Verbrennen ein Feuerstoff (Phlogiston) freigesetzt wird.

Verbrennungen in Sauerstoff laufen viel schneller ab als in Luft (Luft = „verdünnter Sauerstoff").
Sauerstoff läßt sich durch das Aufflammen eines glimmenden Holzspans nachweisen (Glimmspanprobe).

Sauerstoff kommt in blauen Stahlflaschen in den Handel. Er wird u.a. für Synthesen in der chemischen Industrie, in Stahlwerken (Sauerstoffaufblasverfahren*), in Atemgeräten und zum autogenen Schweißen (mit Ethin oder Wasserstoff) verwendet.
Eine weitere Modifikation des Sauerstoffs ist **Ozon** $O_3$. Es bildet sich z.B. aus $O_2$ bei elektrischen Entladungen. Ozon ist ein hellblaues, giftiges Gas mit

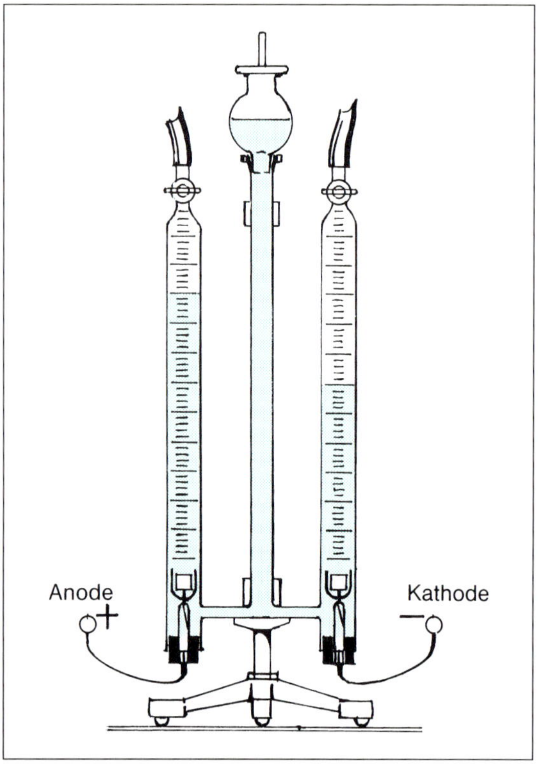


Wasserzersetzungsapparat nach *Hofmann*

eigentümlichem Geruch. Die $O_3$-Moleküle weisen eine gewinkelte Struktur auf.

Mesomere Grenzstrukturen des Ozonmoleküls:

In 10 bis 30 km Höhe über dem Erdboden (Stratosphäre) bilden sich geringe Konzentrationen an Ozon durch den Einfluß der Sonnenstrahlung. Diese **Ozonschicht** absorbiert den größten Teil des UV-Lichtes, das Krebs auslösen kann. Diese Ozonschicht wird mit großer Wahrscheinlichkeit durch die Verwendung von Fluorchlorkohlenwasserstoffen (FCKW) zerstört, die als Treibmittel in Sprühdosen, zur Schaumstoffherstellung und als Kühlmittel in Kühlschränken und Gefriertruhen verwendet werden. Der Einsatz derartiger Stoffe ist stark im Rückgang.

Ozon ist ein sehr starkes Oxidationsmittel und wird zur Desinfektion von Trinkwasser und in der organischen Synthese (Ozonisierung) eingesetzt.

# Sauerstoffverbindungen

## Oxide

Die wichtigsten Sauerstoffverbindungen sind die Oxide. Die salzartigen Oxide der Alkali-, Erdalkali- und Erdmetalle (mit Ausnahme des Bors) enthalten Oxidionen $O^{2-}$. Mit Wasser bilden sich Hydroxide.

$$O^{2-} + H_2O \longrightarrow 2\ OH^-$$

Die Oxide der Nebengruppenelemente sind meist nicht typisch salzartig aufgebaut. Bei den Oxidationszahlen II bis IV bilden sie mit Säuren hydratisierte Metallionen:

$$MnO(s) + 2\ H_3O^+(aq) \longrightarrow Mn^{2+}(aq) + 3\ H_2O(l)$$

Oxide der Nebengruppenelemente mit den Oxidationszahlen V bis VIII reagieren häufig zu Oxokomplexen (Band 2: Komplexe):

$$Mn_2O_7 + 3\ H_2O \longrightarrow 2\ MnO_4^- + 2\ H_3O^+$$

Einige Metalloxide sind amphoter*. Sie reagieren sowohl mit Säuren als auch mit Basen (*Beispiel:* Zinkoxid ZnO).

Das wichtigste kovalente Oxid ist das Wasserstoffoxid (Wasser* $H_2O$).

Die meisten Nichtmetalloxide sind Anhydride* der Säuren.

*Beispiel:* Schwefeltrioxid reagiert mit Wasser zu Schwefelsäure.

$$SO_3 + H_2O \longrightarrow H_2SO_4$$

## Hydroxide

Hydroxide enthalten Hydroxid-Ionen $OH^-$.

*Beispiele:* Natriumhydroxid NaOH
Calciumhydroxid $Ca(OH)_2$

Beim Versetzen vieler Metallsalzlösungen mit Alkalimetallhydroxiden (z.B. NaOH) entstehen häufig gallertartige Niederschläge, die früher meist als Metallhydroxide angesehen wurden. Es sind jedoch fast immer basische Salze, die neben dem Anion des Metallsalzes auch Hydroxid-Ionen enthalten.

Verbindungen, die eine **Hydroxylgruppe** (-OH) enthalten, sind keine Hydroxide.

*Beispiele:*

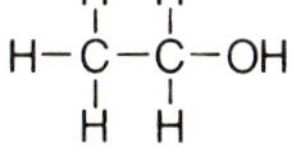

Ethanol

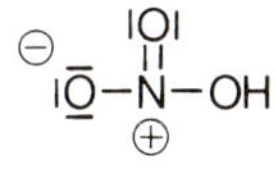

Salpetersäure

## Peroxide

In den Peroxiden liegt eine Peroxygruppe -O-O- vor. Die Sauerstoffatome besitzen hier die Oxidationszahl –I.

Das wichtigste Peroxid ist das Wasserstoffperoxid $H_2O_2$. Es besitzt eine gewinkelte Struktur.

Wie man der folgenden Abbildung entnehmen kann, ragt das untere H-Atom nach vorn aus der Molekülebene heraus.

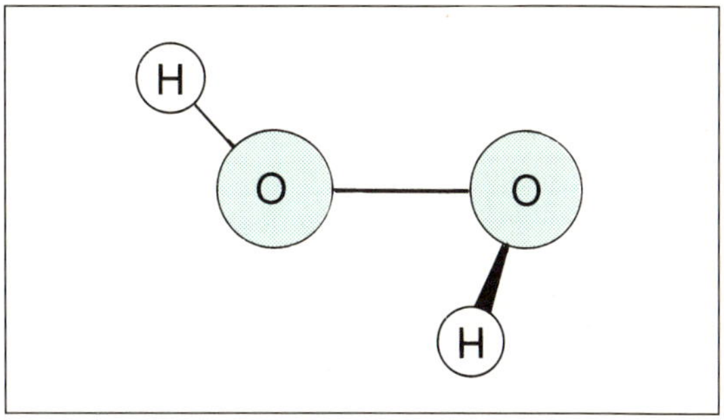

Struktur des $H_2O_2$-Moleküls

**Wasserstoffperoxid** ist eine farblose Flüssigkeit. Sie kommt meist als 30%ige Lösung in den Handel (Perhydrol). $H_2O_2$ kann durch Hydrolyse von Peroxoverbindungen (z.B. Kaliumperoxodisulfat $K_2S_2O_8$) erhalten werden. 100%iges Wasserstoffperoxid ist sehr gefährlich. Es kann explosionsartig zerfallen.

$H_2O_2$ ist ein starkes Oxidationsmittel und kann beispielsweise zum Bleichen von Haaren verwendet werden.

Wasserstoffperoxid kann aber auch als Reduktionsmittel dienen. So werden Permanganat-Ionen $MnO_4^-$ durch $H_2O_2$ in saurer Lösung zu $Mn^{2+}$-Ionen reduziert:

$$5\ H_2O_2 + 2\ MnO_4^- + 6\ H_3O^+ \longrightarrow 5\ O_2 + 2\ Mn^{2+} + 14\ H_2O$$

Bei der Verbrennung von Natrium bildet sich Natriumperoxid $Na_2O_2$. Es enthält das $O_2^{2-}$-Ion.

Bei der Verbrennung von Kalium erhält man ein Hyperoxid (Kaliumhyperoxid $KO_2$). Es enthält das $O_2^-$-Ion.

Für organische Synthesen (Band 2) sind solche Peroxide besonders wichtig, die beim Erhitzen Radikale* liefern (z.B. das Dibenzoylperoxid):

# Schwefel

Schwefel kommt in elementarer Form in der Natur vor. Daneben tritt er in vielen Verbindungen auf, z.B. in Sulfiden, Sulfaten, den fossilen Brennstoffen und in den Proteinen (Band 2).

Auch das Element Schwefel bildet verschiedene Modifikationen (Erscheinungsformen), d.h., es ist polymorph*.

Bei Raumtemperatur liegt der rhombische α-Schwefel vor. Es ist ein gelber, spröder, geruch- und geschmackloser Stoff, der in Wasser unlöslich ist. Der Schwefel löst sich dagegen leicht in Schwefelkohlenstoff (Kohlenstoffdisulfid).

Bei Temperaturen über 96 °C wandelt sich der α-Schwefel in den monoklinen β-Schwefel um. In beiden Modifikationen liegen ringförmige $S_8$-Moleküle vor (Cyclooctaschwefel).

Der monokline Schwefel schmilzt bei 119 °C. Die Schmelze ist dünnflüssig und enthält weitgehend $S_8$-Moleküle. Bei weiterem Erhitzen nimmt die Zähigkeit der Schmelze zu. Dies ist darauf zurückzuführen, daß sich größere Ketten und Ringe bilden. Bei noch höherer Temperatur (ab ca. 400 °C) nimmt die Zähigkeit wieder ab. Bei der Siedetemperatur des Schwefels (445 °C) liegen fast ausschließlich $S_8$-Moleküle vor. Bei weiterer Temperatursteigerung in der Gasphase können sich auch kleinere Moleküle bilden ($S_6$, $S_4$, $S_2$). Erst oberhalb 800 °C liegen nur $S_2$-Moleküle vor. Gießt man eine Schwefelschmelze in Wasser, so erhält man den gelbbraunen, gummiartigen plastischen Schwefel (γ-Schwefel), der sich an der Luft schnell in α-Schwefel umwandelt.

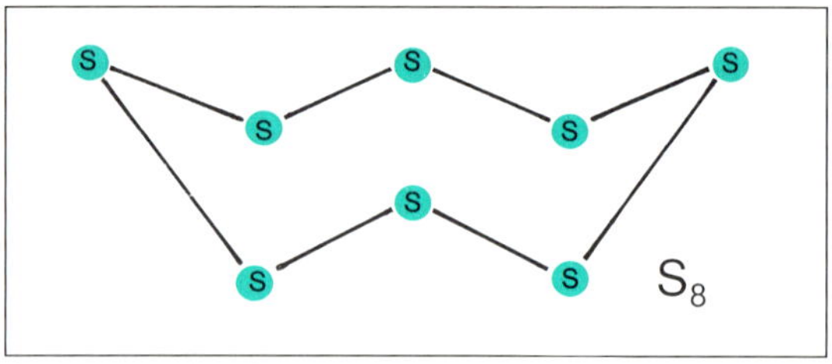

Cyclooctaschwefel

Schwefel wird zur Herstellung von Schwefelsäure und anderen Schwefelverbindungen benötigt. Außerdem braucht man ihn zur Vulkanisation des Kautschuks (Gummiherstellung; Band 2) und für die Herstellung von Zündhölzern.

Erhitzen von Schwefel

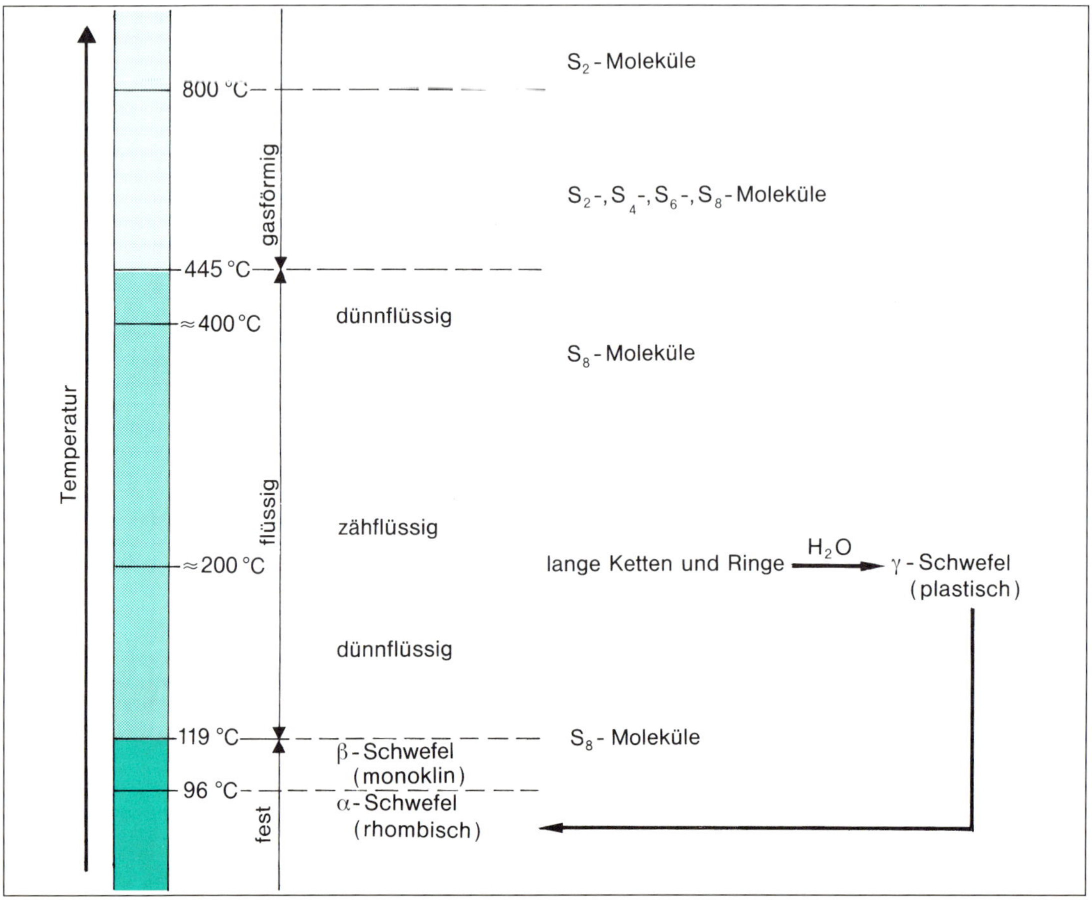

Ein Großteil des benötigten Schwefels stammt aus den Erdölraffinerien. Im Rohöl sind immer Schwefelverbindungen enthalten, die bei der Verarbeitung weitgehend entfernt werden. Dabei wird der Schwefel in die elementare Form überführt.

## Schwefelverbindungen

**Hydrogensulfid** (Schwefelwasserstoff) $H_2S$ ist ein farbloses, nach faulen Eiern riechendes, brennbares, sehr giftiges Gas. Es tritt als Fäulnisprodukt eiweißhaltiger Stoffe auf. $H_2S$ ist eine sehr schwache Säure.

Im Labor kann man Hydrogensulfid beispielsweise aus Eisen(II)-sulfid und Salzsäure erhalten:

$$FeS(s) + 2\,H_3O^+(aq) \longrightarrow H_2S(g) + Fe^{2+}(aq) + 2\,H_2O(l)$$

Viele Metallionen reagieren mit Hydrogensulfid unter Bildung extrem schwerlöslicher Sulfide. **Sulfide** sind die Salze des Hydrogensulfids. Die Metallsulfide sind in unterschiedlicher Weise (abhängig vom pH-Wert*) löslich. Auf diese Weise lassen sich Gemische von Metallsalzen trennen (qualitative Analyse; Band 2).

*Beispiel:* Fällung von Kupfer(II)-sulfid in saurer Lösung

$$Cu^{2+}(aq) + H_2S(g) + 2\,H_2O(l) \longrightarrow CuS(s) + 2\,H_3O^+(aq)$$

Die Alkalimetallsulfide sind leicht wasserlöslich (z.B. Natriumsulfid $Na_2S$).

Hydrogensulfid (Monosulfan) gehört zu den **Sulfanen** mit der allgemeinen Formel $H_2S_n$.

Trisulfan ist beispielsweise eine hellgelbe Flüssigkeit mit der folgenden Struktur:

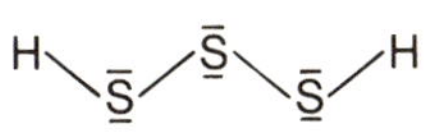

## Schwefeldioxid

Bei der Verbrennung von Schwefel bildet sich Schwefel(IV)-oxid (Schwefeldioxid) $SO_2$. Es ist ein farbloses, stechend riechendes, giftiges Gas, das sich leicht in Wasser löst. Es bleicht viele Farbstoffe.

Eine wäßrige Schwefeldioxidlösung reagiert sauer. Lange Zeit wurde angenommen, daß sich dabei die „Schweflige Säure $H_2SO_3$" bildet. Für ihre Existenz gibt es jedoch keine Beweise.

Infolge der Protolyse* bilden sich aus Schwefeldioxid und Wasser Oxoniumionen:

$$SO_2(g) + 2\,H_2O(l) \rightleftharpoons H_3O^+(aq) + HSO_3^-(aq)$$
Hydrogensulfit-Ion

$$HSO_3^-(aq) + H_2O(l) \rightleftharpoons H_3O^+(aq) + SO_3^{2-}(aq)$$
Sulfit-Ion

Mögliche Grenzstrukturen des Hydrogensulfit- und des Sulfit-Ions:

Schwefeldioxid entsteht auch bei der Verbrennung von Kohle und Erdölprodukten, da diese Schwefelverbindungen enthalten. $SO_2$ ist mitverantwortlich für die Entstehung des „sauren Regens" (Band 2: Umweltschutz). Dieser schädigt Gebäude und Kunstdenkmäler. Außerdem führt er zur Versauerung der Gewässer (Fischsterben) und auch zur Schädigung von Bäumen (Waldsterben).

Wichtige **Sulfite** sind das Natriumsulfit $Na_2SO_3$ und das Natriumhydrogensulfit $NaHSO_3$. Sie werden durch Einleiten von Schwefeldioxid in eine Natriumhydroxidlösung erhalten.

Versetzt man Sulfite mit einer Säure (z.B. Salzsäure), so bildet sich Schwefeldioxid, das man leicht an seinem stechenden Geruch erkennt:

$$SO_3^{2-}(aq) + 2\,H_3O^+(aq) \longrightarrow SO_2(g) + 3\,H_2O(l)$$

Calciumhydrogensulfit $Ca(HSO_3)_2$ wird aus Schwefeldioxid, Wasser und Kalkstein $CaCO_3$ gewonnen. Als „Sulfitlauge" wird es zur Herstellung von Cellulose (Band 2) aus Holz benötigt.

Beim Erhitzen von Hydrogensulfiten oder beim Einleiten von Schwefeldioxid in eine Hydrogensulfitlösung bilden sich **Pyrosulfite**, die auch als Disulfite bezeichnet werden.

*Beispiel:*

Bildung von Natriumpyrosulfit $Na_2S_2O_5$ aus Natriumhydrogensulfit

$$2\,NaHSO_3 \longrightarrow Na_2S_2O_5 + H_2O$$

Pyrosulfit-Ion

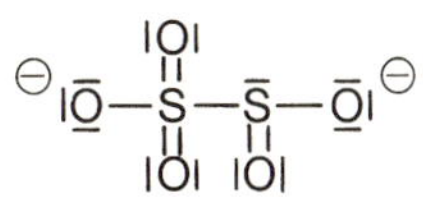

Reduziert man Sulfite in wäßriger Lösung, so erhält man die **Dithionite**, die früher auch als Hyposulfite bezeichnet wurden. Sie enthalten das $S_2O_4^{2-}$-Ion.
*Beispiel:* Natriumdithionit $Na_2S_2O_4$

Dithionit-Ion

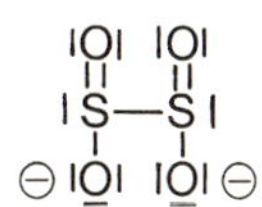

## Schwefeltrioxid

Schwefeltrioxid $SO_3$ bildet sich bei der Verbrennung von Schwefel nur in ganz geringen Mengen. In reiner Form läßt es sich durch katalytische Oxidation von Schwefeldioxid erhalten.

Schwefeltrioxid bildet mehrere Modifikationen. Mit Wasser tritt eine sehr heftige Reaktion ein, bei der sich Schwefelsäure $H_2SO_4$ bildet:

$$H_2O + SO_3 \longrightarrow H_2SO_4$$

## Schwefelsäure

Schwefelsäure $H_2SO_4$ ist ein wichtiges Produkt der chemischen Industrie. Man benötigt sie u.a. zur Herstellung von Düngemitteln, Chemiefasern, Explosivstoffen, Farbstoffen, Arzneimitteln, Bleiakkumulatoren und Waschmitteln.

Die Schwefelsäure wird heute fast nur noch nach dem **Kontaktverfahren** hergestellt.

1. Erzeugung von $SO_2$

Das Schwefeldioxid kann durch Verbrennen von flüssigem Schwefel erhalten werden:

$$S + O_2 \longrightarrow SO_2$$

Schwefeldioxid gewinnt man auch durch „Rösten" sulfidischer Erze. Hierbei wird heiße Luft z.B. über Pyrit $FeS_2$ geleitet:

$$4\ FeS_2 + 11\ O_2 \longrightarrow 8\ SO_2 + 2\ Fe_2O_3$$

Das entstehende Gas muß hierbei sorgfältig von Selen- und Arsenverbindungen gereinigt werden, da sonst der Katalysator* im zweiten Reaktionsschritt unwirksam wird („Katalysatorgifte").

2. Oxidation von $SO_2$

Das gereinigte Schwefeldioxid wird bei 450 °C mit Luft, die mit Sauerstoff angereichert wurde, in ein Reaktionsgefäß (Kontaktofen) geleitet. Dort befindet sich auf mehreren Böden der Katalysator. In der Technik wird dafür Vanadium(V)-oxid $V_2O_5$ verwendet.

$$2\ SO_2 + O_2 \longrightarrow 2\ SO_3$$

Es bilden sich weiße Nebel von Schwefeltrioxid in einer Ausbeute bis zu 99%.

3. Absorption von $SO_3$

In großen Rieseltürmen wird das Schwefeltrioxid von konzentrierter Schwefelsäure absorbiert. Es bildet sich dabei die „rauchende" Schwefelsäure oder Oleum, die auch Dischwefelsäure enthält:

$$H_2SO_4 + SO_3 \longrightarrow H_2S_2O_7$$

Durch Zugabe von Wasser erhält man reine (wasserfreie) Schwefelsäure:

$$H_2S_2O_7 + H_2O \longrightarrow 2\ H_2SO_4$$

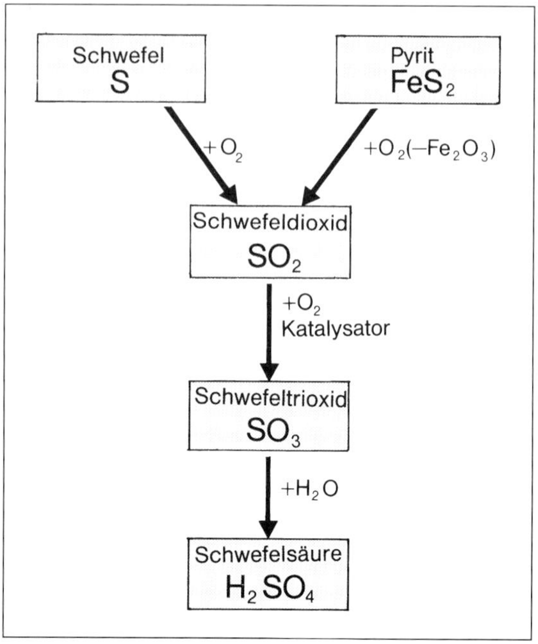


Schema der $H_2SO_4$-Herstellung

Schwefelsäure ist eine farblose und geruchlose Flüssigkeit. Sie ist recht dickflüssig (hohe Viskosität) und siedet bei 338 °C. Die Dichte beträgt $\rho = 1{,}84\ g/cm^3$. Die Schwefelsäure ist stark hygroskopisch (wasseranziehend) und kann daher als Trockenmittel, z.B. für viele Gase, verwendet werden.

Beim Verdünnen der Schwefelsäure mit Wasser tritt eine starke Erwärmung auf. In einer exothermen Reaktion kommt es z.B. zur Bildung von Schwefelsäure-Monohydrat $H_2SO_4 \cdot H_2O$:

$$H_2SO_4 + H_2O \longrightarrow H_2SO_4 \cdot H_2O$$

Beim Verdünnen von konzentrierter Schwefelsäure muß man daher sehr vorsichtig sein. Die Säure wird in kleinen Anteilen unter Rühren in das Wasser gegeben („Erst das Wasser, dann die Säure, sonst geschieht das Ungeheure!").

Schwefelsäure ist eine starke, zweiprotonige Säure.

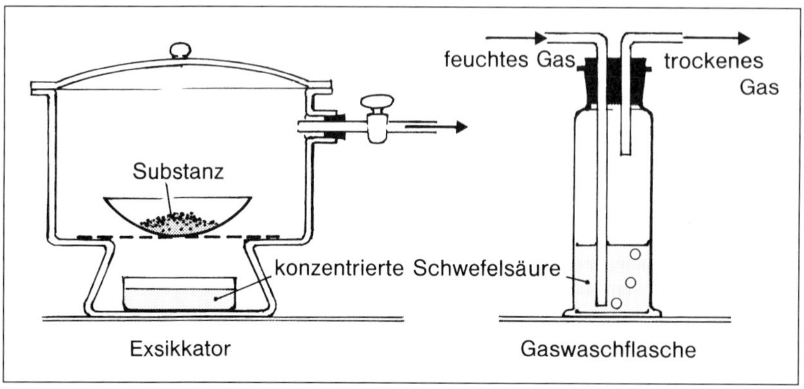


Schwefelsäure als Trockenmittel

Schwefelsäure

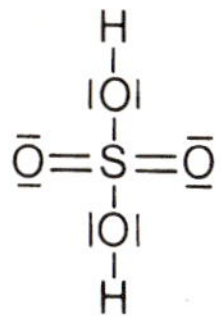

Sie protolysiert in zwei Stufen, so daß zwei Gruppen von Salzen gebildet werden:

$H_2SO_4(l) + H_2O(l) \rightleftarrows H_3O^+(aq) + HSO_4^-(aq)$
Hydrogensulfat-Ion

$HSO_4^-(aq) + H_2O(l) \rightleftarrows H_3O^+(aq) + SO_4^{2-}(aq)$
Sulfat-Ion

Verdünnte Schwefelsäure reagiert mit unedlen Metallen unter Wasserstoffentwicklung.

*Beispiel:*

$Zn(s) + 2\ H_3O^+(aq) \longrightarrow H_2(g) + Zn^{2+}(aq) + 2\ H_2O(l)$

Konzentrierte Schwefelsäure wirkt bei höherer Temperatur oxidierend. Sie wird hierbei zu Schwefeldioxid reduziert.

*Beispiel:*

$2\ Ag + 2\ H_2SO_4 \longrightarrow SO_2 + 2\ H_2O + Ag_2SO_4$

Die meisten Sulfate sind leicht in Wasser löslich.

*Beispiele:*

Natriumsulfat $Na_2SO_4 \cdot 10\ H_2O$ (Glaubersalz)
Magnesiumsulfat $MgSO_4 \cdot 7\ H_2O$ (Bittersalz)
Kupfersulfat $CuSO_4 \cdot 5\ H_2O$ (Kupfervitriol)
Eisen(II)-sulfat $FeSO_4 \cdot 7\ H_2O$ (Eisenvitriol)

Alaune sind Doppelsulfate:

Kaliumaluminiumsulfat $KAl(SO_4)_2 \cdot 12\ H_2O$ (Alaun)
Kaliumchromsulfat $KCr(SO_4)_2 \cdot 12\ H_2O$ (Chromalaun)

Schwer wasserlöslich sind z.B. Bleisulfat, Silbersulfat, Calciumsulfat, Strontiumsulfat und Bariumsulfat.

Bariumionen (z.B. aus einer Bariumchloridlösung) lassen sich zum Nachweis der Sulfationen verwenden.

Sulfat-Ion

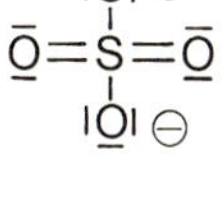

Es entsteht ein weißer Niederschlag von Bariumsulfat, der auch in Salzsäure unlöslich ist:

$Ba^{2+}(aq) + SO_4^{2-}(aq) \longrightarrow BaSO_4(s)$

## Weitere Säuren des Schwefels

Durch Reaktion von Sulfitlösungen mit Schwefel erhält man Thiosulfate. Es sind die Salze der unbeständigen **Thioschwefelsäure** $H_2S_2O_3$.

Thiosulfat-Ion

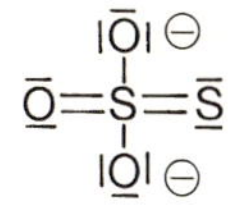

Anmerkung: Die Abbildung zeigt eine Grenzstruktur des Thiosulfat-Ions. Auch die folgenden Formeln geben Grenzstrukturen wieder (Mesomerie*).

Die beiden Schwefelatome im Thiosulfat-Ion sind chemisch nicht gleichwertig. Die mittlere Oxidationszahl der beiden S-Atome beträgt IV.

Natriumthiosulfat $Na_2S_2O_3 \cdot 5\ H_2O$ wird in der Fotografie* als Fixiersalz benutzt.

In der Iodometrie (Analytische Chemie: Band 2) wird eine Thiosulfatlösung zur Reduktion von Iod eingesetzt.

$2\ S_2O_3^{2-} + I_2 \longrightarrow S_4O_6^{2-} + 2\ I^-$

Bei der Reaktion bildet sich das Tetrathionat-Ion $S_4O_6^{2-}$.

Tetrathionat-Ion

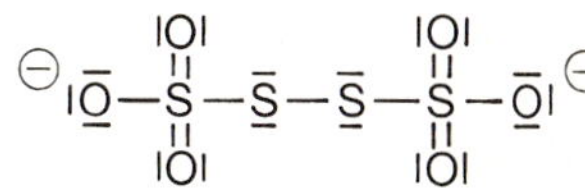

Die mittlere Oxidationszahl der vier Schwefelatome beträgt „+2,5". Die beiden inneren S-Atome besitzen die Oxidationszahl 0, die äußeren S-Atome jeweils die Oxidationszahl V.

Erhitzt man Natriumhydrogensulfat $NaHSO_4$, so entsteht Natriumdisulfat (früher Natriumpyrosulfat) $Na_2S_2O_7$. Es ist ein Salz der **Dischwefelsäure** (früher Pyroschwefelsäure) $H_2S_2O_7$.

Disulfat-Ion

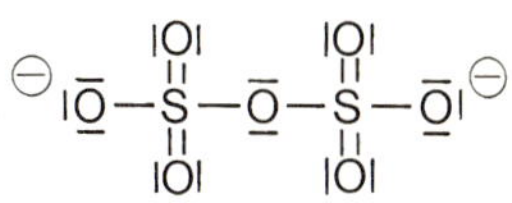

Durch Oxidation von Sulfiten erhält man Dithionate, die Salze der **Dithionsäure** $H_2S_2O_6$.

Dithionat-Ion

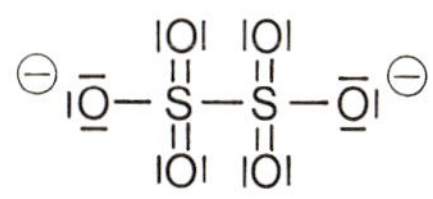

Die **Peroxomonoschwefelsäure** (*Caro*sche Säure) $H_2SO_5$ und die **Peroxodischwefelsäure** $H_2S_2O_8$ und ihre Salze sind sehr starke Oxidationsmittel.

Peroxomonosulfat-Ion

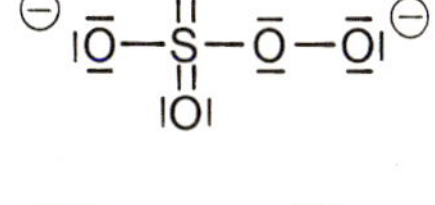

Peroxodisulfat-Ion

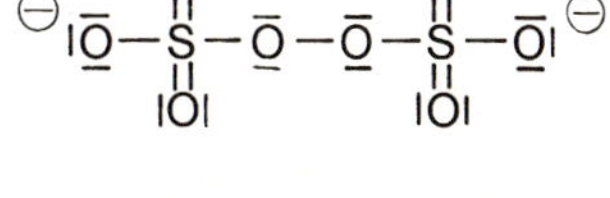

## Selen

Selen ist ein seltenes Element, das in geringen Mengen in Sulfiden vorkommt. Beständig ist die graue, metallische Modifikation.

Der elektrische Widerstand des Selens nimmt bei zunehmender Belichtungsstärke ab. Aufgrund dieser Eigenschaft kann Selen zur Herstellung von Fotozellen z.B. in Belichtungsmessern verwendet werden.

Selen bildet viele Verbindungen, die den Schwefelverbindungen ähnlich sind.

Selenoxid ist bei Raumtemperatur fest und bildet lange, kettenförmige Moleküle $(SeO_2)_n$. Durch Reaktion mit Wasser entsteht die recht beständige Selenige Säure $H_2SeO_3$. Durch anodische Oxidation der Selenigen Säure erhält man die Selensäure $H_2SeO_4$. Sie ist stärker oxidierend als die Schwefelsäure. Ihre Salze sind die Selenate.

Hydrogenselenid (Selenwasserstoff) $H_2Se$ ist sehr giftig.

## Tellur

Tellur ist noch seltener als Selen. Es tritt mit diesem zusammen in Sulfiden auf. Es ist ein silberweißer, spröder, metallisch glänzender Stoff. Tellurwasserstoff $TeH_2$ ist eine recht starke Säure. Als Reduktionsmittel reduziert er Wasser zu Wasserstoff. Die Orthotellursäure $H_6TeO_6$ ist sehr schwach.

### Polonium

Polonium wurde 1898 von der in Polen gebürtigen *Marie Curie** und ihrem Mann *Pierre Curie** in der Pechblende* (einem Uranerz) entdeckt. Alle Isotope des Poloniums sind radioaktiv. Es ist ein silberfarbener Stoff mit typischen Metalleigenschaften. Es bildet $Po^{2+}$-Ionen.

## 9.7 VII. Hauptgruppe (Halogene)

In der VII. Hauptgruppe des Periodensystems stehen die Elemente Fluor, Chlor, Brom, Iod und Astat.

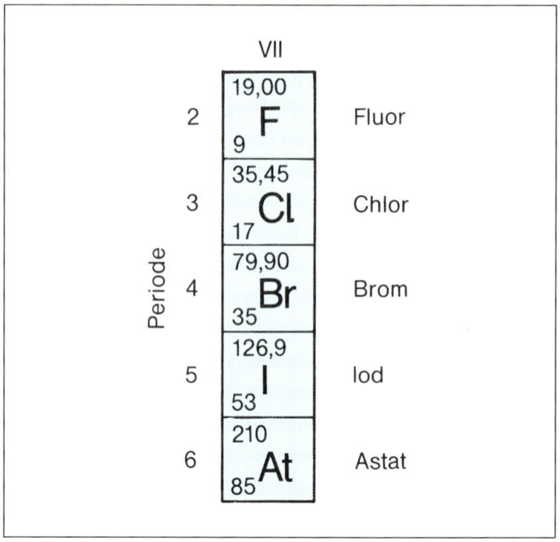


VII.Hauptgruppe des PSE

Die Elemente der VII. Hauptgruppe zeigen in ihren Eigenschaften große Ähnlichkeiten. Es sind Nichtmetalle, wobei gewisse metallische Eigenschaften in Richtung Astat zunehmen.

Der Gruppenname „Halogene" bedeutet „Salzbildner" (von den griechischen Wörtern *hals* = Salz und *genan* = bilden). Die Elemente der VII. Hauptgruppe können mit Metallen reagieren, und dabei bilden sich Salze.

## Fluor

Der Name des Elements Fluor stammt vom lateinischen Wort *fluere* = fließen.

Fluor kommt wie alle Halogene nur in gebundener Form in der Natur vor. Das wichtigste Fluormineral ist der Flußspat (Fluorit) $CaF_2$.

Fluor ist ein leicht gelbliches Gas mit stechendem Geruch und bildet Moleküle der Zusammensetzung $F_2$. Es ist das reaktionsfähigste Element und kann sich mit fast allen Elementen direkt unter Bildung von Fluoriden verbinden. Die Oxidationszahl in allen Fluorverbindungen ist –I. Fluor besitzt von allen Elementen die größte Elektronegativität* (4,0).

Elementares Fluor wird durch Elektrolyse von Kaliumfluorid KF in flüssigem Fluorwasserstoff HF in Gefäßen aus Monelmetall (Kupfer/Nickel-Legierung) hergestellt. Man benötigt es z.B. zur Herstellung von Uranhexafluorid $UF_6$ (Isotopentrennung*).

### Eigenschaften der Halogene

| | F | Cl | Br | I | At |
|---|---|---|---|---|---|
| Schmelztemperatur in °C | – 220 | – 102 | – 7,3 | 114 | 302 |
| Siedetemperatur in °C | – 187 | – 34 | 59 | 183 | 335 |
| Dichte in g/cm³ bei 20 °C | 0,0016 | 0,0030 | 3,14 | 4,95 | ? |
| Farbe im gasförmigen Zustand | leicht gelblich | gelbgrün | rotbraun | violett | – |

## Fluorverbindungen

Fluor reagiert mit fast allen Elementen. Die Bindungsenergie im $F_2$-Molekül ist mit 159 kJ/mol sehr gering.

**Hydrogenfluorid** (Fluorwasserstoff) HF ist ein farbloses, stechend riechendes, giftiges Gas, das zur Nebelbildung neigt. Aufgrund der starken Wasserstoffbrückenbindungen* liegt die Siedetemperatur mit 19,5 °C sehr hoch.

Hydrogenfluorid bildet sich z.B. bei der Reaktion zwischen Calciumfluorid und Schwefelsäure:

$$CaF_2 + H_2SO_4 \longrightarrow CaSO_4 + 2\,HF$$

HF entsteht auch bei der heftigen Reaktion zwischen Fluor und Wasser:

$$2\,F_2 + 2\,H_2O \longrightarrow 4\,HF + O_2$$

Hydrogenfluorid und seine wäßrige Lösung, die **Flußsäure**, reagieren mit Glas und Quarz:

$$SiO_2 + 4\,HF \longrightarrow SiF_4 + 2\,H_2O$$

Flußsäure läßt sich daher zum Ätzen von Glas verwenden und muß in Gefäßen aus Kunststoff aufbewahrt werden. Auf der Haut erzeugt die Flußsäure schwer heilende Wunden.

Hydrogenfluorid ist eine mittelstarke Säure. Die Säurestärke* der Halogenwasserstoffsäuren nimmt von HF bis HI zu.

Fluor bildet mit den meisten Metallen salzartige **Fluoride**.

*Beispiel:*

$$2\,Ag + F_2 \longrightarrow 2\,AgF \qquad \text{Silberfluorid}$$

Die Nichtmetalle und einige Nebengruppenmetalle reagieren mit Fluor unter Bildung kovalenter Fluoride.

*Beispiel:*

$$S + 3\,F_2 \longrightarrow SF_6 \qquad \text{Schwefelhexafluorid}$$

Die Fluoride sind besonders stabile Verbindungen.

Auch Fluor-Sauerstoff-Verbindungen, z.B. das Sauerstoffdifluorid $OF_2$, existieren. Da Fluor die Oxidationszahl –I besitzt (wie in allen F-Verbindungen), weist das Sauerstoffatom die ungewöhnliche Oxidationszahl II auf.

Lösliche Fluoride, z.B. das Natriumfluorid NaF, sind giftig. In geringen Mengen sind Fluoride zur Vorbeugung gegen Karies (Zahnfäule) in Zahnpasten enthalten. Teilweise wird auch Trinkwasser mit Fluoriden versetzt („Fluoridierung").

# Chlor

Der Name Chlor stammt vom griechischen Wort *chloros* = gelbgrün.

Chlorid-Ionen sind zu ca. 2% im Meerwasser enthalten. Wichtige Chlormineralien sind das Steinsalz NaCl und der Sylvin KCl.

Chlor ist ein gelbgrünes, giftiges, stechend riechendes Gas. Es bildet Moleküle der Zusammensetzung $Cl_2$ und löst sich mäßig gut in Wasser.

Chlor wird in der chemischen Industrie durch Elektrolyse von Natriumchloridlösungen gewonnen. Als weitere Produkte erhält man dabei Natriumhydroxid* NaOH und Wasserstoff $H_2$ (Band 2: Elektrolyse).

Ein weiteres technisches Verfahren beruht auf der Oxidation von Chlorwasserstoff mit Luftsauerstoff mit z.B. Eisen(III)-chlorid als Katalysator:

$$4\,HCl + O_2 \longrightarrow 2\,Cl_2 + 2\,H_2O$$

Im Labormaßstab stellt man Chlor häufig durch die Reaktion von Salzsäure (Chlorwasserstoffsäure) mit Kaliumpermanganat her:

$$16\,HCl + 2\,KMnO_4 \longrightarrow 5\,Cl_2 + 2\,KCl + 2\,MnCl_2 + 8\,H_2O$$

Chlor gehört zu den wichtigsten Zwischenprodukten der chemischen Industrie. Es wird beispielsweise zu folgenden Stoffen verarbeitet: Chlorwasserstoff, Salzsäure, Polyvinylchlorid (PVC), Metallchloride, Chloralkane, Phosgen, Chlorbenzol, Chlorkautschuk, Chloressigsäure, Bleichmittel, Desinfektionsmittel, Chlorkalk.

Chlorgas schädigt die Schleimhäute und das Lungengewebe. Es wurde im 1. Weltkrieg als erster chemischer Kampfstoff eingesetzt.

## Chlorverbindungen

Chlor ist ein sehr reaktionsfähiges Element, das mit vielen Metallen und Nichtmetallen reagiert. Dabei bilden sich **Chloride**.

*Beispiel:*

$$2\,Al + 3\,Cl_2 \longrightarrow 2\,AlCl_3 \qquad \text{Aluminiumchlorid}$$

Die salzartigen Chloride sind meist gut in Wasser löslich.

*Beispiele:*

Natriumchlorid NaCl (Kochsalz)

Ammoniumchlorid $NH_4Cl$ (Salmiak)

Kupfer(II)-chlorid $CuCl_2$

In Wasser schwer löslich sind z.B. Silberchlorid AgCl, Quecksilber(I)-chlorid $Hg_2Cl_2$ und Bleichlorid $PbCl_2$ (in der Kälte).

**Chlorid-Ionen** $Cl^-$ lassen sich durch Reaktion mit Silber-Ionen $Ag^+$ (z.B. durch Zugabe einer wäßrigen Lösung von Silbernitrat $AgNO_3$) nachweisen. Es entsteht ein weißer Niederschlag von Silberchlorid AgCl, der am Licht nachdunkelt. In Salpetersäure ist der Niederschlag unlöslich. Bei Zugabe von Ammoniaklösung tritt eine Reaktion ein, bei der sich eine lösliche Komplexverbindung (Diamminsilberchlorid) bildet (Band 2: Komplexe).

$$Ag^+(aq) + Cl^-(aq) \longrightarrow AgCl(s)$$

$$AgCl(s) + 2\,NH_3 \longrightarrow [Ag(NH_3)_2]^+(aq) + Cl^-(aq)$$

Das wichtigste Chlorid ist das **Natriumchlorid*** NaCl, das im Haushalt als Kochsalz verwendet wird. Es ist für den menschlichen Organismus lebensnotwendig.

Läßt man Metallchloride (z.B. Natriumchlorid) mit konzentrierter Schwefelsäure reagieren, so bildet sich **Hydrogenchlorid** (Chlorwasserstoff) HCl:

$$2\ NaCl + H_2SO_4 \longrightarrow Na_2SO_4 + 2\ HCl$$

Hydrogenchlorid ist ein farbloses, stechend riechendes Gas, das zur Nebelbildung neigt.

Es löst sich sehr gut in Wasser. Hierbei findet eine praktisch vollständige Protolyse* statt:

$$HCl(g) + H_2O(l) \longrightarrow H_3O^+(aq) + Cl^-(aq)$$

Eine wäßrige Lösung von Hydrogenchlorid wird als **Salzsäure** bezeichnet. Die konzentrierte Salzsäure des Handels ist etwa 37%ig (Massenanteil). Auch im Magensaft sind ca. 0,5% HCl enthalten.

Die Salzsäure reagiert nur mit unedlen Metallen. Hierbei wird Wasserstoff frei:

$$Zn + 2\ HCl \longrightarrow H_2 + ZnCl_2$$

In der Ionenschreibweise lautet die Gleichung:

$$Zn(s) + 2\ H_3O^+(aq) \longrightarrow H_2(g) + Zn^{2+}(aq) + 2\ H_2O(l)$$

Nach dem Eindampfen* der Reaktionslösungen erhält man Metallchloride.

Beim Einleiten von Chlor in Wasser findet eine Disproportionierung* statt:

$$Cl_2 + H_2O \rightleftharpoons HCl + HOCl$$

Neben Salzsäure bildet sich die **Hypochlorige Säure** (unterchlorige Säure) HOCl.

Hypochlorige Säure $H-\overline{\underline{O}}-\overline{\underline{Cl}}|$

HOCl existiert nur in verdünnten Lösungen und besitzt einen chlorähnlichen Geruch („Schwimmbadgeruch"). Die Hypochlorige Säure gibt leicht atomaren Sauerstoff ab, der sehr reaktionsfähig ist. Man verwendet sie als Bleich- und Desinfektionsmittel (z.B. in Schwimmbädern).

$$HOCl \longrightarrow HCl + O \qquad \text{atomarer Sauerstoff}$$

Auch Lösungen der Hypochlorite (Salze der Hypochlorigen Säure) spalten atomaren Sauerstoff ab.

Chlorkalk Ca(OCl)Cl bildet sich aus Calciumhydroxid und Chlor. Die Natronbleichlauge enthält Natriumhypochlorit NaOCl.

Chlor(I)-oxid $Cl_2O$ ist ein äußerst reaktionsfähiges Gas. Es ist das Anhydrid* der Hypochlorigen Säure:

$$Cl_2O + H_2O \longrightarrow 2\ HOCl$$

In der **Chlorigen Säure** $HClO_2$ besitzt das Chlor die Oxidationszahl III. Sie ist sehr unbeständig und in reiner Form nicht bekannt.

Chlorige Säure $H-\overline{\underline{O}}-\overline{\underline{Cl}}-\overline{\underline{O}}|$

Die Salze der Chlorigen Säure sind die Chlorite. Sie werden zum Bleichen verwendet (z.B. Natriumchlorit $NaClO_2$).

In wäßriger Lösung reagieren die Hypochlorite zu Chloriden und Chloraten (Disproportionierung*):

$$3\ ClO^- \longrightarrow 2\ Cl^- + ClO_3^-$$

Chlorate sind die Salze der **Chlorsäure** $HClO_3$.

Chlorsäure

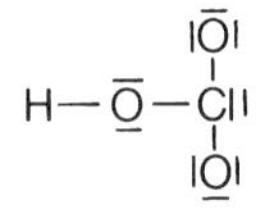

Die Chlorsäure ist nur in Lösungen geringer Konzentration beständig.

Natriumchlorat $NaClO_3$ kann als Unkrautvertilgungsmittel verwendet werden. Kaliumchlorat $KClO_3$ wird zur Herstellung von Zündhölzern und Explosivstoffen benötigt. Die Chlorate sind starke Oxidationsmittel.

Kaliumchlorat bildet sich beim Einleiten von Chlor in heiße Kalilauge:

$$6\ KOH + 3\ Cl_2 \longrightarrow KClO_3 + 5\ KCl + 3\ H_2O$$

Beim Erhitzen der Chlorate findet eine Disproportionierung* in Perchlorate und Chloride statt:

$$4\ ClO_3^- \longrightarrow 3\ ClO_4^- + Cl^-$$

Perchlorate sind die Salze der **Perchlorsäure** $HClO_4$ (Chlor mit der Oxidationszahl VII).

Perchlorsäure

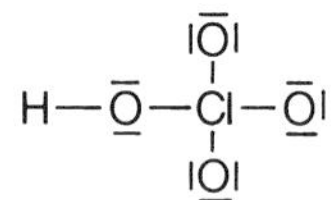

Die Perchlorsäure ist eine der stärksten Säuren und in reiner Form darstellbar. Sie ist eine farblose Flüssigkeit, die beim Erhitzen explodieren kann und stark oxidierend wirkt. Kaliumperchlorat $KClO_4$ ist in Wasser schwer löslich.

Durch Abspaltung von Wasser aus Perchlorsäure mit Phosphor(V)-oxid $P_4O_{10}$ erhält man **Chlor(VII)-oxid** $Cl_2O_7$, das bei Raumtemperatur flüssig ist.

# Brom

Der Name Brom kommt von griechischen Wort *bromos* = Gestank.

Bromverbindungen finden sich zusammen mit Chlorverbindungen in der Natur (z.B. im Meerwasser).

Brom ist bei Raumtemperatur eine dunkelbraune Flüssigkeit. Sie verdunstet sehr leicht, und es entstehen rotbraune, stechend riechende („chlorähnlich") Dämpfe. Brom löst sich in Wasser nur mäßig gut. Die Löslichkeit in vielen organischen Lösungsmitteln ist dagegen besser. Flüssiges Brom und Bromdämpfe schädigen die Haut und die Atmungsorgane. Sie sind sehr giftig.

Elementares Brom wird aus Bromiden gewonnen, die im Steinsalz (NaCl) oder in Kalisalzen enthalten sind:

$$2\ Br^- + Cl_2 \longrightarrow Br_2 + 2\ Cl^-$$

Aus Brom werden verschiedene anorganische und organische Bromverbindungen hergestellt.

## Bromverbindungen

Auch Brom reagiert wie Chlor mit vielen Elementen zu Bromiden.

*Beispiel:*

$Zn + Br_2 \longrightarrow ZnBr_2$ Zinkbromid

Die meisten salzartigen **Bromide** sind leicht wasserlöslich und enthalten Bromidionen $Br^-$, die sich mit Hilfe einer Silbernitratlösung nachweisen lassen. Es entsteht ein gelblicher Niederschlag:

$Ag^+(aq) + Br^-(aq) \longrightarrow AgBr(s)$ Silberbromid

Das Silberbromid ist in Salpetersäure und Ammoniaklösung unlöslich.

**Hydrogenbromid** (Bromwasserstoff) HBr ist wie Chlorwasserstoff ein stechend riechendes Gas, das zur Nebelbildung neigt. Es löst sich sehr gut in Wasser.

Die konzentrierte Bromwasserstoffsäure des Handels ist 48%ig. Sie wird durch Einleiten von HBr in Wasser erhalten. Hydrogenbromid läßt sich in reiner Form aus Brom, Wasser und rotem Phosphor gewinnen.

Auch Brom bildet wie Chlor vier Sauerstoffsäuren. Die **Hypobromige Säure** HOBr besitzt einen angenehmen Geruch. Ihre Salze sind die Hypobromite.

Die **Bromige Säure** $HBrO_2$ und ihre Salze, die Bromite, sind erst 1959 entdeckt worden. Sie sind recht unbeständig.

Die **Bromsäure** $HBrO_3$ und ihre Salze, die Bromate, sind den entsprechenden Chlorverbindungen sehr ähnlich. Sie wirken stark oxidierend.

Die **Perbromsäure** $HBrO_4$ und ihre Salze, die Perbromate, sind erst seit 1968 bekannt. Sie konnten durch Oxidation von Bromaten mit Fluor erhalten werden. Die Perbromate sind stärkere Oxidationsmittel als die Perchlorate und die Periodate.

Zwei **Bromoxide** sind einwandfrei nachgewiesen worden: Brom(I)-oxid $Br_2O$ ist ein brauner Stoff, der bei –17,5 °C schmilzt; Brom(IV)-oxid $BrO_2$ ist eine gelbe Flüssigkeit.

# Iod

Der Name Iod stammt vom griechischen Wort *ioeides* = veilchenfarbig. Iod wurde früher mit J geschrieben (Jod).

Iod ist wesentlich seltener als Fluor, Chlor und Brom. Es tritt in gebundener Form im Chilesalpeter auf und findet sich in den Meeresalgen und Tangen.

Iod ist für den menschlichen Organismus notwendig. Bei Iodmangel kann sich das Hormon Thyroxin nicht bilden, und es treten Erkrankungen der Schilddrüse auf.

Iod läßt sich aus Iodiden durch Reaktion mit Chlor erhalten:

$$2\,I^- + Cl_2 \longrightarrow I_2 + 2\,Cl^-$$

Iod ist ein grauschwarzer, metallisch glänzender Feststoff, der einen schwachen, chlorähnlichen Geruch aufweist. Erhitzt man Iod langsam, so sublimiert es, d.h., es geht vom festen in den gasförmigen Zustand über, ohne zu schmelzen. Der Ioddampf besitzt eine violette Farbe.

Iod löst sich in Wasser nur wenig. Gut löslich ist es dagegen in einer Kaliumiodidlösung. Man erhält die dunkelbraune Iodkaliumiodidlösung (*Lugol*sche Lösung), in der die nicht allzu beständigen $I_3^-$-Ionen vorliegen.

Leicht löslich ist Iod in Ethanol (Ethylalkohol). Die braune Iodtinktur (alkoholische Iodlösung) wurde früher zur Wundbehandlung verwendet. In vielen unpolaren bzw. schwach polaren organischen Flüssigkeiten löst sich Iod mit violetter Farbe (z.B. in Benzin, Kohlenstoffdisulfid, Chloroform).

Elementares Iod läßt sich durch die **Iod-Stärke-Reaktion** nachweisen. Es bildet sich eine dunkelblaue Einschlußverbindung, die beim Erwärmen zerstört wird und beim Abkühlen erneut auftritt. Die Iodmoleküle $I_2$ gelangen dabei in den Hohlraum des Stärkemoleküls. Die lösliche Stärke, die Amylose (Band 2: Polysaccharide), bildet eine schraubenförmige Molekülkette, die als Helix bezeichnet wird.

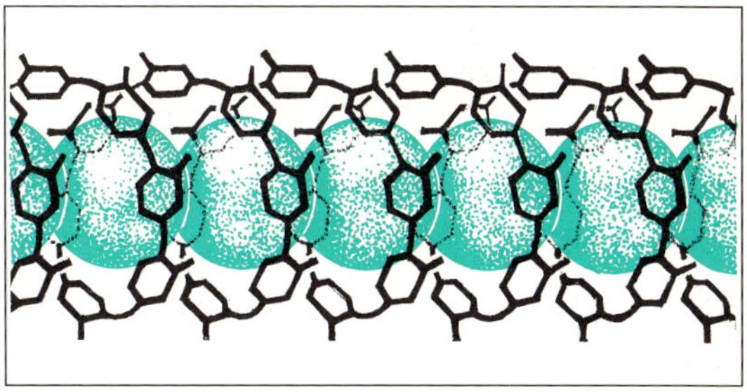

Iod-Stärke-Molekül

## Iodverbindungen

Auch Iod kann mit vielen Elementen reagieren und **Iodide** bilden.

*Beispiel:*

$Mg + I_2 \longrightarrow MgI_2$ Magnesiumiodid

Erwartungsgemäß ist Iod wesentlich reaktionsträger als Fluor, Chlor oder Brom.

Die löslichen Iodide (z.B. Kaliumiodid KI) lassen sich mit einer Silbernitratlösung nachweisen. Es entsteht ein hellgelber Niederschlag von Silberiodid, der in Salpetersäure und Ammoniaklösung unlöslich ist:

$Ag^+(aq) + I^-(aq) \longrightarrow AgI(s)$ Silberiodid

**Hydrogeniodid** (Iodwasserstoff) HI ist unbeständiger als Bromwasserstoff. Es löst sich in Wasser und bildet die Iodwasserstoffsäure. Es ist die stärkste Halogenwasserstoffsäure.

Von den Sauerstoffsäuren des Iods sind die **Hypoiodige Säure** HOI und die **Iodsäure** $HIO_3$, sowie ihre Salze (Hypoiodite und Iodate) bekannt. Eine Periodsäure der Zusammensetzung „$HIO_4$" existiert nicht.

Säuert man eine Periodatlösung (z.B. aus Kaliumperiodat $KIO_4$) an, um Periodsäure zu erhalten, so bekommt man einen kristallinen Stoff der Zusammensetzung $H_5IO_6$ (rein formal „$HIO_4 \cdot 2\,H_2O$"), der als **Orthoperiodsäure** bezeichnet wird. Iod besitzt hier die Oxidationszahl VII.

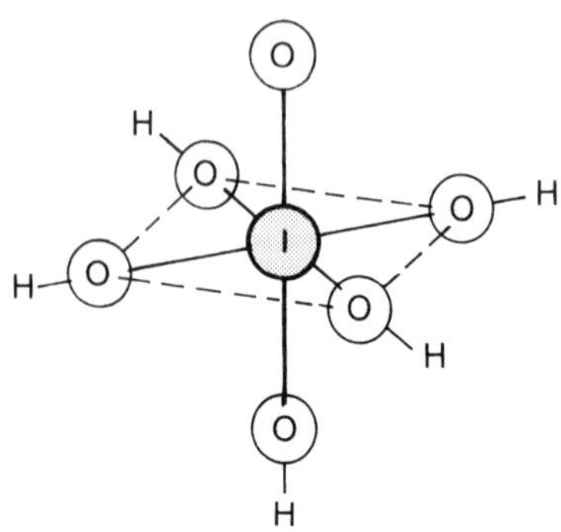

Oktaedrische Struktur der Orthoperiodsäure

Iodverbindungen spielen in der analytischen Chemie eine wichtige Rolle (Band 2: Iodometrie).

In saurer Lösung reagieren Iodide und Iodate miteinander. In einer Komproportionierung* bildet sich elementares Iod:

$$5\,I^- + IO_3^- + 6\,H_3O^+ \longrightarrow 3\,I_2 + 9\,H_2O$$

Von allen Halogenoxiden ist Iod(V)-oxid, das Anhydrid* der Iodsäure, am stabilsten. Es ist ein weißer Feststoff, der zur analytischen Bestimmung von Kohlenstoffmonooxid verwendet wird. Bei der Reaktion bilden sich Kohlenstoffdioxid und Iod:

$$5\,CO + I_2O_5 \longrightarrow 5\,CO_2 + I_2$$

In einer **Halogenlampe** befindet sich neben Argon*, einem reaktionsträgen (inerten) Edelgas, eine geringe Menge des Halogens Iod. Das Iod reagiert mit Wolfram (aus dem Glühdraht) und mit Spuren von Sauerstoff zum flüchtigen $WO_2I_2$. Auf dem heißen Glühdraht wird das $WO_2I_2$ zerlegt, und das Wolfram scheidet sich wieder ab. Dadurch wird die Schwärzung des Glaskolbens durch das verdampfte Metall vermieden und die Lebensdauer der Glühlampe verlängert.

## Interhalogene

**Interhalogene** sind Verbindungen zwischen verschiedenen Halogenen.

Es sind allerdings nur Moleküle aus zwei verschiedenen Halogenatomen bekannt. Die Interhalogene sind durchweg sehr reaktionsfähige Oxidationsmittel.

*Beispiele:*

Chlorfluorid ClF
Iodfluorid IF
Bromchlorid BrCl
Iodbromid IBr
Bromtrifluorid $BrF_3$

Iodbromid wird zur Bestimmung der Iodzahl benötigt (Band 2: Fette).

## Astat

Der Name Astat kommt vom griechischen Wort *astates* = unbeständig.

Astat ist ein äußerst seltenes Element, das keine praktische Bedeutung besitzt. Alle Isotope* des Astats sind radioaktiv.

## 9.8 VIII. Hauptgruppe (Edelgase)

In der VIII. Hauptgruppe des Periodensystems stehen die Elemente Helium, Neon, Argon, Krypton, Xenon und Radon.

VIII. Hauptgruppe des PSE

| Periode | VIII | |
|---|---|---|
| 1 | 4,003 He 2 | Helium |
| 2 | 20,18 Ne 10 | Neon |
| 3 | 39,95 Ar 18 | Argon |
| 4 | 83,80 Kr 36 | Krypton |
| 5 | 131,3 Xe 54 | Xenon |
| 6 | 222 Rn 86 | Radon |

## Eigenschaften der Edelgase

| | He | Ne | Ar | Kr | Xe | Rn |
|---|---|---|---|---|---|---|
| Schmelztemperatur in °C | – 270 | – 248 | – 189 | – 157 | – 112 | – 71 |
| Siedetemperatur in °C | – 269 | – 246 | – 186 | – 153 | – 108 | – 62 |
| Dichte in g/l bei 20 °C | 0,17 | 0,84 | 1,66 | 3,48 | 5,49 | 9,2 |

Alle Edelgase zeichnen sich dadurch aus, daß sie äußerst reaktionsträge sind. Sie sind farb-, geruch- und geschmacklos und in unterschiedlicher Konzentration in der Luft enthalten (Volumenanteil):

Argon: 0,93 %
Neon: 0,0016 %
Helium: 0,0005 %
Krypton: 0,0001 %
Xenon: 0,000008 %
Radon: Spuren

Die Edelgase lassen sich aus flüssiger Luft durch fraktionierte Destillation bzw. durch Adsorption an Aktivkohle* gewinnen. Helium ist als Zerfallsprodukt radioaktiver* Stoffe ( $\alpha$-Teilchen sind Heliumkerne) in bestimmten Erdgassorten enthalten und kann daraus gewonnen werden. Radon entsteht beim Zerfall des Radiums. Sämtliche Radon-Isotope sind radioaktiv.

Die Edelgase geben in Gasentladungsröhren jeweils ein charakteristisches Licht ab:

Helium: gelb
Neon: rot
Argon: violett
Krypton: gelbgrün
Xenon: blaugrün

Solche Gasentladungsröhren werden häufig für Reklame- und Dekorationszwecke hergestellt („Neonröhren"). Normale Glühlampen enthalten ein Gemisch aus ca. 90% Argon und 10% Stickstoff.

Xenon ist häufig in Elektronenblitzgeräten für die Fotografie enthalten, da es ein weißes, sonnenähnliches Licht abgibt.

Gasförmiges Helium dient als Füllgas für Ballons, da es unbrennbar und nach dem Wasserstoff das Gas mit der geringsten Dichte ist. Flüssiges Helium wird in der Tieftemperaturtechnik, z.B. für supraleitende Magneten, benötigt.
Argon dient als Schutzgas beim Schweißen und bei der Herstellung bestimmter Metalle.

## Chemische Eigenschaften der Edelgase

Die Edelgase sind äußerst reaktionsträge. Durch die stabile Elektronenkonfiguration $s^2p^6$ der äußeren Schale (Ausnahme Helium: $1s^2$) ist kein Bestreben zur Ausbildung von Bindungen vorhanden. Die Edelgase liegen als Einzelatome vor.

Viele andere Atome versuchen, durch Abgabe bzw. Aufnahme von Elektronen oder durch gemeinsame Nutzung von Elektronen die **Edelgaskonfiguration** zu erreichen (Edelgasregel* oder Oktettregel*).

Lange Zeit wurde angenommen, daß die Edelgase keine Verbindungen bilden können. 1962 stellte *Bartlett* die erste Edelgasverbindung, das $XePtF_6$, her. Im gleichen Jahr wurde von dem deutschen Chemiker *Hoppe* das Xenondifluorid $XeF_2$ synthetisiert. Die Entdeckung von Edelgasverbindungen wurde in der wissenschaftlichen Fachwelt als Sensation aufgenommen. In den folgenden Jahren gelang die Herstellung weiterer Verbindungen des Xenons, Kryptons und Radons. Helium-, Neon- und Argonverbindungen sind bis heute nicht bekannt.

Die meisten Edelgasverbindungen sind Fluoride. Durch Austausch (Substitution) lassen sich auch Sauerstoffverbindungen herstellen.

Eine **Substitutionsreaktion** ist eine Austauschreaktion.

Hierbei wird ein Atom oder eine Atomgruppe durch ein anderes Atom oder eine andere Atomgruppe ersetzt.

Bei der Reaktion zwischen Xenon und Fluor bei 400 °C entstehen $XeF_2$, $XeF_4$ und $XeF_6$. Es sind farblose, kristalline Feststoffe, die zwischen 47 °C und 140 °C schmelzen.

*Beispiel:*

$$Xe + 3\,F_2 \longrightarrow XeF_6 \quad \text{Xenon(VI)-fluorid}$$

Durch Hydrolyse (Reaktion mit dem Wasser) können Oxofluoride bzw. Oxide erhalten werden:

$$XeF_6 + 3\,H_2O \longrightarrow 6\,HF + XeO_3 \quad \text{Xenon(VI)-oxid}$$

Selbst Xenonverbindungen mit der Oxidationszahl VIII sind bekannt.

*Beispiele:*

Natriumperxenat $Na_4XeO_6$
Xenon(VIII)-oxid $XeO_4$

Krypton- und Radonverbindungen sind schwieriger zu erhalten. Bekannt sind beispielsweise Kryptondifluorid $KrF_2$ und Radondifluorid $RnF_2$.

Die Bindungen in Edelgasverbindungen sind kovalent. Die Bindungsenthalpien liegen zwischen ca. 130 und 200 kJ/mol.

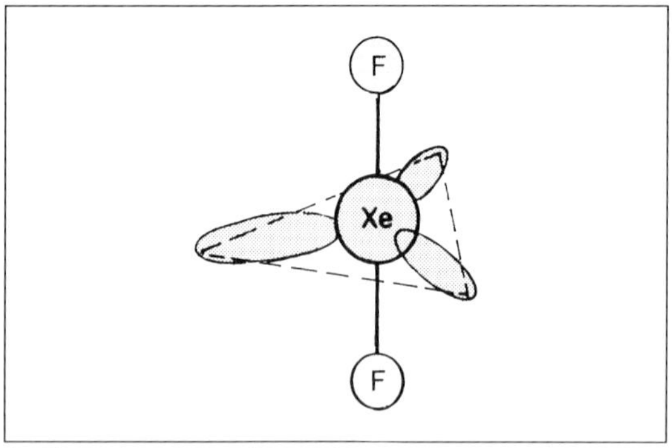


Struktur des Xenondifluorids

Erläuterung der Bindungsverhältnisse im Xenondifluorid $XeF_2$:

Aus den vier doppelt besetzten Orbitalen* 5s, $5p_x$, $5p_y$ und $5p_z$ des Xenonatoms sowie den beiden halbbesetzten Orbitalen $2p_z$ der beiden Fluoratome entstehen fünf gleichartige Molekülorbitale. Sie ordnen sich in der Form einer trigonalen Bipyramide an. Die Struktur des Xenondifluorids ist daher linear.

## 9.9 Nebengruppenelemente

Die Nebengruppenelemente werden auch als Übergangselemente bezeichnet. Bei ihnen werden die d- bzw. f-Orbitale* mit Elektronen aufgefüllt.

Alle Nebengruppenelemente sind Metalle. Von wenigen Ausnahmen abgesehen, besitzen sie in ihren Verbindungen positive Oxidationszahlen. Sie reichen von I bis VIII. Die höchste Oxidationszahl stimmt häufig mit der Gruppennummer überein. Viele Verbindungen der Nebengruppenelemente besitzen eine charakteristische Eigenfarbe.

## I. Nebengruppe (Ia)

In der I. Nebengruppe des Periodensystems stehen die Elemente Kupfer, Silber, Gold und Unununium (s. Seite 152).

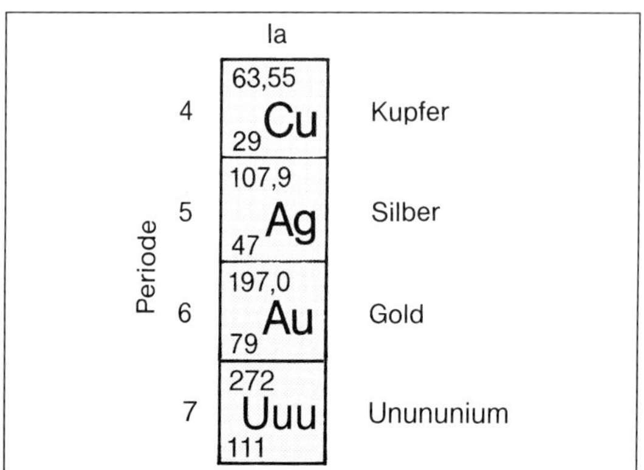


I. Nebengruppe des PSE

## Kupfer

Kupfer ist ein rötlich glänzendes, weiches Metall mit sehr guter elektrischer Leitfähigkeit. Die Dichte beträgt 8,9 g/cm³; die Schmelztemperatur 1083 °C. Das Element ist nach der Insel Zypern benannt (lat. *cuprum*).

Kupfer kommt in der Natur in geringen Mengen in gediegener Form (d.h. als Element) vor. Wichtige Kupfermineralien sind der Kupferglanz $Cu_2S$, der Kupferkies $CuFeS_2$, das Rotkupfererz $Cu_2O$ und der Malachit $CuCO_3 \cdot Cu(OH)_2$.

Aus den sulfidischen Erzen wird Kupfer durch Reaktion mit dem Luftsauerstoff erhalten (Rösten).

*Beispiel:*

$$Cu_2S + O_2 \longrightarrow 2\,Cu + SO_2$$

Das erhaltene Rohkupfer wird elektrolytisch gereinigt (Band 2: Elektrolyse).

Aus Kupfer(II)-Salzlösungen läßt sich Kupfer mit Hilfe unedler Metalle abscheiden.

*Beispiel:*

$$Cu^{2+}(aq) + Zn(s) \longrightarrow Cu(s) + Zn^{2+}(aq)$$

Da Kupfer elektropositiver als Wasserstoff ist, reagiert es nur mit oxidierenden Säuren (z.B. mit heißer konzentrierter Schwefelsäure* oder mit Salpetersäure*).

Kupfer reagiert auch mit einer wäßrigen Lösung von Eisen(III)-chlorid. Vereinfacht läßt sich die Gleichung in der folgenden Form angeben:

$$Cu + 2\,FeCl_3 \longrightarrow CuCl_2 + 2\,FeCl_2$$

Diese Reaktion nutzt man in der Technik zur Herstellung von Leiterplatten („gedruckte Schaltungen").

Kupfer wird hauptsächlich in der Elektrotechnik verwendet. Häufig wird es mit anderen Metallen legiert.

Wichtige **Kupferlegierungen** (Beispiele):

| | |
|---|---|
| Messing: | 65% Cu, 35% Zn |
| Bronze: | 90% Cu, 10% Sn |
| Neusilber: | 50% Cu, 30% Zn, 20% Ni |
| Konstantan: | 57% Cu, 41% Ni, 1% Fe, 1% Mn |

In den **Kupferverbindungen** treten die Oxidationszahlen I und II auf. Kupfer(II)-Verbindungen sind stabiler.

Kupfer(I)-oxid $Cu_2O$ ist ein rotes Pulver, das zum Färben von Glas und Email verwendet wird.

Kupfer(I)-chlorid CuCl und Kupfer(I)-iodid CuI sind weiß und in Wasser schwer löslich.

Kupfer(II)-oxid CuO ist ein schwarzer, spröder Stoff, der sich beim Erhitzen von Kupfer an der Luft bildet:

$$2\,Cu(s) + O_2(g) \longrightarrow 2\,CuO(s)$$

CuO reagiert mit verdünnter Salzsäure unter Bildung einer grünblauen Lösung:

$$CuO(s) + 2\,HCl(aq) \longrightarrow CuCl_2(aq) + H_2O(l)$$

Kupfer(II)-chlorid $CuCl_2 \cdot 2\ H_2O$ ist ein grünblaues Salz.

Kupfer(II)-sulfat $CuSO_4 \cdot 5\ H_2O$ ist eine blaue Verbindung. Beim Erhitzen wird das gebundene Kristallwasser* abgegeben, und es entsteht das weiße Kupfer(II)-sulfat $CuSO_4$:

$$\underset{\text{blau}}{CuSO_4 \cdot 5\ H_2O} \longrightarrow \underset{\text{weiß}}{CuSO_4} + 5\ H_2O$$

Nach der Zugabe von Wasser tritt die blaue Farbe wieder auf. Die Reaktion läßt sich als Wassernachweis verwenden.

Gibt man zu einer Kupfer(II)-Salzlösung eine Ammoniaklösung, so bildet sich das intensiv blaue Tetraamminkupfer(II)-Kation (Band 2: Komplexe):

$$Cu^{2+} + 4\ NH_3 \longrightarrow [Cu(NH_3)_4]^{2+}$$

Flüchtige Kupferverbindungen (z.B. Kupferchlorid $CuCl_2$) färben die Flamme blaugrün.

## Silber

Silber ist ein weißes, weiches Metall. Es besitzt von allen Metallen die beste elektrische Leitfähigkeit. Seine Dichte beträgt 10,5 g/cm³; es schmilzt bei einer Temperatur von 961 °C.

Silber kommt in der Natur in gediegener (d.h. elementarer) Form vor. Im gebundenen Zustand ist es am häufigsten als Silberglanz $Ag_2S$ anzutreffen.

Silberverbindungen treten auch in Kupfer- und Bleierzen auf und können daraus gewonnen werden.

Durch Zusatz von Natriumcyanid* NaCN werden die Silberverbindungen (z.B. $Ag_2S$) in einen stabilen Komplex überführt („Cyanidlaugerei"):

$$Ag_2S + 4\ CN^- \longrightarrow 2\ [Ag(CN)_2]^- + S^{2-}$$

Mit Hilfe von Zinkpulver erhält man daraus metallisches Silber:

$$2\ [Ag(CN)_2]^- + Zn \longrightarrow 2\ Ag + [Zn(CN)_4]^{2-}$$

Die Reinigung des erhaltenen Silbers erfolgt durch Elektrolyse.

Silber wird zur Herstellung von Münzen und Schmuck verwendet. Außerdem benötigt man es für die Produktion von Spiegeln und für Silbersalze, die z.B. für die Fotografie erforderlich sind.

In **Silberverbindungen** liegt fast immer Silber mit der Oxidationszahl I vor. Bekannt sind aber auch Verbindungen mit den Oxidationsstufen II und III.

An der Luft wird Silber durch Spuren von Schwefelwasserstoff $H_2S$ geschwärzt. Es bildet sich Silbersulfid $Ag_2S$:

$$4\ Ag + 2\ H_2S + O_2 \longrightarrow 2\ Ag_2S + 2\ H_2O$$

Silber ist edler als Kupfer. Es reagiert nur mit oxidierenden Säuren (z.B. konzentrierte Schwefelsäure und Salpetersäure):

$$Ag + NO_3^- + 2\ H_3O^+ \longrightarrow Ag^+ + NO_2 + 3\ H_2O$$

Bei der Reaktion von Silber mit Salpetersäure erhält man **Silbernitrat** $AgNO_3$. Es bildet farblose, leicht lösliche Kristalle und wird in der Medizin als Ätzmittel verwendet („Höllenstein"). Silbernitratlösung dient als Nachweismittel für Halogenid-Ionen $X^-$ (Halogene*):

$$Ag^+(aq) + X^-(aq) \longrightarrow AgX(s)$$

Die entstehenden Silberhalogenide AgX sind schwerlöslich (Ausnahme: Silberfluorid AgF) und bilden einen Niederschlag:

| | |
|---|---|
| Silberchlorid | AgCl (weiß) |
| Silberbromid | AgBr (gelblich) |
| Silberiodid | AgI (gelb) |

Versetzt man eine Silbernitratlösung mit einer Alkalilauge, so entsteht ein brauner Niederschlag von Silberoxid $Ag_2O$. Durch Zugabe von Ammoniaklösung geht der feste Stoff wieder in Lösung. Es bildet sich das komplexe Diamminsilber-Kation $[Ag(NH_3)_2]^+$. Wird zu dieser „ammoniakalischen Silbersalzlösung" eine Glucose- oder eine Formaldehydlösung (Band 2) gegeben, so bildet sich metallisches Silber („Silberspiegelprobe"). Die Reaktion wird auch zur Spiegelherstellung durchgeführt.

Silbersalze sind für die **Fotografie** erforderlich. Setzt man z.B. Silberchlorid dem Licht aus, so tritt nach einiger Zeit eine Dunkelfärbung auf:

$$2\ AgCl(s) \longrightarrow 2\ Ag(s) + Cl_2(g)$$

Es bildet sich metallisches Silber, das in feinverteilter Form schwarz ist.

In fotografischen Filmen befinden sich in der lichtempfindlichen Schicht meist Silberbromidkristalle in Gelatine. Bei der Belichtung werden die Silberionen teilweise zu Silberatomen reduziert. Ihre Anzahl ist abhängig von der auftreffenden Lichtmenge. Die entstehenden Silberkeime sind unsichtbar. Man erhält ein latentes (= verborgenes) Bild. Unter Lichtausschluß wird nun eine Entwicklung durchgeführt, d.h., an den vorher belichteten Stellen erfolgt eine Reduktion zu metallischem, schwarzem Silber. Hierzu eignet sich z.B. Hydrochinon (Band 2: Organische Chemie):

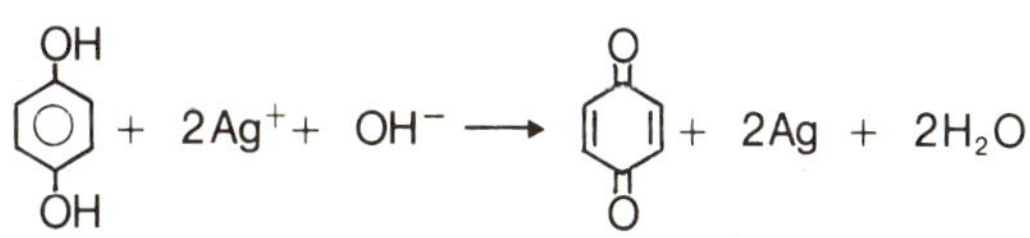


Hydrochinon Chinon

Um das unbelichtete Silberbromid zu entfernen, muß eine Fixierung durchgeführt werden. Hierzu wird der Film in eine Lösung von Natriumthiosulfat (Fixiersalz) gebracht. Es bildet sich das leicht lösliche Dithiosulfatoargentat-Anion (*argentum*, lat. = Silber):

$$AgBr + 2\ S_2O_3^{2-} \longrightarrow [Ag(S_2O_3)_2]^{3-} + Br^-$$

Nach dem Wässern erhält man das Negativ, d.h., die

hellen Stellen des Gegenstandes sind dunkel und umgekehrt. Benutzt man das Negativ als Vorlage, so erhält man durch einen neuen fotografischen Prozeß ein Positiv.

## Gold

Gold ist ein sehr seltenes, gelbes, weiches und dehnbares Edelmetall. Es läßt sich zu hauchdünnen Folien (Blattgold) von 0,1 µm Dicke auswalzen [1 Mikrometer (µm) = $10^{-6}$ m]. Die Dichte des Goldes beträgt 19,3 g/cm³; es schmilzt bei einer Temperatur von 1063 °C.

Gold wird zu Schmuck verarbeitet, dient als Barrengold zur Deckung des Geldes und wird für elektrische Kontakte verwendet. Da Gold sehr weich ist, wird es für Schmuckzwecke meist mit Silber und Kupfer legiert. Beim „Weißgold" wird mehr Silber verwendet, beim „Rotgold" mehr Kupfer. Der Goldgehalt wird in Promille (Bruchteile von Tausend) oder in Karat angegeben. Reines (1000er) Gold besitzt 24 Karat, 750er Gold = 18 Karat, 333er Gold = 8 Karat.

Gold kommt in der Natur meist in gediegener (elementarer) Form vor. Es läßt sich z.B. aus bestimmten Flußsanden durch Schlämmen erhalten („Goldwäsche"). Eine andere Methode der Goldgewinnung besteht in der Cyanidlaugerei. Gold reagiert hierbei mit Natriumcyanid und Luftsauerstoff zum Dicyanoaurat(I)-Anion $[Au(CN)_2]^-$. Die Bezeichnung stammt vom lateinischen Wort *aurum* = Gold. Durch Reduktion mit Zink erhält man Gold, das durch Elektrolyse sehr rein erhalten wird.

Gold tritt in den Oxidationsstufen I und III auf. Mit Königswasser* reagiert es zur Tetrachlorogold(III)-säure $H[AuCl_4]$. Sie bildet hellgelbe Nadeln. Ihre Salze sind die Tetrachloroaurate.

## II. Nebengruppe (IIa)

In der II. Nebengruppe des Periodensystems stehen die Elemente Zink, Cadmium und Quecksilber.

| Periode | IIa | |
|---|---|---|
| 4 | 65,39 Zn 30 | Zink |
| 5 | 112,4 Cd 48 | Cadmium |
| 6 | 200,6 Hg 80 | Quecksilber |

II. Nebengruppe des PSE

## Zink

Zink ist ein bläulich-weißes, recht unedles Metall. Die Schmelztemperatur beträgt 419 °C; die Dichte ist 7,1 g/cm³.

Zink kommt in der Natur nur in gebundener Form vor. Die wichtigsten Zinkmineralien sind die Zinkblende ZnS und der Zinkspat $ZnCO_3$. Aus der Zinkblende wird durch Rösten Zinkoxid erhalten, das mit Kohlenstoff reduziert wird:

$$2\,ZnS + 3\,O_2 \longrightarrow 2\,ZnO + 2\,SO_2$$

$$ZnO + C \longrightarrow Zn + CO$$

Zink läßt sich auch durch Elektrolyse einer Zinksulfatlösung erhalten.

Zink wird zum Verzinken von Eisen verwendet. Dies kann durch Elektrolyse oder durch Feuerverzinkung in einer Zinkschmelze erfolgen. Zink wird auch für die Herstellung von Trockenbatterien (Zink-Kohle-Elemente) benötigt (Band 2: Elektrochemie).

Zink ist ein unedles Metall und überzieht sich an der Luft mit einer Schicht aus Zinkoxid und Zinkcarbonat. Zink verbrennt in Sauerstoff (oder Luft) zu einem weißen Rauch von Zinkoxid ZnO. Zinkoxid dient als Malerfarbe (Zinkweiß) und als Zusatzstoff bei der Gummiherstellung.

Erhitztes Zink reduziert Wasser:

$$Zn + H_2O \longrightarrow H_2 + ZnO$$

Zink reagiert mit verdünnten Säuren (z.B. Salzsäure oder Schwefelsäure) recht heftig unter Wasserstoffentwicklung:

$$Zn + 2\,H_3O^+ \longrightarrow Zn^{2+} + H_2 + 2\,H_2O$$

Zinksulfat $ZnSO_4 \cdot 7\,H_2O$ und Zinkchlorid $ZnCl_2$ sind leicht wasserlöslich. Durch Zusatz eines löslichen Sulfids (z.B. Natriumsulfid $Na_2S$) oder durch Einleiten von Hydrogensulfid $H_2S$ bildet sich ein weißer Niederschlag von Zinksulfid:

$$Zn^{2+} + S^{2-} \longrightarrow ZnS \qquad \text{Zinksulfid}$$

Zinksulfid wird zur Herstellung von Fluoreszenzschirmen (z.B. in Fernsehgeräten) verwendet.

Zink reagiert auch mit Alkalilaugen (z.B. Natronlauge) unter Freisetzung von Wasserstoff:

$$Zn + 2\,OH^- + 2\,H_2O \longrightarrow [Zn(OH)_4]^{2-} + H_2$$

Es bildet sich das komplexe Tetrahydroxozincat-Anion.

Versetzt man eine Zinksalzlösung mit einer Alkalilauge, so bildet sich erst ein weißer Niederschlag von Zinkhydroxid $Zn(OH)_2$:

$$Zn^{2+} + 2\,OH^- \longrightarrow Zn(OH)_2$$

Bei weiterer Zugabe der Alkalilauge geht der Niederschlag wieder in Lösung. Er reagiert zum Tetrahydroxozincat-Anion:

$$Zn(OH)_2 + 2\,OH^- \longrightarrow [Zn(OH)_4]^{2-}$$

In allen Zinkverbindungen besitzt Zink die Oxidationszahl II.

## Cadmium

Cadmium ist ein silberweißes Metall der Dichte 8,6 g/cm³. Die Schmelztemperatur beträgt 320 °C.

Cadmium ist dem Zink recht ähnlich und kommt in Zinkerzen vor. Es wird daher immer als Nebenprodukt bei der Zinkherstellung erhalten.

Cadmium wird als Korrosionsschutz für Eisen und Stahl* verwendet. Das sogenannte „Vercadmen" wird elektrolytisch durchgeführt. Für die Herstellung von Nickel-Cadmium-Akkumulatoren („wiederaufladbare Batterien") wird Cadmium ebenfalls benötigt.

Aufgrund seiner Eigenschaft, Neutronen* zu absorbieren, wird es in Steuerstäben für Kernreaktoren* benutzt.

Cadmium wird im basischen Bereich nicht oxidiert, da es keine Hydroxokomplexe bildet. Die Cadmiumhalogenide weisen einen stark kovalenten Charakter auf.

Cadmiumnitrat $Cd(NO_3)_2 \cdot 4\,H_2O$ und Cadmiumsulfat $CdSO_4 \cdot 8\,H_2O$ sind farblose Salze, die sich leicht in Wasser lösen. Cadmiumhydroxid $Cd(OH)_2$ ist im Gegensatz zum Zinkhydroxid nicht amphoter*.

Einige Cadmiumverbindungen sind farbig.

Cadmiumoxid CdO: braun

Cadmiumsulfid CdS: gelb

Cadmiumselenid CdSe: rot

Cadmiumsulfid wird als Cadmiumgelb zum Ölmalen verwendet. Cadmiumzinksulfid befindet sich in Farbfernsehbildschirmen. Beim Auftreffen von Elektronen tritt ein grünes Leuchten auf.

Die löslichen Cadmiumverbindungen sind sehr giftig.

## Quecksilber

Quecksilber ist das einzige elementare Metall, das bei Raumtemperatur flüssig ist. Das Symbol Hg stammt vom lateinisch-griechischen Namen *hydrargyrum* = flüssiges Silber.

Quecksilber besitzt die Dichte 13,6 g/cm³ (20°C). Es schmilzt bei −39 °C und siedet bei einer Temperatur von 357 °C.

Quecksilber ist ein silberglänzendes, recht edles Metall. Es geht auch bei Raumtemperatur merklich in den gasförmigen Zustand über.

Quecksilber kommt in der Natur hauptsächlich als rotes Mineral Zinnober HgS vor. Durch Rösten (Reaktion mit dem Luftsauerstoff) entsteht daraus das metallische Quecksilber:

$$HgS + O_2 \longrightarrow Hg + SO_2$$

Quecksilber wird als Thermometer- und Barometerflüssigkeit verwendet. Barometer sind Geräte zur Messung des Luftdrucks.

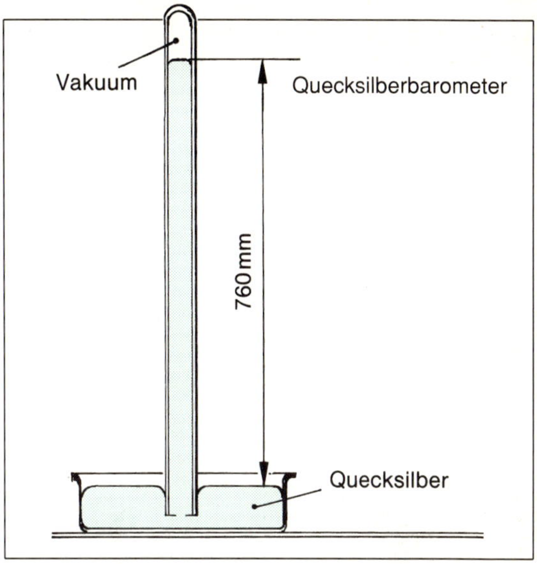


Unter Normdruck steht die Flüssigkeitssäule im Quecksilberbarometer 760 mm hoch (760 mm Hg). Dies entspricht einem Luftdruck von 1013 mbar oder 1013 hPa (Hektopascal). Bei einer Verringerung des Luftdrucks (Tiefdruck) sinkt der Quecksilberspiegel, bei einer Vergrößerung (Hochdruck) steigt er.

Quecksilberdampflampen geben Licht mit einem großen Anteil ultravioletter Strahlung (UV-Licht) ab. Sie befinden sich z.B. in Bräunungsgeräten. Auch die Leuchtstoffröhren enthalten eine geringe Menge Quecksilber.

Quecksilber wird für die Elektrolyse von Natriumchloridlösungen (Gewinnung von Chlor, Natriumhydroxid und Wasserstoff) nach dem Amalgamverfahren (Band 2: Elektrochemie) benötigt.

Quecksilber löst andere Metalle unter Bildung von Amalgamen (Legierungen mit Quecksilber). Silberamalgam wird in der Zahnheilkunde als Material zur Zahnfüllung verwendet.

Als recht edles Metall reagiert Quecksilber nur mit oxidierenden Säuren. Mit Salpetersäure bildet sich unter Freisetzung von braunem Stickstoffdioxid Quecksilber(II)-nitrat $Hg(NO_3)_2$.

Beim Erhitzen von Quecksilber an der Luft erhält man das Quecksilberoxid HgO, das eine rote oder gelbe Farbe besitzen kann.

Bei Temperaturen oberhalb 400 °C zerfällt das Quecksilberoxid wieder in die Elemente:

$$2\,HgO \longrightarrow 2\,Hg + O_2$$

Quecksilber(II)-chlorid $HgCl_2$ (Sublimat) ist ein weißer, in Wasser nur mäßig gut löslicher Stoff, der früher zur Desinfektion verwendet wurde.

Quecksilbersulfid HgS wird wegen seiner leuchtend roten Farbe als Ölmalfarbe für künstlerische Zwecke benutzt (Zinnoberrot).

Quecksilber mit der Oxidationszahl II tritt auch in vielen Komplexen (Band 2) auf. Sehr stabil ist das Tetracyanomercurat(II)-Anion $[Hg(CN)_4]^{2-}$ (*mercurium* ist die lateinische Bezeichnung für Quecksilber).

Das *Neßler*-Reagenz ist eine wäßrige Lösung von Kaliumtetraiodomercurat(II) $K_2[HgI_4]$. Mit Ammoniumionen $NH_4^+$ oder Ammoniak $NH_3$ bildet sich ein orangebrauner Niederschlag.

Quecksilber bildet auch Verbindungen der Oxidationsstufe I. In ihnen sind zwei $Hg^{2+}$-Ionen durch eine Atombindung verbunden ($^+Hg\text{-}Hg^+$). Die $Hg_2^{2+}$-Ionen sind in einigen Eigenschaften den $Ag^+$-Ionen ähnlich. Quecksilber(I)-chlorid (Kalomel) $Hg_2Cl_2$ ist ein weißer, in Wasser schwer löslicher Stoff.

Quecksilber und seine löslichen Verbindungen sind sehr giftig. Verschüttetes Quecksilber ist sorgfältig aufzunehmen, da sonst chronische Erkrankungen durch den Quecksilberdampf auftreten können.

## III. Nebengruppe (IIIa)

In der III. Nebengruppe des Periodensystems stehen die Elemente Scandium, Yttrium, Lanthan (und die Lanthanoide) und Actinium (und die Actinoide).

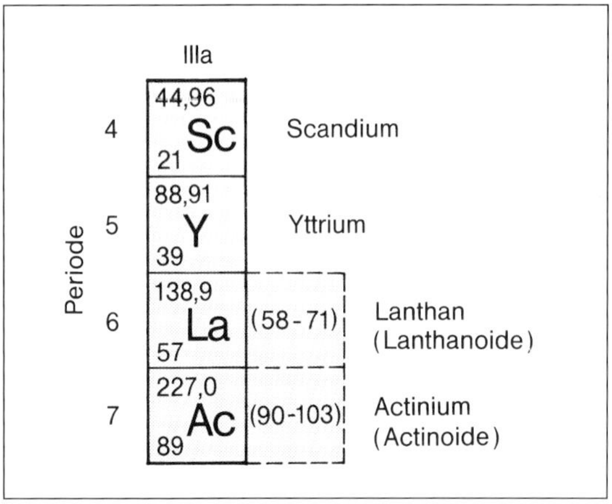


III. Nebengruppe des PSE

Zur III. Nebengruppe gehören auch die Elemente, die dem Lanthan folgen (Ordnungszahlen 58 bis 71). Sie werden als Lanthanoide bezeichnet (Elemente, die dem Lanthan ähnlich sind).

Außerdem gehören in die III. Nebengruppe die Elemente mit den Ordnungszahlen 90 bis 103. Sie folgen dem Actinium und sind ihm ähnlich. Sie werden als Actinoide bezeichnet.

Die häufig verwendeten Begriffe „Lanthanide" bzw. „Actinide" (statt Lanthanoide und Actinoide) sollten vermieden werden.

Scandium, Yttrium, Lanthan und Actinium sind recht reaktionsfähige Elemente. Sie kommen in der Natur nur in gebundener Form vor. Sie bilden ohne Ausnahmen Verbindungen der Oxidationsstufe III. Sie besitzen (noch?) keine große praktische Bedeutung.

Yttriumvanadat ist als rotleuchtender Fluoreszenzstoff in Farbfernsehbildschirmen enthalten.

Das Yttrium-Barium-Kupferoxid $YBa_2Cu_3O_7$ ist ein keramischer „1-2-3-Supraleiter". Er ist schon bei der Temperatur des flüssigen Stickstoffs (–196 °C) supraleitend.

Die Supraleitfähigkeit (Stromfluß ohne elektrischen Widerstand) war bisher nur bei der Temperatur des flüssigen Heliums (–269 °C) und bei Metallen bekannt. *Bednorz* und *Müller* (Nobelpreis 1987) entwickelten Keramiken, bei denen die Sprungtemperatur (Temperatur, bei der die Supraleitfähigkeit einsetzt) wesentlich höher liegt.

Über einem mit flüssigem Stickstoff gekühlten keramischen Supraleiter schwebt ein Dauermagnet (*Meisner-Ochsenfeld*-Effekt).

Alle Isotope* des Actiniums sind radioaktiv.

### Eigenschaften von Scandium, Yttrium, Lanthan und Actinium

| | Sc | Y | La | Ac |
|---|---|---|---|---|
| Schmelztemperatur in °C | 1540 | 1547 | 920 | 1050 |
| Dichte in g/cm³ bei 20 °C | 3,0 | 4,5 | 6,16 | 10,0 |

## Lanthan und Lanthanoide

Die Lanthanoide sind die 14 Elemente, die dem Lanthan folgen. Sie gehören neben den Actinoiden zu den sogenannten f-Elementen, da hierbei f-Orbitale mit Elektronen aufgefüllt werden.

Lanthan und die Lanthanoide werden häufig als **Seltenerdmetalle** bezeichnet. Die seltenen Erden sind die Oxide des Lanthans und der Lanthanoide.

Lanthan und die Lanthanoide treten häufig gemeinsam in der Natur auf. Man findet sie z.B. im Monazit. Da sie in ihren Eigenschaften äußerst ähnlich sind, lassen sie sich schwer trennen. Sie bilden hauptsächlich dreifach positiv geladene Ionen. Die Ionenradien* nehmen vom Lanthan ($La^{3+}$) bis zum Lutetium ($Lu^{3+}$) ab, da die Kernladungszahl* zunimmt und gleichzeitig innere Schalen mit Elektronen aufgefüllt werden. Diese Erscheinung wird als Lanthanoidenkontraktion bezeichnet (Kontraktion = Zusammenziehung).

## Die Lanthanoide

| *Z* | Name | Symbol |
|---|---|---|
| 58 | Cer | Ce |
| 59 | Praseodym | Pr |
| 60 | Neodym | Nd |
| 61 | Promethium | Pm |
| 62 | Samarium | Sm |
| 63 | Europium | Eu |
| 64 | Gadolinium | Gd |
| 65 | Terbium | Tb |
| 66 | Dysprosium | Dy |
| 67 | Holmium | Ho |
| 68 | Erbium | Er |
| 69 | Thulium | Tm |
| 70 | Ytterbium | Yb |
| 71 | Lutetium | Lu |

Lanthan und die Lanthanoide sind unedle Metalle. In ihren Verbindungen treten neben der Oxidationszahl III auch die Oxidationsstufen IV und II auf.
Viele Salze der Lanthanoide weisen eine charakteristische Farbe auf.

| | |
|---|---|
| Praseodym: | grün |
| Neodym: | violettrosa |
| Samarium: | gelb |
| Europium: | rosa |
| Dysprosium: | grüngelb |
| Holmium: | gelborange |
| Erbium: | rosa |
| Thulium: | blaßgrün |

Viele Lanthanoide und ihre Verbindungen besitzen (noch?) keine Bedeutung.

**Cer** wird zusammen mit Eisen (Cereisen) zur Herstellung von Zündmetall („Zündsteine“) für Feuerzeuge und Gasanzünder verwendet. Cer(IV)-sulfat $Ce(SO_4)_2$ ist ein stärkeres Oxidationsmittel als Kaliumpermanganat.

**Gadolinium** ist bei Temperaturen unter 17 °C ferromagnetisch.

Die Oxide der Elemente **Neodym** und **Praseodym** werden für die Herstellung von Spezialgläsern (z.B. für die Lasertechnik) benötigt. Auch für Sonnenbrillen werden sie verwendet („Neophanglas“).

**Promethium** ist ein äußerst seltenes Element. Es wurde erst 1947 entdeckt.

# Actinium und Actinoide

Das Actinium und die Actinoide sind Metalle. Die Kerne dieser Elemente sind instabil und zerfallen unter Aussendung radioaktiver Strahlung.

Die Actinoide sind die 14 Elemente (f-Elemente), die dem Actinium im Periodensystem folgen. Die Elemente mit den Ordnungszahlen 89 bis 94 (Actinium bis Plutonium) treten in der Natur auf. Die Elemente 95 bis 103 (Americium bis Lawrencium) sind nur durch Kernumwandlungen* erhalten worden.

Die Elemente 93 bis 103 werden als **Transurane** bezeichnet.

## Die Actinoide

| *Z* | Name | Symbol |
|---|---|---|
| 90 | Thorium | Th |
| 91 | Protactinium | Pa |
| 92 | Uran | U |
| 93 | Neptunium | Np |
| 94 | Plutonium | Pu |
| 95 | Americium | Am |
| 96 | Curium | Cm |
| 97 | Berkelium | Bk |
| 98 | Californium | Cf |
| 99 | Einsteinium | Es |
| 100 | Fermium | Fm |
| 101 | Mendelevium | Md |
| 102 | Nobelium | No |
| 103 | Lawrencium | Lr |

Die Actinoide sind recht unedle und damit reaktionsfähige Metalle. Von vielen Actinoiden sind nur geringste Mengen erhalten worden, so daß lediglich einige Eigenschaften bekannt sind.

**Thorium** ist ein weiches Metall, das bei 1847 °C schmilzt und eine Dichte von 11,7 g/cm³ aufweist. Es besitzt in seinen Verbindungen die Oxidationszahl IV. Thoriumoxid $ThO_2$ wird zur Herstellung von Gasglühkörpern verwendet. Beim Glühen wird ein sehr helles Licht abgegeben.

**Uran** ist das wichtigste Element der III. Nebengruppe. Es ist ein silberweißes, weiches Metall mit der Dichte 19,0 g/cm³. Die Schmelztemperatur beträgt 1132 °C. Das wichtigste Uranmineral ist die Pechblende, ein Uranoxid unterschiedlicher Zusammensetzung (z.B. $U_3O_8$). Die Gewinnung des Metalls geschieht meist auf elektrolytischem Wege.

Uran ist ein unedles Metall. Es reagiert mit verdünnten Säuren zu grünen Uran(IV)-Salzen. Die Oxidationszahlen in Uranverbindungen liegen zwischen III und VI. Am beständigsten sind Uran(VI)-Verbindungen. Uran(IV)-Ionen werden durch den Sauerstoff der Luft leicht zu Uranyl-Ionen $UO_2^{2+}$ oxidiert (Uran in der Oxidationsstufe VI).

Uranylnitrat $UO_2(NO_3)_2$ bildet hellgelbe, fluoreszierende, in Wasser leicht lösliche Kristalle.

Das Element Uran ist bereits seit 1789 bekannt. Wirtschaftliche Bedeutung gewann es aber erst nach der Entdeckung der Kernspaltung* durch *Hahn** im Jahre 1939. Natürliches Uran ist ein Gemisch verschiedener Isotope*:

99,2739% $^{238}U$
0,7204% $^{235}U$
0,0057% $^{234}U$

Lediglich das Isotop $^{235}U$ ist durch relativ langsame Neutronen spaltbar, z.B. gemäß der folgenden Gleichung:

$$^{235}_{92}U + n \longrightarrow ^{144}_{56}Ba + ^{89}_{36}Kr + 3n + \text{Energie}$$

Da im natürlichen Uran nur ca. 0,7% $^{235}U$ vorhanden sind, muß eine Anreicherung durchgeführt werden. Hierzu läßt man das Uran zu Uranhexafluorid $UF_6$ reagieren. Es ist ein farbloser Feststoff, der bereits bei einer Temperatur von 56 °C sublimiert. In einem Trennrohr können durch Diffusion im gasförmigen Zustand $^{235}UF_6$ und $^{238}UF_6$ getrennt werden (Isotopentrennung).

Das Uranhexafluorid wird anschließend in Uran(IV)-oxid $UO_2$ umgewandelt, das zur Herstellung der Brennelemente verwendet wird.

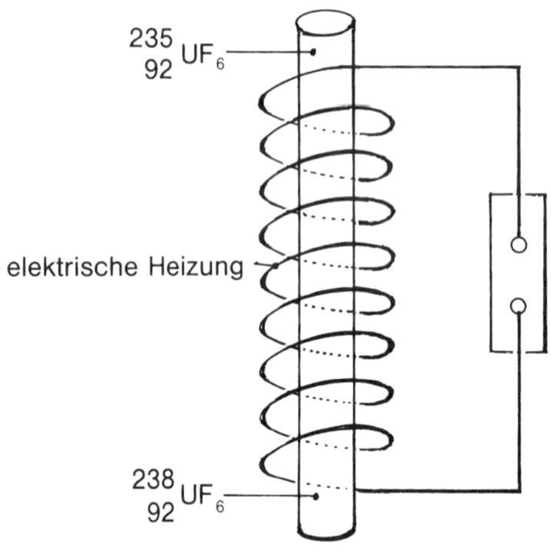


Isotopentrennung

**Plutonium** ist in geringen Mengen in der Natur vorhanden. Es ist ein silberfarbenes Metall mit der Schmelztemperatur 640 °C. Plutonium und seine Verbindungen sind äußerst giftig. Die tödliche Dosis für den Menschen beträgt wahrscheinlich nur 1 µg (= 1 millionstel Gramm).

$^{239}Pu$ bildet sich im Kernreaktor aus $^{238}U$ durch Kernumwandlungen*:

$$^{238}_{92}U + n \longrightarrow ^{235}_{92}U$$

$$^{239}_{92}U \longrightarrow ^{239}_{93}Np + e^-$$

$$^{239}_{93}Np \longrightarrow ^{239}_{94}Pu + e^-$$

$^{239}Pu$ ist selbst spaltbar und kann zur Herstellung von Brennelementen für Kernreaktoren verwendet werden. Es läßt sich aber auch zum Bau von Atombomben heranziehen. Für die Gewinnung von Plutonium aus Kernbrennstäben muß eine Wiederaufarbeitung erfolgen, ein technologisch schwieriges Verfahren.

In Brutreaktoren („schnelle Brüter") lassen sich große Mengen des $^{239}Pu$ erzeugen.

## IV. Nebengruppe (IVa)

In der IV. Nebengruppe des Periodensystems stehen die Elemente Titan, Zirconium, Hafnium und Kurtschatovium.

| Periode | IVa | |
|---|---|---|
| 4 | 47,88 Ti 22 | Titan |
| 5 | 91,22 Zr 40 | Zirconium |
| 6 | 178,5 Hf 72 | Hafnium |
| 7 | 261 Ku 104 | Kurtschatovium |

IV. Nebengruppe des PSE

## Titan

Titan ist ein silberfarbenes Metall mit geringer Dichte ($\rho$ = 4,5 g/cm³), aber großer mechanischer Stabilität. An der Oberfläche bildet sich eine feste Schicht aus Titanoxid und Titannitrid, die das Metall vor Korrosion schützt. Titan schmilzt bei 1680 °C.

Titanverbindungen sind in der Natur häufig anzutreffen. Titan steht an 10. Stelle in der Häufigkeit der Elemente in der Erdkruste. Wichtige Titanerze sind der Rutil $TiO_2$ und der Ilmenit $FeTiO_3$.

Die Gewinnung von metallischem Titan ist schwierig. Ilmenit $FeTiO_3$ wird mit Koks reduziert. Man erhält Titandioxid $TiO_2$ und Eisen. Das Titandioxid reagiert mit Chlor und Koks zu Titan(IV)-chlorid, das unter Argon als Schutzgas mit Magnesium reduziert wird:

$$TiCl_4 + 2\,Mg \longrightarrow Ti + 2\,MgCl_2$$

Titan muß im Vakuum geschmolzen werden. Durch das komplizierte Herstellungsverfahren ist Titan teuer.

Titan wird im Chemieanlagenbau, in der Luftfahrt- und Raketentechnik und zur Herstellung von Titanstahl (bis zu 0,8% Ti) verwendet.

Titan reagiert mit Flußsäure und heißer Salzsäure zu Ti(III)-Salzen, die wie z.B. das Titan(III)-chlorid $TiCl_3$ violett gefärbt sind. An der Luft oxidieren sie sehr schnell zu Ti(IV)-Verbindungen.

Titanverbindungen der Oxidationsstufe IV sind am beständigsten. Die technisch wichtigste Titanverbindung ist das Titan(IV)-oxid (**Titandioxid**) $TiO_2$. Es wird hauptsächlich aus Ilmenit gewonnen. Nach der Reduktion mit Koks erhält man ein eisenhaltiges Titandioxid. Die Behandlung mit konzentrierter Schwefelsäure liefert schwerlösliches Titansulfat und leicht wasserlösliches Eisensulfat, so daß eine einfache Trennung möglich ist. Das Titansulfat wird anschließend in Titan(IV)-oxid überführt.

Bei der Herstellung von Titandioxid $TiO_2$ entstehen große Mengen verdünnter Schwefelsäure, die sogenannte „Dünnsäure". Sie wird zur Zeit nur teilweise aufgearbeitet. Ein großer Teil wird immer noch „verklappt", d.h. in die Meere (z.B. in die Nordsee) gegeben.

Titandioxid ist das wichtigste Weißpigment (Titanweiß). Es wird für Anstrichzwecke, in Papier und Kunststoffen verwendet.

Das „Titanylsulfat $TiOSO_4$" enthält wohl keine $TiO^{2+}$-Ionen, wie lange Zeit angenommen wurde. Es ist ein Reagenz zum Nachweis von Wasserstoffperoxid $H_2O_2$. Man erhält gelb bis orange gefärbte Verbindungen.

Titan(IV)-chlorid ist eine farblose, „rauchende" Flüssigkeit. Die Bindungen sind kovalent, wie auch in fast allen anderen Titan(IV)-Verbindungen.

## Zirconium

Zirconium ist ein glänzendes, beständiges Metall, das bei 1860 °C schmilzt und eine Dichte von 6,5 g/cm³ aufweist. Ein wichtiges Zirconiummineral ist der Zirkon $ZrSiO_4$, der auch als Edelstein Verwendung findet. Die Herstellung von Zirconium ist schwierig. Es wird für den Bau von Brennstäben in Kernreaktoren verwendet (mit ca. 5% Niob legiert).

Zirconium verbrennt in Sauerstoff mit sehr heller, weißer Flamme zu Zirconium(IV)-oxid $ZrO_2$. Wegen der sehr hohen Schmelztemperatur von über 2700 °C wird es als hochfeuerfestes Material verwendet.

## Hafnium

Hafnium ist ein Metall, das in seinen Eigenschaften dem Zirconium sehr ähnlich ist. Die Schmelztemperatur beträgt 2200 °C, seine Dichte ist 13,3 g/cm³.

Hafnium reagiert wie Zirconium nicht mit Alkalilaugen und verdünnten Säuren. Hafnium-Tantal-Legierungen werden für Raketentriebwerke verwendet.

Hafniumverbindungen sind immer auch in Zirconiummineralien enthalten. Hafnium und Zirconium besitzen den gleichen Atomradius von 0,157 nm. Auch die Radien der vierfach positiv geladenen Ionen sind mit 0,080 bzw. 0,079 nm annähernd übereinstimmend. Wegen der Ähnlichkeit der beiden Elemente ist auch verständlich, daß Hafnium erst 1923 entdeckt wurde, während Zirconium fast 100 Jahre früher bekannt war.

## Kurtschatovium

Das Element 104 ist noch nicht endgültig benannt worden. Vorgeschlagen wurden die Namen Kurtschatovium (Ku) und Rutherfordium (Rf). Nach Empfehlung der IUPAC sollte ursprünglich die Bezeichnung Unnilquadium verwendet werden (Symbol Unq).

Zur Benennung der Elemente ab $Z = 104$ siehe Kapitel 1.6.

Das Element 104 wurde im russischen Kernforschungszentrum Dubna entdeckt. Man erhielt es durch Beschuß von $^{242}Pu$ mit energiereichen Neonionen $^{22}Ne$:

$$^{242}_{94}Pu + ^{22}_{10}Ne \longrightarrow ^{260}_{104}Ku + 4n$$

Alle Isotope des Elements 104 sind radioaktiv.

Die Elemente ab der Ordnungszahl 104 werden als **Transactinoide** bezeichnet.

## V. Nebengruppe (Va)

In der V. Nebengruppe des Periodensystems stehen die Elemente Vanadium, Niob, Tantal und Hahnium.

V. Nebengruppe des PSE

| Periode | Va | |
|---|---|---|
| 4 | 50,94 V 23 | Vanadium |
| 5 | 92,91 Nb 41 | Niob |
| 6 | 180,9 Ta 73 | Tantal |
| 7 | 262 Ha 105 | Hahnium |

## Vanadium

Vanadium ist ein graues, hartes Metall. Es ist an der Luft beständig. Seine Dichte beträgt 5,9 g/cm³; es schmilzt bei einer Temperatur von 1900 °C.

Das wichtigste Vanadiummineral ist der Patronit $V_2S_5$. Durch Rösten (Reaktion mit Luftsauerstoff) erhält man Vanadium(V)-oxid $V_2O_5$, das aluminothermisch in Vanadiummetall überführt wird:

$$3\,V_2O_5 + 10\,Al \longrightarrow 6\,V + 5\,Al_2O_3$$

Vanadium wird als Stahlveredler verwendet. Die sehr harten und elastischen Vanadiumstähle enthalten bis zu 1% Vanadium.

Vanadium bildet Verbindungen in den Oxidationsstufen II bis V, die häufig charakteristisch gefärbt sind.

Vanadium(II)-Verbindungen sind recht unbeständig. In wäßriger Lösung besitzen $V^{2+}$-Ionen eine violette Farbe. Vanadium(IV)-oxid ist ein blauer Feststoff. Mit Säuren bilden sich Vanadyl-Ionen $VO^{2+}$.

Die wichtigste Vanadiumverbindung ist das Vanadium(V)-oxid $V_2O_5$ (Vanadiumpentoxid). Es bildet ein orangefarbenes Pulver, das bei 660 °C schmilzt. $V_2O_5$ wird als Katalysator* z.B. für die Oxidation von Schwefeldioxid zu Schwefeltrioxid (Schwefelsäureherstellung*) verwendet.

Vanadium(V)-oxid reagiert mit Alkalilaugen (z.B. Natronlauge). Es bildet sich dabei das kristalline Natriumorthovanadat $Na_3VO_4 \cdot 12\,H_2O$. Aus den Orthovanadaten erhält man durch Reaktion mit Ammoniumchlorid $NH_4Cl$ das farblose Ammoniummetavanadat $NH_4VO_3$.

Lösliche Vanadium(V)-Verbindungen lassen sich in saurer Lösung mit Zink bis zur Oxidationsstufe II reduzieren. Die Farbe ändert sich hierbei von Blau über Grün nach Violett.

## Niob

Niob ist ein weißglänzendes, seltenes Metall. Es schmilzt bei 2410 °C und besitzt die Dichte 8,5 g/cm³.

Niob kommt in der Natur immer zusammen mit Tantal vor. Das wichtigste Mineral ist der Columbit, ein eisen- und manganhaltiges Oxid des Niobs und Tantals. Die Trennung der beiden Elemente ist schwierig.

Niobmetall ist sehr widerstandsfähig und wird für die Herstellung von Niobstählen verwendet.

Niob(V)-oxid $Nb_2O_5$ ist ein weißer Feststoff, der bei 1460 °C schmilzt. In den sogenannten „Metallniobaten“, z.B. $Fe(NbO_3)_2$, liegen wohl keine $NbO_3^-$-Ionen vor. Sie müssen als Doppeloxide angesehen werden.

## Tantal

Tantal ist ein Metall mit sehr hoher Schmelztemperatur (≈ 3000 °C), das dem Platin äußerlich sehr ähnlich ist. Seine Dichte beträgt 16,6 g/cm³. Es ist sehr hart und korrosionsbeständig. Von Säuren (außer Flußsäure) wird es nicht angegriffen.

Tantal wird z.B. zur Herstellung von Chemiefaserspinndüsen in der chemischen Industrie und für chirurgische Instrumente verwendet.

Tantal ist dem Niob sehr ähnlich und kommt mit diesem vergesellschaftet vor.

Auch das Tantal(V)-oxid $Ta_2O_5$ ist wie die entsprechende Niobverbindung ein weißer Feststoff.

## Hahnium

Für das Element 105 ist der Name **Hahnium** (Ha) vorgesehen. Es ist nach dem deutschen Chemiker *Otto Hahn** benannt. Nach der IUPAC-Empfehlung sollte der Name Unnilpentium (Unp) verwendet werden (siehe Kapitel 1.6).

Unnilpentium konnte in Berkeley (USA) durch Beschuß von $^{249}Cf$ mit schnellen Stickstoffionen erhalten werden:

$$^{249}_{98}Cf + ^{15}_{7}N \longrightarrow ^{260}_{105}Ha + 4n$$

Alle Isotope des Elements 105 sind radioaktiv.

## VI. Nebengruppe (VIa)

In der VI. Hauptgruppe des Periodensystems stehen die Elemente Chrom, Molybdän, Wolfram und Seaborgium.

VI. Nebengruppe des PSE

| Periode | VIa | |
|---|---|---|
| 4 | 52,00 Cr 24 | Chrom |
| 5 | 95,94 Mo 42 | Molybdän |
| 6 | 183,8 W 74 | Wolfram |
| 7 | 263 Sg 106 | Seaborgium |

## Chrom

Chrom ist ein silberweißes, glänzendes, hartes Metall, das bei ca. 1900 °C schmilzt. Seine Dichte beträgt 7,2 g/cm³.

Chrom kommt in der Natur nur in gebundener Form vor, z.B. als Chromit $FeCr_2O_4$ oder als Rotbleierz $PbCrO_4$. Reines Chrom läßt sich durch Reaktion mit Aluminium (aluminothermisch) aus Chrom(III)-oxid erhalten. Eine Eisen-Chrom-Legierung (Ferrochrom), die zur Stahlveredlung verwendet wird, erhält man bei der Reduktion von Chromit mit Koks:

$$FeCr_2O_4 + 4\,C \longrightarrow 2\,Cr + Fe + 4\,CO$$

Chrom wird zum Überziehen von Metallen als Korrosionsschutz oder zum Verschönern benutzt. Mit bis zu 1% Chrom legierter Stahl zeichnet sich durch eine besondere mechanische Festigkeit aus.

Stahlsorten mit bis zu 30% Chrom sind sehr korrosionsbeständig (nichtrostender Stahl, Edelstahl).

Chrom reagiert leicht mit Salzsäure unter Bildung von hellblauen $Cr^{2+}$(aq)-Ionen, die leicht zu grünen Cr(III)-Verbindungen oxidiert werden. Alle Chromverbindungen besitzen eine Eigenfarbe. Diese Tatsache führte auch zum Namen für das Element (*chroma* ist das griechische Wort für Farbe).

Verbindungen des Chroms in der Oxidationsstufe III sind sehr stabil. Chrom(III)-oxid $Cr_2O_3$ ist ein grüner Feststoff, der als Künstlerfarbe verwendet wird (Chromoxidgrün). Chrom(III)-chlorid $CrCl_3$ bildet sich bei der Reaktion zwischen Chrom und Chlor. Es ist ein rotviolettes Salz. Kaliumchromsulfat (Chromalaun) $KCr(SO_4)_2 \cdot 12\,H_2O$ wird zum Gerben verwendet. Man erhält dabei das sogenannte „Chromleder". Versetzt man wäßrige Chrom(III)-Salzlösungen mit Basen, so bildet sich das grüne, schwerlösliche Chrom(III)-hydroxid $Cr(OH)_3$, das bei weiterer Basenzugabe in den löslichen Hexahydroxochromat(III)-Komplex $[Cr(OH)_6]^{3-}$ übergeht.

Chrom(IV)-Verbindungen sind im allgemeinen recht instabil. Eine Ausnahme stellt das Chrom(IV)-oxid (Chromdioxid) $CrO_2$ dar. Es ist ferromagnetisch und wird zur Herstellung von Magnetbändern verwendet.

Chrom(VI)-oxid $CrO_3$ ist ein roter, giftiger, ätzender, hygroskopischer (wasseranziehender) Stoff. Es ist ein starkes Oxidationsmittel. Bei der Zugabe von Wasser zu Chrom(VI)-oxid bilden sich gelbe Chromat-Ionen $CrO_4^{2-}$ und orangefarbene Dichromat-Ionen $Cr_2O_7^{2-}$. Chromate gehen durch Säurezugabe in Dichromate über. Durch Zusatz von Basen erhält man wieder Chromate (Gleichgewicht):

$$\underset{\text{gelb}}{2\,CrO_4^{2-}} + 2\,H_3O^+ \rightleftharpoons \underset{\text{orange}}{Cr_2O_7^{2-}} + 3\,H_2O$$

Kaliumchromat $K_2CrO_4$ ist ein gelbes Salz, Kaliumdichromat $K_2Cr_2O_7$ besitzt eine orange Farbe. Beide Verbindungen wirken in saurer und neutraler Lösung oxidierend.

Die Chromschwefelsäure, ein Gemisch aus einem Dichromat oder Chrom(VI)-oxid und konzentrierter Schwefelsäure, wird im chemischen Labor häufig zur Reinigung von Glasgeräten eingesetzt.

Ammoniumdichromat $(NH_4)_2Cr_2O_7$ zersetzt sich beim Erhitzen zu Stickstoff, Wasser und grünem Chrom(III)-oxid, das in sehr voluminöser Form anfällt („chemischer Vulkan"):

$$(NH_4)_2Cr_2O_7 \longrightarrow N_2 + 4\,H_2O + Cr_2O_3$$

## Molybdän

Molybdän ist ein silberweißes Metall, das bei 2620 °C schmilzt und eine Dichte von 10,2 g/cm³ aufweist.

In der Natur findet man Molybdän u.a. im Mineral Molybdänglanz $MoS_2$. Durch Rösten erhält man Molybdän(VI)-oxid $MoO_3$, das mit Aluminium oder Wasserstoff reduziert werden kann:

$$MoO_3 + 3\,H_2 \longrightarrow Mo + 3\,H_2O$$

Molybdän wird hauptsächlich als Stahlveredler verwendet.

Molybdän reagiert mit Salpetersäure und Königswasser. Wird Molybdänpulver in Sauerstoff verbrannt, entsteht das weiße, in Wasser schwerlösliche Molybdän(VI)-oxid $MoO_3$. Mit starken Basen (z.B. Natronlauge) reagiert es zu löslichen Molybdaten. Die $MoO_4^{2-}$-Ionen kondensieren bei der Zugabe von Säuren leicht zu Polymolybdaten.

Ammoniummolybdat $(NH_4)_6Mo_7O_{24} \cdot 4\,H_2O$ bildet farblose Kristalle, die zum Nachweis von Phosphaten verwendet werden. In $HNO_3$-haltiger Lösung entsteht ein gelber Niederschlag von Ammoniummolybdatophosphat.

Werden Molybdatlösungen angesäuert, erhält man die sogenannte „Molybdänsäure" $MoO_3 \cdot 2\,H_2O$. Sie müßte richtigerweise als Oxidhydrat bezeichnet werden.

„Molybdänblau" erhält man, wenn saure Molybdatlösungen mit Zink reagieren. Es bilden sich Mischoxide des Molybdäns in feinverteilter Form.

Molybdänsulfid $MoS_2$ kann durch Reaktion aus den Elementen gewonnen werden. Es bildet sich ein Stoff mit Schichtgitter, das dem des Graphits* ähnlich ist. $MoS_2$ wird als Schmiermittel verwendet.

## Wolfram

Wolfram ist ein silberweißes, sehr hartes und widerstandsfähiges Metall mit der Dichte $\rho$ = 19,3 g/cm³. Mit ca. 3400 °C besitzt es die höchste Schmelztemperatur aller Metalle.

Die wichtigsten Wolframmineralien sind der Wolframit $MnFe(WO_4)_2$, der Stolzit $PbWO_4$ und der Scheelit $CaWO_4$. Metallisches Wolfram als graues Pulver wird durch Reduktion von Wolfram(VI)-oxid $WO_3$ mit

Wasserstoff erhalten. Es kann durch Sintern („Zusammenbacken" der Teilchen bei höherer Temperatur) weiterverarbeitet werden.

Wegen seiner hohen Schmelztemperatur wird Wolfram zur Herstellung von Glühlampenfäden verwendet. Wolframstahl ist sehr hart und elastisch.

Schnelldrehstahl mit ca. 16% Wolfram zeichnet sich dadurch aus, daß er auch bei Rotglut noch sehr hart ist.

Eine der beständigsten Wolframverbindungen ist das gelbe Wolfram(VI)-oxid $WO_3$. Es reagiert z.B. mit Natronlauge unter Bildung von farblosem Natriumwolframat $Na_2WO_4 \cdot 2\,H_2O$.

Auch die Wolframate neigen wie die Molybdate beim Ansäuern zur Bildung von Polyanionen.

Durch Zusatz von z.B. Phosphorsäure bilden sich Heteropolywolframsäuren bzw. ihre Anionen. Der Ausdruck „Heteropolysäure" bedeutet, daß hier neben Wolfram, Sauerstoff und Wasserstoff noch ein anderes, „fremdes" Element vorhanden ist. Eine Heteropolysäure des Wolframs besitzt z.B. die Zusammensetzung $H_6P_2W_{18}O_{62}$.

Werden die Wolframate mit Salpetersäure versetzt, so fällt das Wolfram(VI)-oxid-Hydrat $WO_3 \cdot H_2O$ aus, das fälschlicherweise auch als „Wolframsäure" bezeichnet wird.

Weitere sehr wichtige Wolframverbindungen sind die Carbide $W_2C$ und WC. Sie sind außerordentlich hart und können Diamant in Bohrwerkzeugen ersetzen („Widia" = wie Diamant).

## Seaborgium

Das Element mit der Ordnungszahl $Z = 106$ sollte nach der Empfehlung der IUPAC als Unnilhexium (Symbol Unh) benannt werden.

Das Element 106 wird jetzt als **Seaborgium** (Symbol Sg) nach dem amerikanischen Chemiker *Glenn T. Seaborg* (*1912) bezeichnet.

Es wurde erstmals 1974 in Berkeley (USA) durch Beschuß von Californium 249 mit Ionen von Sauerstoff 18 erhalten:

$$^{249}_{98}Cf + {}^{18}_{8}O \longrightarrow {}^{263}_{106}Sg + 4n$$

## VII. Nebengruppe (VIIa)

In der VII. Nebengruppe des Periodensystems stehen die Elemente Mangan, Technetium, Rhenium und Nielsbohrium.

| Periode | VIIa | |
|---|---|---|
| 4 | 54,94 Mn 25 | Mangan |
| 5 | 98 Tc 43 | Technetium |
| 6 | 186,2 Re 75 | Rhenium |
| 7 | 262 Ns 107 | Nielsbohrium |

VII. Nebengruppe des PSE

## Mangan

Mangan ist ein hartes, sprödes, unedles Metall. Es schmilzt bei ca. 1250 °C; seine Dichte beträgt 7,4 g/cm³.

Manganverbindungen sind in der Natur recht häufig anzutreffen. Wichtige Manganmineralien sind der Braunstein $MnO_2$, der Hausmannit $Mn_3O_4$ und der Manganspat $MnCO_3$.

Reines Mangan läßt sich durch die Reduktion der Manganoxide mit Aluminium erhalten:

$$3\,Mn_3O_4 + 8\,Al \longrightarrow 9\,Mn + 4\,Al_2O_3$$

Der größte Anteil des Mangans wird als Ferromangan erzeugt (80% Mn und 20% Fe), das zur Herstellung bestimmter Stahlsorten benötigt wird.

Mangan kann in seinen Verbindungen die Oxidationsstufen I bis VII aufweisen. Mangan(I)-Verbindungen sind jedoch äußerst selten.

Als unedles Metall reagiert Mangan mit verdünnten Säuren. Dabei bilden sich rosafarbene Mangan(II)-salze, die $Mn^{2+}$-Ionen enthalten.

*Beispiele:*

Mangan(II)-chlorid $MnCl_2 \cdot 4\,H_2O$

Mangan(II)-sulfat $MnSO_4 \cdot 5\,H_2O$

Mangan(II)-Verbindungen sind besonders stabil. Versetzt man ihre wäßrigen Lösungen mit Alkalilaugen (z.B. Natronlauge), so bildet sich ein weißer Niederschlag von Mangan(II)-hydroxid $Mn(OH)_2$, das sich an der Luft langsam braun färbt.

Diese Braunfärbung ist auf die Bildung von Mangan(IV)-oxid $MnO_2$ zurückzuführen.

Mangan(III)-Verbindungen sind in wäßriger Lösung meist unbeständig. $Mn^{3+}$-Ionen liegen in den festen Oxiden $Mn_2O_3$ und $Mn_3O_4$ vor.

Die wichtigste Mangan(IV)-Verbindung ist das grauschwarze **Mangan(IV)-oxid** (Braunstein) $MnO_2$. Es ist in Wasser fast unlöslich. Bei Temperaturen über 500 °C wird aus Braunstein Sauerstoff abgespalten:

$$3\ MnO_2 \longrightarrow Mn_3O_4 + O_2$$

Mangan(IV)-oxid oxidiert Salzsäure zu Chlor:

$$MnO_2 + 4\ HCl(aq) \longrightarrow MnCl_2 + Cl_2 + 2\ H_2O$$

Braunstein $MnO_2$ wird zur Herstellung von Trockenbatterien (Band 2: Elektrochemie) und zur Entfärbung von Glasschmelzen verwendet.

Mangan-Verbindungen der Oxidationsstufen V und VI sind selten. Das grüne Kaliummanganat $K_2MnO_4$ (Mangan mit der Oxidationszahl VI) bildet sich beim Erhitzen von Kaliumpermanganat $KMnO_4$ und bei der Oxidation von Mangan(IV)-oxid $MnO_2$ in einer Kaliumnitrat-Kaliumcarbonat-Schmelze.

Eine der wichtigsten Manganverbindungen ist das **Kaliumpermanganat** $KMnO_4$ (Mangan mit der Oxidationszahl VII). Es ist ein grauviolettes, glänzendes Salz, das sich in Wasser mit violetter Farbe löst. Beim Erhitzen von festem Kaliumpermanganat wird in einer Disproportionierungsreaktion* Sauerstoff abgegeben:

$$2\ KMnO_4 \longrightarrow K_2MnO_4 + MnO_2 + O_2$$

Neben Mangan(IV)-oxid bildet sich das grüne Kaliummanganat. Beide Stoffe können bei stärkerem Erhitzen weiteren Sauerstoff abgeben.

Kaliumpermanganat ist ein sehr starkes Oxidationsmittel und oxidiert z.B. Salzsäure bei Raumtemperatur zu Chlor:

$$2\ KMnO_4 + 16\ HCl(aq) \longrightarrow 2\ MnCl_2 + 2\ KCl + 5\ Cl_2 + 8\ H_2O$$

Permanganat-Ionen $MnO_4^-$ dienen in der analytischen Chemie als wichtiges Oxidationsmittel (Manganometrie; Band 2). So werden z.B. $Fe^{2+}$-Ionen in saurer Lösung quantitativ (d.h. hier vollständig) zu $Fe^{3+}$-Ionen oxidiert, während die Mangan(VII)-Verbindung zur Mangan(II)-Verbindung reduziert wird:

$$MnO_4^- + 5\ Fe^{2+} + 8\ H_3O^+ \longrightarrow Mn^{2+} + 5\ Fe^{3+} + 12\ H_2O$$

In neutraler und basischer Lösung werden die Permanganat-Ionen nur bis zum Mangan(IV)-oxid reduziert:

$$MnO_4^- + 2\ H_2O + 3\ e^- \longrightarrow MnO_2 + 4\ OH^-$$

Durch vorsichtige Reaktion zwischen Kaliumpermanganat und konzentrierter Schwefelsäure wird das Mangan(VII)-oxid $Mn_2O_7$ erhalten. Es ist ein rotviolettes Öl, das sich beim Erhitzen explosionsartig zersetzt.

## Technetium

Technetium ist ein Metall, das durch Kernumwandlung* erhalten werden kann. In der Natur sind Technetium und seine Verbindungen nur in Spuren vorhanden.

Alle Isotope des Technetiums sind radioaktiv. Das Isotop $^{98}Tc$ besitzt eine Halbwertszeit* von etwa 4 Millionen Jahren.

Obwohl Technetium bereits 1937 erzeugt wurde, sind bis heute nur einige Eigenschaften bekannt. Es ähnelt dem Rhenium.

Technetium besitzt keine praktische Bedeutung.

## Rhenium

Rhenium ist ein sehr seltenes, korrosionsbeständiges, platinähnliches Metall. Es schmilzt bei einer Temperatur von 3180 °C und besitzt die Dichte 21,0 g/cm³. Man findet Rheniumverbindungen z.B. in Molybdänerzen.

Rhenium und einige Rheniumverbindungen werden als Katalysatoren verwendet.

Rhenium bildet Verbindungen der Oxidationsstufen III bis VII. Rhenium(VII)-Verbindungen sind besonders stabil.

*Beispiele:*
Kaliumperrhenat $KReO_4$
Rhenium(VII)-oxid $Re_2O_7$.

## Nielsbohrium

Das Element mit der Ordnungszahl $Z = 107$ wurde erstmals 1981 in Darmstadt erhalten. Es bildet sich durch Einwirkung schneller Chromionen auf Bismut 209:

$$^{209}_{83}Bi + ^{54}_{24}Cr \longrightarrow ^{261}_{107}Ns + 2n$$

Das Element 107 wird als **Nielsbohrium** (Ns) nach dem dänischen Physiker *Niels Bohr** bezeichnet. Die vorläufige Bezeichnung lautete Unnilseptium.

## VIII. Nebengruppe (VIIIa)

In der VIII. Nebengruppe des Periodensystems stehen die Elemente Eisen, Cobalt, Nickel, Ruthenium, Rhodium, Palladium, Osmium, Iridium, Platin, Hassium, Meitnerium und Ununnilium.

Innerhalb der VIII. Nebengruppe sind die Elemente, die in einer Periode stehen (also nebeneinander), ähnlicher als die Elemente, die untereinander angeordnet sind. Man teilt sie meist in folgender Weise auf:

- Eisengruppe (Fe, Co, Ni)
- Leichte Platinmetalle (Ru, Rh, Pd)
- Schwere Platinmetalle (Os, Ir, Pt)

VIII. Nebengruppe des PSE

| Periode | VIIIa | | | | |
|---|---|---|---|---|---|
| 4 | 55,85 Fe 26 | 58,93 Co 27 | 58,69 Ni 28 | Eisen, Cobalt, Nickel | Eisengruppe |
| 5 | 101,1 Ru 44 | 102,9 Rh 45 | 106,4 Pd 46 | Ruthenium, Rhodium, Palladium | Leichte Platinmetalle |
| 6 | 190,2 Os 76 | 192,2 Ir 77 | 195,1 Pt 78 | Osmium, Iridium, Platin | Schwere Platinmetalle |
| 7 | 265 Hs 108 | 266 Mt 109 | 269 Uun 110 | Hassium, Meitnerium, Ununnilium | |

# Eisengruppe

## Eisen

Eisen ist das wichtigste Element der VIII. Nebengruppe. Es ist das vierthäufigste Element der Erdkruste. In geringen Mengen ist Eisen fast überall vorhanden. Die Braun-, Rot- bzw. Gelbfärbung von Böden und Gesteinen ist meist auf das Vorhandensein von Eisenverbindungen zurückzuführen.

Wichtige Eisenmineralien (Eisenerze) sind der Magnetit (Magneteisenstein) $Fe_3O_4$, der Hämatit (Roteisenstein) $Fe_2O_3$, der Limonit (Brauneisenstein) $Fe_2O_3 \cdot n\ H_2O$, der Siderit (Spateisenstein) $FeCO_3$ und der Pyrit (Eisenkies) $FeS_2$.

Eisenverbindungen sind für Pflanzen, Tiere und Menschen lebensnotwendig. Ohne Eisen können Pflanzen kein Chlorophyll* bilden. Der rote Blutfarbstoff, das Hämoglobin, ist eine Eisenverbindung (Häm*). Es transportiert den Sauerstoff zu den Zellen.

Reines Eisen ist ein silberweißes, recht weiches Metall mit der Schmelztemperatur 1535 °C. Seine Dichte beträgt 7,9 g/cm³. Es läßt sich durch Reduktion von Eisenoxid z.B. mit Wasserstoff erhalten („ferrum reductum"):

$$Fe_2O_3 + 3\ H_2 \longrightarrow 2\ Fe + 3\ H_2O$$

Hochreines Eisen kann man durch thermische Zerlegung von Eisenpentacarbonyl gewinnen:

$$Fe(CO)_5 \longrightarrow Fe + 5\ CO$$

Eisen ist ein unedles Metall. An feuchter Luft rostet es. Es bildet sich poröses FeO(OH). Der Rost schützt das Eisen nicht vor weiterer Korrosion*.

Bis 768 °C (*Curie*-Punkt) ist Eisen ferromagnetisch. Reines Eisen wird zur Herstellung von Eisenkernen in Elektromagneten benötigt, da es keine dauermagnetischen Eigenschaften besitzt.

Das technisch verwendete Eisen enthält meist Kohlenstoff. Dadurch ändern sich die Eigenschaften des Eisens. Es wird härter und spröder. Eisen mit einem Kohlenstoffgehalt bis 1,7% wird als **Stahl** bezeichnet. Er ist schmied-, walz- und schweißbar und besitzt eine hohe Elastizität. Durch Zusatz bestimmter Metalle lassen sich die Eigenschaften des Stahls weiter verbessern (Sonderstähle).

### Die Herstellung von Eisen und Stahl

Die Eisenerze können im **Bergwerk** (unterirdisch) oder kostengünstiger im **Tagebau** (oberirdisch) abgebaut werden. In der Bundesrepublik Deutschland werden praktisch keine heimischen Erze mehr zur Eisenherstellung eingesetzt, obwohl durchaus bedeutende Erzlagerstätten vorhanden sind (z.B. im Raum Salzgitter). Durch die hohen Förderkosten und den geringen Eisenanteil von ca. 30% ist ein wirtschaftlicher Abbau nicht mehr möglich. Aus Skandinavien, Westafrika, Südamerika, Kanada, Australien und Rußland kommen Erze mit einem Eisengehalt von über 60%.

Stark verunreinigte Erze müssen einer **Aufbereitung** unterzogen werden. Hierunter versteht man die Abtrennung von mineralischen Begleitstoffen (Gangart). Sulfidische Erze werden erst durch Rösten (Reaktion mit dem Luftsauerstoff bei höherer Temperatur) in Eisenoxide überführt:

$$4\ FeS_2 + 11\ O_2 \longrightarrow 2\ Fe_2O_3 + 8\ SO_2$$

Eisencarbonat wandelt sich bereits beim Sintern* in Eisenoxid um:

$$6\ FeCO_3 + O_2 \longrightarrow 2\ Fe_3O_4 + 6\ CO_2$$

Für die weitere Verarbeitung im Hochofen* müssen

die Eisenerze stückig gemacht werden, da sonst keine Gasdurchlässigkeit gewährleistet ist.

Dies geschieht in der **Sinteranlage**. Hier werden dem Feinerz Kokspulver, Zuschläge und Wasser zugemischt und auf einem beweglichen Rost einer Wärmebehandlung unterzogen.

Die feinen Bestandteile backen zusammen, und es entsteht der „Sinterkuchen", der anschließend bis auf Faustgröße zerkleinert wird.

Die Zuschläge zum Eisenerz sollen mit den unerwünschten Bestandteilen im Hochofen eine niedrigschmelzende Schlacke bilden. Für sogenannte „saure" Erze, die z.B. Sand oder Ton als Gangart aufweisen, werden „basische" Zuschläge (Kalkstein) benutzt. Für „basische" Erze mit Kalkstein als Gangart verwendet man „saure" Zuschläge (Quarzsand).

Die Eisengewinnung durch Reduktion der Eisenoxide erfolgt im **Hochofen**. Es ist ein bis zu 30 m hoher Schachtofen in einem Tragegerüst aus Stahl, der mit einem Schrägaufzug zum Befüllen mit Sinter und Koks versehen ist.

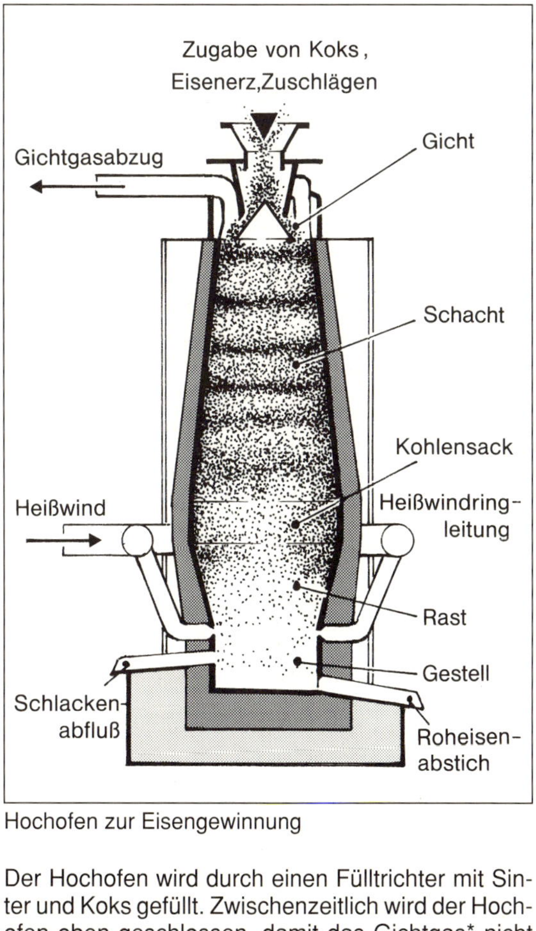


Hochofen zur Eisengewinnung

Der Hochofen wird durch einen Fülltrichter mit Sinter und Koks gefüllt. Zwischenzeitlich wird der Hochofen oben geschlossen, damit das Gichtgas* nicht unkontrolliert entweicht. Durch Düsen, die von einer Ringleitung um den Hochofen ausgehen, wird auf ca. 800 °C erwärmte Luft („Heißwind") in den Hochofen eingeblasen. Der Heißwind wird in **Winderhitzern** erzeugt, die mit dem Gichtgas (enthält zu etwa 30% das brennbare Kohlenstoffmonooxid) beheizt werden.

Durch die heiße Luft verbrennt der Koks* (Kohlenstoff). Neben Kohlenstoffdioxid $CO_2$ bildet sich auch Kohlenstoffmonooxid CO, das nach oben strömt und das Eisenoxid reduzieren kann (indirekte Reduktion):

$$2\,C + O_2 \longrightarrow 2\,CO$$

$$3\,CO + Fe_2O_3 \longrightarrow 2\,Fe + 3\,CO_2$$

Das Kohlenstoffmonooxid reagiert teilweise zu Kohlenstoffdioxid und feinverteiltem Kohlenstoff (*Boudouard*-Gleichgewicht):

$$2\,CO \rightleftharpoons CO_2 + C$$

Der feinverteilte Kohlenstoff kann das Eisenoxid ebenfalls reduzieren (direkte Reduktion):

$$2\,C + Fe_3O_4 \longrightarrow 3\,Fe + 2\,CO_2$$

Der Kohlenstoff kann sich auch im Eisen lösen oder sich mit ihm verbinden. Dadurch erniedrigt sich der Schmelzpunkt auf ca. 1200 °C.

Das bei der Reduktion entstehende Kohlenstoffdioxid reagiert mit dem heißen Koks wieder zu Kohlenstoffmonooxid:

$$CO_2 + C \rightleftharpoons 2\,CO$$

Das kohlenstoffhaltige Eisen sammelt sich in flüssiger Form im unteren Teil des Hochofens. Im Abstand von einigen Stunden wird es abgelassen (Abstich).

Auf dem flüssigen Roheisen schwimmt die Schlacke in ebenfalls flüssiger Form und schützt das Eisen vor Oxidation. Auch die Schlacke wird im Zeitraum von einigen Stunden abgelassen.

Für die Erzeugung von 1000 kg Roheisen benötigt man fast 500 kg Koks, der in der **Kokerei** aus Steinkohle* hergestellt wird.

Das **Roheisen** enthält ca. 3 bis 5% Kohlenstoff. Daneben sind aber auch Silicium, Mangan, Phosphor, Schwefel und andere Elemente vorhanden. Es kann nur begrenzt als Gußeisen (z.B. für Kanaldeckel) verwendet werden. Durch den hohen Kohlenstoffgehalt läßt es sich nicht walzen, schmieden oder pressen.

Weitere Produkte aus dem Hochofen sind die Schlacke und das Gichtgas. Die **Schlacke** besteht im wesentlichen aus Calciumaluminiumsilicat. Nach dem Abkühlen und Zerkleinern dient sie als Schotter für den Straßenbau. In gemahlener Form kann die Schlacke auch zur Herstellung von Hochofenzement dienen.

Das **Gichtgas** besteht aus ca. 60% Stickstoff, 30% Kohlenstoffmonooxid und 10% Kohlenstoffdioxid (Volumenanteil).

Nach dem Entstauben wird es zur Erzeugung des Heißwindes in den Winderhitzern verwendet. Das restliche Gichtgas setzt man im Hüttenwerk zur Energiegewinnung ein.

Um die Eigenschaften des erzeugten Eisens zu verbessern, muß insbesondere der Kohlenstoffgehalt vermindert werden. Eisen mit bis zu 1,7% C wird als **Stahl** bezeichnet. Der Gehalt an Kohlenstoff darf aber auch nicht zu niedrig sein, da das Eisen sonst zu weich ist.

Für die Herstellung von Stahl aus Roheisen im **Stahlwerk** gibt es mehrere Verfahren. 1855 wurde von *Henry Bessemer* (1813 -1898), einem englischen Ingenieur, ein Verfahren zur Verarbeitung von phosphorarmem Roheisen entwickelt. Hierbei wird Luft durch ein birnenförmiges Gefäß (Konverter) geblasen, um einen Teil des Kohlenstoffs in Kohlenstoffdioxid zu überführen. Dieses „Windfrischen" wurde 1879 von dem englischen Hüttenfachmann *Sidney Thomas* auch auf phosphorreiches Roheisen übertragen, indem er die Konverter („Thomasbirne") mit einem basischen Futter auskleidete. Als Nebenprodukt wurde hierbei ein phosphorhaltiges Düngemittel („Thomasmehl") erhalten. Neben der Verringerung des Kohlenstoffgehaltes wurden weitgehend auch Schwefel, Phosphor und Silicium entfernt.

Das **Bessemer**- und **Thomas**-Verfahren haben heute kaum noch eine Bedeutung. Sie sind hauptsächlich durch das 1951 entwickelte **Sauerstoffaufblasverfahren** abgelöst worden. Es wird auch als LD-Verfahren bezeichnet nach den österreichischen Stahlwerken Linz und Donawitz.

Sauerstoffaufblasverfahren

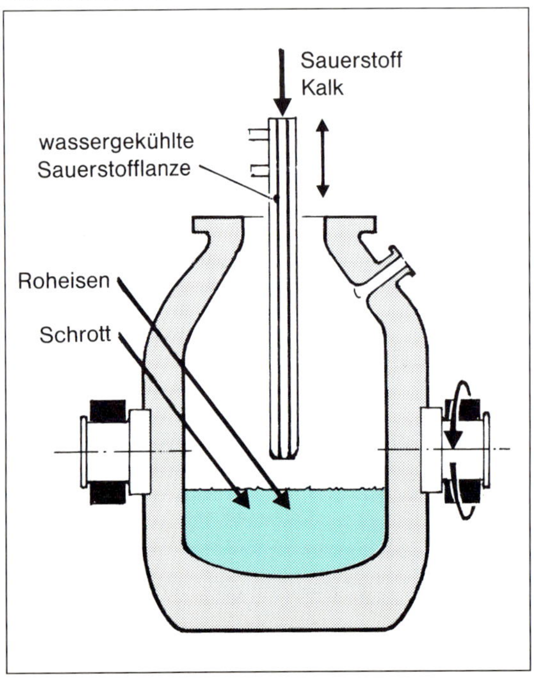


Beim Sauerstoffaufblasverfahren wird reiner Sauerstoff mit einem Druck von etwa 10 bar durch eine wassergekühlte Lanze auf die Oberfläche des flüssigen Roheisens im Konverter (drehbares Gefäß) geleitet. Gleichzeitig wird Kalk zugegeben, um eine Schlackenbildung zu ermöglichen. Durch die Verbrennung des Kohlenstoffs zu $CO_2$ wird soviel Energie frei, daß mit Eisenschrott gekühlt werden muß. Dies ist gleichzeitig für den Rohstoffkreislauf („Recycling") wichtig. Bis zu 25% Eisenschrott können beim Sauerstoffaufblasverfahren eingesetzt werden. Nach 15 - 20 Minuten Blaszeit wird der Konverter gekippt und der Inhalt in eine Gießpfanne gegossen. Je nach Stahlsorte werden hier noch bestimmte Metalle zugefügt (z.B. Chrom, Vanadium, Wolfram, Molybdän).

Weitere Möglichkeiten zur Stahlherstellung sind das ***Siemens-Martin*-Verfahren** und das **Elektrostahl-Verfahren**.

Das *Siemens-Martin*-Verfahren wird seit 1864 durchgeführt. Es wurde von dem deutschen Industriellen *Friedrich Siemens* (1826 - 1904) und dem französischen Hüttenfachmann *Pierre Martin* (1824 - 1915) entwickelt. Hierbei befindet sich das Roheisen mit Schrott in einer flachen, gasbeheizten Mulde.

Nach der Zugabe von Kalk für die Schlackenbildung wird Luft aufgeblasen. Da die Oxidationen nur an der Oberfläche stattfinden, dauert das „Frischen" (Umwandlung von Roheisen in Stahl) mehrere Stunden.

Beim Elektrostahlverfahren werden Lichtbogen- oder Induktionsöfen eingesetzt. Es wird insbesondere zur Herstellung von hochwertigen Sonderstählen herangezogen. Durch die elektrische Heizung und den Einsatz von reinem Sauerstoff treten keine Verunreinigungen auf.

Der noch etwa 1600 °C heiße Stahl muß anschließend durch **Gießen** in eine feste Form gebracht werden, damit er weiterverarbeitet werden kann. Man gießt ihn zu Blöcken (mit quadratischem Querschnitt) oder zu Brammen (mit rechteckigem Querschnitt).

Während früher meist ein Guß in **Kokillen** (Formen aus Gußeisen) erfolgte, wird heute in immer größerem Maße das **Stranggießen** durchgeführt. Hierbei wird der flüssige Stahl in eine wassergekühlte Kupferkokille gegossen, so daß ein Stahlstrang entsteht. Durch ein Rollengerüst gestützt, wird dieser bogenförmig mit einem Radius von ca. 10 m in die Horizontale gebracht. Am Ende des Gerüstes werden vom Strang Stücke in der gewünschten Länge mit einem Schneidbrenner abgetrennt.

Die Stahlblöcke (quadratischer Querschnitt) werden zum **Walzen** von Profilstahl, Stabstahl und Draht verwendet. Stahlbrammen (rechteckiger Querschnitt) werden dagegen zum Auswalzen von Blechen eingesetzt.

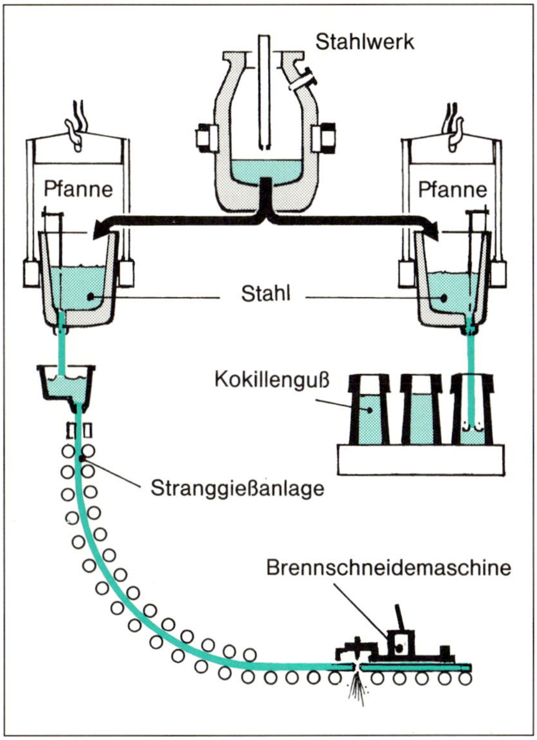


Kokillen- und Stranggießen

Neben dem Walzen kann Stahl auch durch Formgießen und Schmieden weiterverarbeitet werden.

In der folgenden Abbildung sind die wichtigsten Stationen der Eisen- und Stahlherstellung aufgeführt.

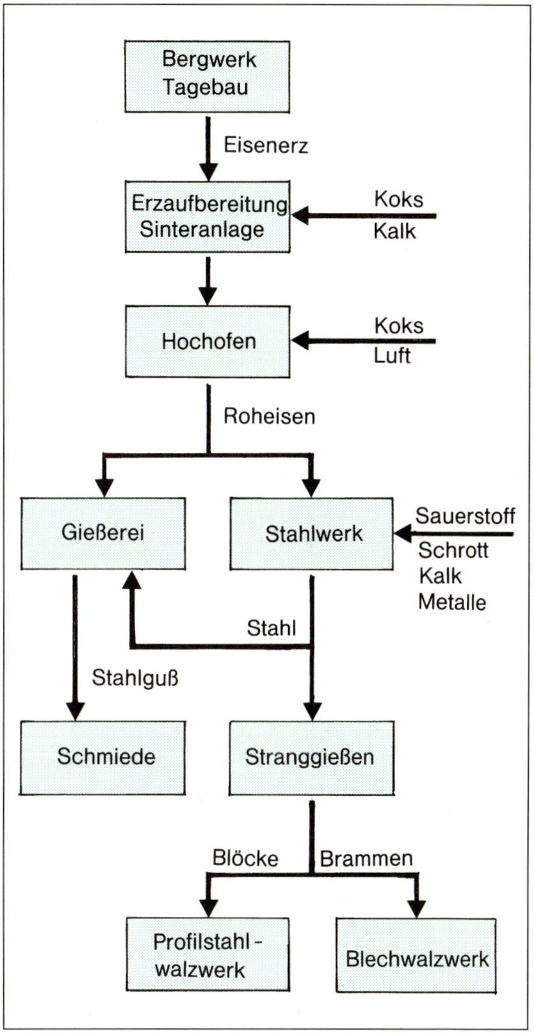


Schema der Eisen- und Stahlherstellung

## Rostschutz

Eisen ist eines der Metalle, die am längsten bekannt sind. Etwa 1000 v.Chr. begann die „Eisenzeit", in der wir noch immer leben, da auch heute das Eisen der wichtigste Werkstoff ist.

Ein großer volkswirtschaftlicher Schaden tritt dadurch auf, daß Eisen als unedles Metall leicht rostet. Das Rosten ist ein Korrosionsvorgang.

**Korrosion:** Zerstörung eines Metalls durch chemische Einflüsse

Die Bezeichnung stammt vom lateinischen Wort *corrodere* = zerfressen.

Rostbildung tritt an feuchter Luft oder in lufthaltigem Wasser auf. In einer recht komplizierten Reaktionsfolge bildet sich braunes Eisen(III)-oxidhydrat der ungefähren Zusammensetzung FeO(OH). Durch seine poröse Beschaffenheit wird das darunterliegende Metall nicht vor weiterer Korrosion geschützt. Ein Schutz vor Rost kann durch die folgenden Methoden erreicht werden:

**Nichtmetallische Schichten**: Kunststoffe, Lacke, Fette, Email

**Metallische Schichten**: Nickel, Chrom, Zink, Zinn, Cadmium. Die Metalle können z.B. durch Elektrolyse (Galvanisieren) aufgebracht werden.

**Phosphatierung**: Erzeugung von z.B. einer Zinkphosphatschicht auf der Eisenoberfläche

## Eisenverbindungen

Als unedles Metall reagiert Eisen mit verdünnten Säuren unter Wasserstoffentwicklung und Bildung von $Fe^{2+}$-Ionen. Viele Eisen(II)-Salze besitzen eine hellgrüne Farbe, wie z.B. Eisen(II)-sulfat $FeSO_4 \cdot 7\,H_2O$.

Eisen(II)-Verbindungen oxidieren an der Oberfläche leicht zu Eisen(III)-Verbindungen.

Das Ammoniumeisen(II)-sulfat (*Mohr*sches Salz) $(NH_4)_2Fe(SO_4)_2 \cdot 6\,H_2O$ ist an der Luft beständig. Durch Zugabe von Sulfid-Ionen zu Eisen(II)-Ionen bildet sich das schwerlösliche, schwarze Eisen(II)-sulfid FeS:

$$Fe^{2+}(aq) + S^{2-}(aq) \longrightarrow FeS(s)$$

Eisen(II)-sulfid wird im Chemielabor zur Herstellung von Hydrogensulfid $H_2S$ verwendet. Es bildet sich durch Reaktion mit einer Säure (z.B. Salzsäure):

$$FeS(s) + 2\,H_3O^+(aq) \longrightarrow H_2S(g) + Fe^{2+}(aq) + 2\,H_2O(l)$$

Durch viele Oxidationsmittel können Eisen(II)- in Eisen(III)-Verbindungen überführt werden.

Die Eisen(III)-halogenide bilden sich durch direkte Reaktion der Elemente:

$$2\,Fe + 3\,Cl_2 \longrightarrow 2\,FeCl_3$$

Eisen(III)-chlorid kristallisiert aus wäßriger Lösung als $FeCl_3 \cdot 6\,H_2O$ aus. Es ist ein gelbbrauner Stoff, der zum Ätzen von Kupfer (z.B. für gedruckte Schaltungen) verwendet wird:

$$Cu + 2\,FeCl_3 \longrightarrow CuCl_2 + 2\,FeCl_2$$

Fast alle Eisen(III)-Verbindungen besitzen eine gelbbraune bis rote Farbe. Die gelbe Farbe in wäßrigen Eisen(III)-Salzlösungen kommt durch das Vorhandensein von komplexen Monohydroxo-pentaaqua-eisen(III)-Kationen $[Fe(OH)(H_2O)_5]^{2+}$ zustande. Die gebundenen Wassermoleküle können leicht durch andere Gruppen ausgetauscht werden (Ligandenaustausch; Band 2: Komplexe).

Eisen bildet viele Komplexverbindungen, z.B. auch mit Cyanidionen $CN^-$. Kaliumhexacyanoferrat(II) $K_4[Fe(CN)_6] \cdot 3\,H_2O$ wird auch als gelbes Blutlaugensalz bezeichnet. Es bildet gut wasserlösliche, gelbe Kristalle. Mit einer Eisen(III)-Salzlösung erhält man einen dunkelblauen, schwerlöslichen Stoff, das Berliner Blau:

$$K_4[\overset{II}{Fe}(CN)_6](aq) + Fe^{3+}(aq) \longrightarrow K\overset{III}{Fe}[\overset{II}{Fe}(CN)_6](s) + 3\,K^+(aq)$$

Berliner Blau

Kaliumhexacyanoferrat(III) $K_3[Fe(CN)_6]$, das rote Blutlaugensalz, bildet rote Kristalle, die sich in Wasser mit gelblich-grüner Farbe lösen. Mit einer Eisen(II)-Salzlösung erhält man einen Niederschlag von *Turnbulls* Blau.

Neuere Untersuchungen zeigen, daß Berliner Blau und *Turnbulls* Blau identisch sind. Es muß daher die folgende Redoxreaktion* abgelaufen sein:

$$K_3[\overset{III}{Fe}(CN)_6](aq) + Fe^{2+}(aq) \longrightarrow K\overset{III}{Fe}[\overset{II}{Fe}(CN)_6](s) + 2\,K^+(aq)$$

*Turnbulls* Blau

Die beiden letztgenannten Reaktionen lassen sich zum Nachweis von Eisen-Ionen heranziehen.

Eine weitere empfindliche Nachweisreaktion für $Fe^{3+}$-Ionen ist mit Rhodaniden (Thiocyanaten) möglich. Man erhält eine blutrote Färbung von Eisen(III)-rhodanid:

$$Fe^{3+} + 3\,SCN^- \longrightarrow Fe(SCN)_3$$

Auch hier liegt wohl ein Austausch von Gruppen (Liganden) vor, z.B. gemäß der Gleichung:

$$[Fe(H_2O)_6]^{3+} + 2\,SCN^- \rightleftarrows [Fe(H_2O)_4(SCN)_2]^+ + 2\,H_2O$$

Es gibt drei Eisenoxide: das schwarze Eisen(II)-oxid FeO, das rotbraune Eisen(III)-oxid $Fe_2O_3$ und das grauschwarze Eisen(II,III)-oxid $Fe_3O_4$.

Die Zusammensetzungen der Oxide schwanken häufig innerhalb bestimmter Grenzen. Derartige nicht eindeutig zusammengesetzte Verbindungen werden als „Berthollide" bezeichnet. Für sie gilt nicht das Gesetz der konstanten Proportionen*. Im Gegensatz dazu stehen „Daltonide", die eine eindeutige Zusammensetzung aufweisen.

**Berthollide**: Stöchiometrisch nicht eindeutig zusammengesetzte Verbindungen

**Daltonide**: Stöchiometrisch eindeutig zusammengesetzte Verbindungen

Die Bezeichnung „Berthollide" ist nach dem französischen Chemiker *Claude Berthollet* (1748 - 1822) gewählt worden, der um 1800 das Gesetz der konstanten Proportionen ablehnte. Die Bezeichnung „Daltonide" deutet auf *Dalton** hin.

Alle Oxide des Eisens lassen sich durch eine allgemeine Formel angeben:

$$(Fe_{1-y}{}^{2+}\,Fe_{2/3y}{}^{3+}\,\star_{1/3y})O \qquad 0 \leq y \leq 1$$

Das Sternchen ⋆ in der Formel symbolisiert eine Leerstelle in der Struktur.

Für $y = 0$ erhält man FeO, für $y = 1$ $Fe_2O_3$. Diese beiden Verbindungen sind Daltonide.

Technisch besonders wichtig ist das $\gamma$-$Fe_2O_3$. Hierbei bilden die Oxid-Ionen $O^{2-}$ eine kubisch-dichteste Kugelpackung*, während die Eisen-Ionen $Fe^{3+}$ unregelmäßig auf die tetraedrischen und oktaedrischen Hohlräume verteilt sind. Dieses $\gamma$-$Fe_2O_3$ ist ferromagnetisch und wird zur Herstellung von Magnetbändern (Ton- und Videobänder) verwendet.

Zur Fertigung von Dauermagneten dienen einige Doppeloxide, die Eisen(III)-oxid enthalten. Sie werden als Ferrite bezeichnet.

*Beispiel:* Bariumferrit $BaO \cdot 6\,Fe_2O_3$

Aus Eisen(II)-Salzlösungen fällt mit Alkalilaugen weißes Eisen(II)-hydroxid $Fe(OH)_2$ aus, das an der Luft sehr leicht oxidiert wird. Über eine Grün- und Grünbraunfärbung erhält man schließlich das braune Eisen(III)-hydroxid $Fe(OH)_3$.

Es sind auch Eisenverbindungen der Oxidationsstufen IV und VI bekannt. So erhält man bei der Oxidation von Eisen(III)-oxid in konzentrierter Natronlauge mit Chlor das rote Natriumferrat(VI) $Na_2FeO_4$ (*ferrum* ist der lateinische Name für Eisen). Das Ferrat-Ion $FeO_4^{2-}$ ist ein sehr starkes Oxidationsmittel.

Im Eisenpentacarbonyl $Fe(CO)_5$ besitzt das Eisen die Oxidationszahl 0. Es ist eine brennbare, sehr giftige, gelbe Flüssigkeit, die sich bei der Reaktion zwischen feinverteiltem Eisen und Kohlenstoffmonooxid CO bei ca. 100 bar und 200 °C bildet:

$$Fe + 5\,CO \longrightarrow Fe(CO)_5$$

Durch die 26 Elektronen des Eisenatoms und die fünf bindenden Elektronenpaare der Kohlenstoffmonooxidmoleküle wird mit 36 $e^-$ die Elektronenzahl des nächsten Edelgases (Krypton) erreicht.

Eisenverbindungen sind auch in Organismen enthalten. So befindet sich im Blut das Hämoglobin, eine komplizierte Eiweißverbindung, die für den Sauerstofftransport von der Lunge zu den Zellen sorgt. Der chromophore (farbgebende) Teil des Moleküls ist das Häm, ein Eisen(II)-Porphyrin-Komplex.

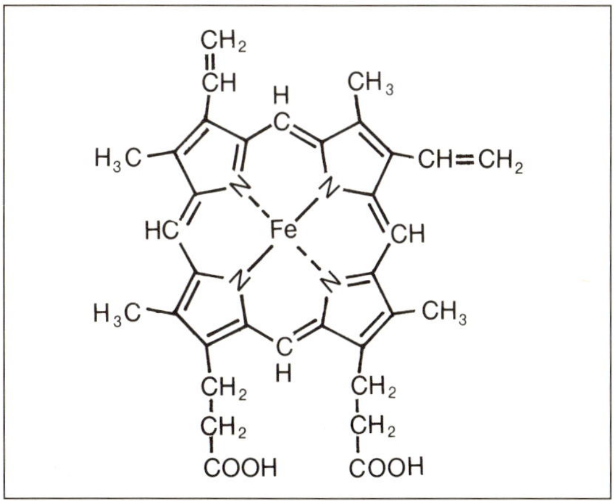


Häm-Molekül

## Cobalt

Cobalt ist ein silberweißes, recht hartes Metall. Es schmilzt bei 1490 °C, und seine Dichte beträgt 8,9 g/cm³. Cobalt ist reaktionsträger als Eisen und bei normaler Temperatur an der Luft beständig. Es gehört wie Eisen, Nickel und Gadolinium zu den ferromagnetischen Elementen.

Cobaltverbindungen sind selten in der Natur anzutreffen. Die Gewinnung von Cobalt aus seinen Verbindungen war früher nicht möglich. Man hielt diese Erze für von Kobolden verzaubert. So ist der Name für dieses Element entstanden.

Ein wichtiges Cobaltmineral ist der Cobaltglanz (Cobaltit) CoAsS. Cobalt tritt häufig zusammen mit Nickelerzen auf und kann daraus gewonnen werden.

Metallisches Cobalt wird zur Herstellung von Legierungen (z.B. Cobaltstahl) und für Permanentmagneten (Dauermagneten) verwendet.

Das radioaktive Cobaltnuklid $^{60}_{27}Co$ („Cobalt 60“) wird in der Strahlentherapie (z.B. zur Krebsbekämpfung) eingesetzt.

Cobalt reagiert leicht mit Säuren; dabei bilden sich Cobalt(II)-Salze. Sie sind im Gegensatz zu den Eisen(II)-Salzen auch in wäßrigen Lösungen beständig und werden durch den Luftsauerstoff nicht oxidiert. In wäßriger Lösung besitzen die $Co^{2+}$-Ionen eine rosa Farbe. Cobaltverbindungen, wie z.B. das rote Cobalt(II)-chlorid $CoCl_2 \cdot 6\,H_2O$, lassen sich zum Nachweis von Wasser verwenden. Beim Erhitzen bekommt man das wasserfreie blaue Salz, das bei der Zugabe von Wasser rot wird.

$$\underset{\text{blau}}{CoCl_2} + 6\,H_2O \longrightarrow \underset{\text{rot}}{CoCl_2 \cdot 6\,H_2O}$$

Auch „Geheimtinten“ lassen sich damit herstellen. Man schreibt mit einer verdünnten Cobaltchloridlösung, die nur ganz schwach rosa gefärbt und fast unsichtbar ist. Beim Erwärmen tritt dann die blaue Farbe der wasserfreien Form hervor.

Glüht man Cobalt(II)-Salze mit Aluminiumverbindungen, so bildet sich ein blaues Doppeloxid (*Thénards* Blau); verwendet man dagegen eine Zinkverbindung, so entsteht ein grünes Doppeloxid (*Rinmanns* Grün). Cobalt bildet die beiden Oxide CoO und $Co_3O_4$. Sie dienen zum Blaufärben von Porzellan, Email und Glas (Kobaltblau).

Salze mit $Co^{3+}$-Ionen sind recht selten. $CoF_3$ ist ein „mildes“ Fluorierungsmittel, d.h., es lassen sich damit schonender Fluorverbindungen herstellen, als das mit elementarem Fluor möglich wäre.

Vitamin $B_{12}$

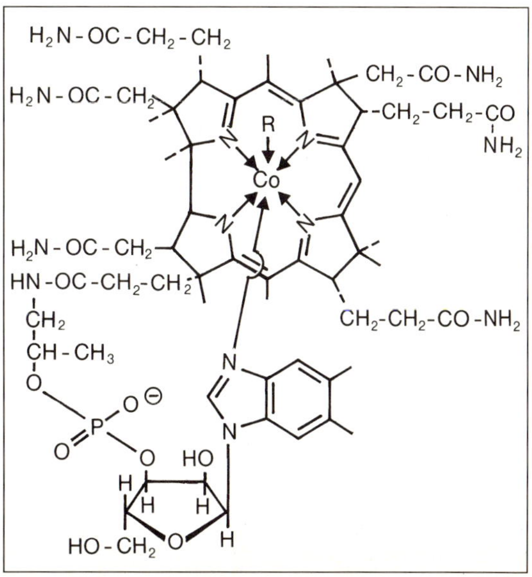

Cobalt bildet viele Komplexverbindungen (Band 2). Hierbei sind die Stoffe mit der Oxidationszahl III am beständigsten.

Auch das Vitamin $B_{12}$ ist ein Cobalt(III)-Komplex. Es ist an vielen enzymatischen Reaktionen im menschlichen Körper beteiligt. Der Tagesbedarf beträgt etwa 2,5 µg. Bei einem Mangel an Vitamin $B_{12}$ kommt es zu Veränderungen im Blutbild (perniziöse Anämie), die häufig zum Tode führen.

Vitamin $B_{12}$ oder Cobalamin ist ein Derivat (Abkömmling) des Corrins. Das Corrin unterscheidet sich vom Porphyrin (z.B. im Häm*) durch eine fehlende Methinbrücke CH.

## Nickel

Nickel ist ein silberweißes, dehnbares Metall, das an der Luft sehr beständig ist. Es schmilzt bei 1455 °C und besitzt die Dichte 8,9 g/cm³. Bis 356 °C zeigt Nickel die Eigenschaft des Ferromagnetismus.

Nickel kommt in metallischer Form mit Eisen in Meteoriten vor. Es wird vermutet, daß auch der Erdkern aus Nickel und Eisen besteht („NiFe-Kern").

Nickelmineralien sind z.B. der Rotnickelkies NiAs und der Millerit NiS. Nickel wird hauptsächlich aus Magnetkies (FeS) gewonnen, in dem es mit enthalten ist. Durch Rösten (Reaktion mit dem Luftsauerstoff) erhält man Nickeloxid, das durch Kohlenstoff oder Aluminium reduziert werden kann:

$$2\,NiO + C \longrightarrow 2\,Ni + CO_2$$

Sehr reines Nickel erhält man durch die Zersetzung von Nickeltetracarbonyl, das aus Nickelpulver und Kohlenstoffmonooxid gewonnen wird:

$$Ni + 4\,CO \xrightarrow{60\,°C} Ni(CO)_4$$

$$Ni(CO)_4 \xrightarrow{200\,°C} Ni + 4\,CO$$

Nickel wird zur Herstellung von Sonderstählen (z.B. Edelstahl) und zum Vernickeln (als Korrosionsschutz und zum Verschönern) verwendet. Auch Münzen und Katalysatoren* für Hydrierungen (z.B. *Raney*-Nickel) sind oft nickelhaltig. Neusilber ist eine Kupfer-Zink-Nickel-Legierung, Nickelin für Widerstandsdrähte besteht aus 56% Cu, 31% Ni und 13% Zn. Das Monelmetall, das für Fluor-Reaktionsgefäße benötigt wird, ist eine Legierung aus ca. 67% Ni, 32% Cu und 1% Mn.

In verdünnter Schwefelsäure reagiert Nickel langsam unter Entwicklung von Wasserstoff:

$$Ni(s) + 2\,H_3O^+(aq) \longrightarrow H_2(g) + Ni^{2+}(aq) + 2\,H_2O(l)$$

Es bilden sich $Ni^{2+}$-Ionen, die in wäßriger Lösung eine grüne Farbe aufweisen. Auch hier bilden sich, wie bei vielen Metallkationen der Nebengruppenelemente, Komplexe (Band 2).

Die Nickelionen liegen in wäßriger Lösung als Hexaaquanickel(II)-Kationen $[Ni(H_2O)_6]^{2+}$ vor. Nickelsulfat $NiSO_4 \cdot 7\,H_2O$ bildet grüne, leicht wasserlösliche Kristalle. Man verwendet es zum elektrolytischen Vernickeln (Galvanisieren). Wird eine Nickel(II)-Salzlösung mit einer Alkalilauge versetzt, bildet sich ein gallertartiger, grüner Niederschlag von Nickelhydroxid $Ni(OH)_2$, der sich im Überschuß der Alkalilauge nicht löst. Durch Erhitzen von Nickelhydroxid entsteht das graugrüne Nickel(II)-oxid NiO.

Schwarzes Nickelsulfid NiS bildet sich beim Einleiten von Hydrogensulfid in eine Nickel(II)-Salzlösung:

$$Ni^{2+}(aq) + H_2S(g) + 2\,H_2O(l) \longrightarrow NiS(s) + 2\,H_3O^+(aq)$$

Nickel bildet hauptsächlich Verbindungen der Oxidationsstufe II. Selten tritt die Oxidationszahl III (z.B. im NiOOH) oder IV (z.B. im $K_2[NiF_6]$) auf. Die Oxidationszahl 0 liegt im Nickeltetracarbonyl $Ni(CO)_4$ vor. Es ist eine farblose, sehr giftige Flüssigkeit, die bei 43 °C siedet.

# Leichte Platinmetalle

## Ruthenium

Ruthenium ist ein silberweißes, sehr hartes Metall, das bei ca. 2400 °C schmilzt; seine Dichte beträgt 12,5 g/cm³. Es ist das seltenste Platinmetall.

Ruthenium ist mechanisch und chemisch sehr widerstandsfähig. Selbst mit Königswasser* reagiert es nicht.

Metallisches Ruthenium wird zum Legieren von Platin verwendet (zur Erhöhung der Härte).

Ruthenium bildet Verbindungen der Oxidationsstufen II bis VIII. Nur Osmium, Ruthenium und Xenon treten in der Oxidationsstufe VIII auf.

Ruthenium(III)-chlorid $RuCl_3$ bildet schwarze Blättchen und ist in Wasser unlöslich. Man erhält es durch Reaktion mit Chlor:

$$2\,Ru + 3\,Cl_2 \longrightarrow 2\,RuCl_3$$

Durch Oxidation von Rutheniumsalzlösungen mit z.B. Periodsäure erhält man das Ruthenium(VIII)-oxid $RuO_4$. Es ist ein recht flüchtiger Feststoff, der bereits bei 25 °C schmilzt und eine Siedetemperatur von 100 °C aufweist.

## Rhodium

Rhodium ist ein silberweißes, glänzendes Metall. Seine Schmelztemperatur beträgt 1970 °C, die Dichte ist 12,4 g/cm³. Auch Rhodium ist sehr selten und tritt zusammen mit Platin auf.

Rhodium wird zum Überziehen von Silber verwendet, um das Anlaufen zu verhindern (Rhodinieren). Platin-Rhodium-Netze dienen als Katalysator bei der Ammoniakoxidation zur Salpetersäureherstellung.

Rhodium ist außerordentlich widerstandsfähig. Es reagiert mit keiner Säure. Die wichtigste Oxidationsstufe ist III. Rhodium(III)-Salze, z.B. das Rhodium(III)-sulfat $Rh_2(SO_4)_3$, weisen eine rosenrote Farbe auf. Dies führte zum Namen für das Element (*rhodeos* kommt aus der griechischen Sprache und bedeutet „rosenrot“).

## Palladium

Palladium ist ein silberweißes Metall, das etwas härter als Platin ist. Es schmilzt bei 1550 °C; seine Dichte beträgt 12,0 g/cm³.

Palladium kommt in der Natur gediegen (d.h. in elementarer Form) gemeinsam mit Gold und Platin vor. Von allen Platinmetallen ist es am häufigsten. An der Luft tritt keine Korrosion* auf (wie bei allen anderen Platinmetallen auch).

Palladium reagiert mit konzentrierter Salpetersäure unter $NO_2$-Entwicklung. Aus dem Reaktionsgemisch erhält man durch Eindampfen braune Kristalle von Palladium(II)-nitrat $Pd(NO_3)_2$. Neben den Verbindungen der Oxidationsstufe II gibt es auch Palladium(IV)-Verbindungen, z.B. das komplexe $K_2[PdCl_6]$. Palladiummetall ist in der Lage, große Mengen an Wasserstoff zu absorbieren. Es wird daher als Katalysator* für Hydrierungen in der organischen Chemie (Band 2) verwendet.

*Beispiel:*

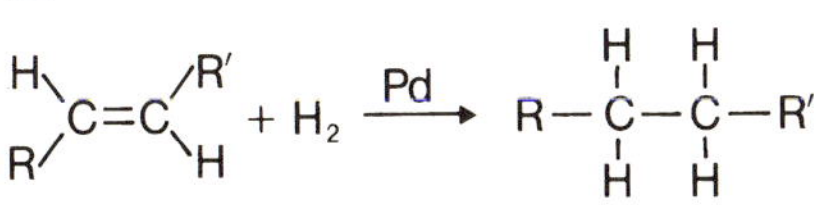


# Die schweren Platinmetalle

## Osmium

Osmium ist ein bläulichweißes, sehr hartes und sprödes Metall, das eine Schmelztemperatur von ca. 3000 °C aufweist. Seine Dichte beträgt $\rho$ = 22,5 g/cm³. Es kommt in der Natur in einer Osmium-Iridium-Legierung vor (häufig auch zusammen mit anderen Platinmetallen).

Osmium wird in feinverteilter Form durch konzentrierte Salpetersäure zu Osmium(VIII)-oxid (Osmiumtetraoxid) $OsO_4$ oxidiert. Es bildet farblose, bereits bei 40 °C schmelzende, flüchtige Kristalle mit einem stechenden Geruch. $OsO_4$ ist sehr giftig, und die Dämpfe schädigen die Augen. Es wird in der organischen Chemie (Band 2) für cis-Hydroxylierungen von Alkenen verwendet.

Bei der Reaktion bildet sich neben dem cis-Diol das schwarze Osmium(IV)-oxid $OsO_2$.

## Iridium

Iridium ist ein silberweißes, sehr hartes und widerstandsfähiges Metall, dessen Dichte 22,7 g/cm³ beträgt. Es schmilzt bei der Temperatur 2450 °C.

Iridium kommt gemeinsam mit Osmium vor. Es reagiert mit keiner Säure (auch nicht mit Königswasser*) und wird daher für Geräte im chemischen Labor verwendet. Auch die Spitzen von Füllhalterfedern bestehen häufig aus Iridium.

Das in Sèvres bei Paris aufbewahrte Urmeter und das Urkilogramm bestehen aus einer Platin-Iridium-Legierung. Die Kopien für die Bundesrepublik Deutschland aus dem gleichen Material befinden sich in der Physikalisch-Technischen-Bundesanstalt (PTB) in Braunschweig.

Die Verbindungen des Iridiums (Oxidationsstufen III und IV) besitzen fast keine praktische Bedeutung.

cis-Hydroxylierung mit Osmium(VIII)-oxid

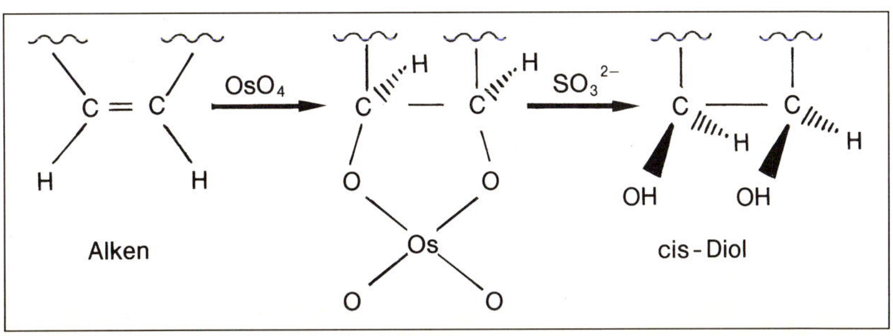

## Platin

Platin ist ein silberweißes, relativ weiches Metall. Es schmilzt bei 1770 °C und besitzt die Dichte $\rho$ = 21,4 g/cm³. Es kommt mit anderen Platinmetallen zusammen in elementarer Form in der Natur vor.

Durch Reaktion des Platins mit Königswasser* und die anschließende Behandlung mit Ammoniak erhält man das komplexe Ammoniumhexachloroplatinat(IV) $(NH_4)_2[PtCl_6]$. Durch starkes Erhitzen bildet sich daraus wieder das metallische Platin.

Wegen seiner großen chemischen Widerstandsfähigkeit wird Platin zur Herstellung von Geräten für das chemische Labor (z.B. Elektroden, Tiegel und Drahtösen) verwendet. Auch Schmuck wird aus Platin hergestellt.

Platin ist wie Palladium in der Lage, Wasserstoff (und auch andere Gase) zu absorbieren. Darauf beruht die Wirkung als Katalysator für mehrere technische Verfahren und für die Entgiftung der Autoabgase (Band 2: Umweltschutz).

Platin bildet hauptsächlich Verbindungen der Oxidationsstufen II und IV. Es reagiert mit Königswasser (1:3-Gemisch aus konzentrierter Salpetersäure und konzentrierter Salzsäure) zur Hexachloroplatin(IV)-säure $H_2[PtCl_6] \cdot 6\,H_2O$, einem braunen Feststoff, der sich bei 60 °C zersetzt. Ihre Salze besitzen meist eine gelbrote Farbe, wie z.B. das wasserlösliche Natriumhexachloroplatinat(IV) $Na_2[PtCl_6] \cdot 6\,H_2O$.

## Hassium

Das Element mit der Ordnungszahl 108 wurde etwa gleichzeitig in der Bundesrepublik Deutschland (Gesellschaft für Schwerionenforschung in Darmstadt) und in der Sowjetunion durch Kernumwandlung hergestellt (1984).

Es ließ sich beispielsweise durch die Einwirkung schneller Eisenionen auf Blei 207 gewinnen:

$$^{207}_{82}Pb + ^{58}_{26}Fe \longrightarrow ^{265}_{108}Hs$$

Das Element 108 wird als **Hassium** (Hs) bezeichnet (nach dem Bundesland Hessen). Der vorläufige Name lautete Unniloctium.

## Meitnerium

Das Element mit der Ordnungszahl 109 wurde ebenfalls zuerst 1982 bei der Gesellschaft für Schwerionenforschung (GSI) in Darmstadt hergestellt. Hierbei wurden Eisenionen mit einem Zehntel der Lichtgeschwindigkeit auf Kerne des Bismuts 209 geschossen:

$$^{209}_{83}Bi + ^{58}_{26}Fe \longrightarrow ^{266}_{109}Mt + ^{1}_{0}n$$

Es wurden jedoch nur wenige Atome erhalten.

Das Element 109 wird nach der österreichisch-schwedischen Physikerin *Lise Meitner* (1878 - 1968) als **Meitnerium** bezeichnet (Symbol Mt). Der vorläufige Name lautete Unnilennium.

## Element 110

Das Element mit der Ordnungszahl 110 ist 1994 bei der GSI in Darmstadt erzeugt worden. Die vorläufige Bezeichnung ist Ununnilium (Uun). Es entstand beim Beschuß von Bleikernen mit Nickelionen.

## Element 111

Das Element 111 gehört in die I. Nebengruppe des PSE. Es ist 1994 bei der GSI in Darmstadt erzeugt worden. Die vorläufige Bezeichnung ist Unununium (Uuu). Es entstand beim Beschuß von Bismutkernen mit Nickelionen.

## Zur Benennung der Elemente 101 bis 109

Die IUPAC hat 1994 für die Elemente 101 bis 109 (Transfermium-Elemente) Namen empfohlen, die teilweise von den bisherigen Vorschlägen abweichen.

| | | |
|---|---|---|
| 101 | Mendelevium | Md |
| 102 | Nobelium | No |
| 103 | Lawrencium | Lr |
| 104 | Dubnium | Db |
| 105 | Joliotium | Jl |
| 106 | Rutherfordium | Rf |
| 107 | Bohrium | Bh |
| 108 | Hahnium | Hn |
| 109 | Meitnerium | Mt |

# Anhang

## Tabelle der chemischen Elemente

| Name | Symbol | Z | Atommasse in u |
|---|---|---|---|
| Actinium | Ac | 89 | *227,0 |
| Aluminium | Al | 13 | 26,98 |
| Americium | Am | 95 | *(243) |
| Antimon | Sb | 51 | 121,8 |
| Argon | Ar | 18 | 39,95 |
| Arsen | As | 33 | 74,92 |
| Astat | At | 85 | *(210) |
| Barium | Ba | 56 | 137,3 |
| Berkelium | Bk | 97 | *(247) |
| Beryllium | Be | 4 | 9,012 |
| Bismut | Bi | 83 | 209,0 |
| Blei | Pb | 82 | 207,2 |
| Bor | B | 5 | 10,81 |
| Brom | Br | 35 | 79,90 |
| Cadmium | Cd | 48 | 112,4 |
| Caesium | Cs | 55 | 132,9 |
| Calcium | Ca | 20 | 40,08 |
| Californium | Cf | 98 | *(251) |
| Cer | Ce | 58 | 140,1 |
| Chlor | Cl | 17 | 35,45 |
| Chrom | Cr | 24 | 52,00 |
| Cobalt | Co | 27 | 58,93 |
| Curium | Cm | 96 | *(247) |
| Dysprosium | Dy | 66 | 162,5 |
| Einsteinium | Es | 99 | *(254) |
| Eisen | Fe | 26 | 55,85 |
| Erbium | Er | 68 | 167,3 |
| Europium | Eu | 63 | 152,0 |
| Fermium | Fm | 100 | *(257) |
| Fluor | F | 9 | 19,00 |
| Francium | Fr | 87 | *(223) |
| Gadolinium | Gd | 64 | 157,3 |
| Gallium | Ga | 31 | 69,72 |
| Germanium | Ge | 32 | 72,61 |
| Gold | Au | 79 | 197,0 |
| Hafnium | Hf | 72 | 178,5 |
| Hahnium | Ha | 105 | *(262) |
| Hassium | Hs | 108 | *(265) |
| Helium | He | 2 | 4,003 |
| Holmium | Ho | 67 | 164,9 |
| Indium | In | 49 | 114,8 |
| Iod | I | 53 | 126,9 |
| Iridium | Ir | 77 | 192,2 |
| Kalium | K | 19 | 39,10 |
| Kohlenstoff | C | 6 | 12,01 |
| Krypton | Kr | 36 | 83,80 |
| Kupfer | Cu | 29 | 63,55 |
| Kurtschatovium | Ku | 104 | *(261) |
| Lanthan | La | 57 | 138,9 |
| Lawrencium | Lr | 103 | *(260) |
| Lithium | Li | 3 | 6,941 |
| Lutetium | Lu | 71 | 175,0 |
| Magnesium | Mg | 12 | 24,31 |
| Mangan | Mn | 25 | 54,94 |
| Meitnerium | Mt | 109 | *(266) |
| Mendelevium | Md | 101 | *(258) |

| Name | Symbol | Z | Atommasse in u |
|---|---|---|---|
| Molybdän | Mo | 42 | 95,94 |
| Natrium | Na | 11 | 22,99 |
| Neodym | Nd | 60 | 144,2 |
| Neon | Ne | 10 | 20,18 |
| Neptunium | Np | 93 | *237,0 |
| Nickel | Ni | 28 | 58,69 |
| Nielsbohrium | Ns | 107 | *(262) |
| Niob | Nb | 41 | 92,91 |
| Nobelium | No | 102 | *(259) |
| Osmium | Os | 76 | 190,2 |
| Palladium | Pd | 46 | 106,4 |
| Phosphor | P | 15 | 30,97 |
| Platin | Pt | 78 | 195,1 |
| Plutonium | Pu | 94 | *(244) |
| Polonium | Po | 84 | *(209) |
| Praseodym | Pr | 59 | 140,9 |
| Promethium | Pm | 61 | *(145) |
| Protactinium | Pa | 91 | *231,0 |
| Quecksilber | Hg | 80 | 200,6 |
| Radium | Ra | 88 | *226,0 |
| Radon | Rn | 86 | *(222) |
| Rhenium | Re | 75 | 186,2 |
| Rhodium | Rh | 45 | 102,9 |
| Rubidium | Rb | 37 | 85,47 |
| Ruthenium | Ru | 44 | 101,1 |
| Samarium | Sm | 62 | 150,4 |
| Sauerstoff | O | 8 | 16,00 |
| Scandium | Sc | 21 | 44,96 |
| Schwefel | S | 16 | 32,07 |
| Seaborgium | Sg | 106 | *(263) |
| Selen | Se | 34 | 78,96 |
| Silber | Ag | 47 | 107,9 |
| Silicium | Si | 14 | 28,09 |
| Stickstoff | N | 7 | 14,01 |
| Strontium | Sr | 38 | 87,62 |
| Tantal | Ta | 73 | 180,9 |
| Technetium | Tc | 43 | *(97) |
| Tellur | Te | 52 | 127,6 |
| Terbium | Tb | 65 | 158,9 |
| Thallium | Tl | 81 | 204,4 |
| Thorium | Th | 90 | *232,0 |
| Thulium | Tm | 69 | 168,9 |
| Titan | Ti | 22 | 47,88 |
| Ununnilium | Uun | 110 | *(269) |
| Unununium | Uuu | 111 | *(272) |
| Uran | U | 92 | *238,0 |
| Vanadium | V | 23 | 50,94 |
| Wasserstoff | H | 1 | 1,008 |
| Wolfram | W | 74 | 183,8 |
| Xenon | Xe | 54 | 131,3 |
| Ytterbium | Yb | 70 | 173,0 |
| Yttrium | Y | 39 | 88,91 |
| Zink | Zn | 30 | 65,39 |
| Zinn | Sn | 50 | 118,7 |
| Zirconium | Zr | 40 | 91,22 |

Anmerkungen: Ein Sternchen vor der Atommasse bedeutet, daß ein radioaktives Element vorliegt.
In den Klammern stehen die Massenzahlen des Nuklids mit der größten Halbwertszeit.
*Z* = Ordnungszahl

# Stichwortverzeichnis

mit Seitenverweisen

## A



## B

## C

**D**



**E**

**J**



**K**



**L**

**T**

# Periodensystem der Elemente

Anmerkungen:
Ein Sternchen vor der Atommasse bedeutet, daß ein radioaktives Element vorliegt.
In den Klammern stehen die Massenzahlen des Nuklids mit der größten Halbwertszeit.

Erläuterung:

Atommasse ▶ 1,008 · H ◀ Symbol · Ordnungszahl ▶ 1 · Wasserstoff ◀ Name

| Perioden | Hauptgruppen I | Hauptgruppen II | Nebengruppen IIIa | IVa | Va | VIa | VIIa | VII |
|---|---|---|---|---|---|---|---|---|
| 1 | 1,008<br>H<br>1<br>Wasserstoff | | | | | | | |
| 2 | 6,941<br>Li<br>3<br>Lithium | 9,012<br>Be<br>4<br>Beryllium | | | | | | |
| 3 | 22,99<br>Na<br>11<br>Natrium | 24,31<br>Mg<br>12<br>Magnesium | | | | | | |
| 4 | 39,10<br>K<br>19<br>Kalium | 40,08<br>Ca<br>20<br>Calcium | 44,96<br>Sc<br>21<br>Scandium | 47,88<br>Ti<br>22<br>Titan | 50,94<br>V<br>23<br>Vanadium | 52,00<br>Cr<br>24<br>Chrom | 54,94<br>Mn<br>25<br>Mangan | 55,85<br>Fe<br>26<br>Eisen | 58,9<br>C<br>27<br>Cc |
| 5 | 85,47<br>Rb<br>37<br>Rubidium | 87,62<br>Sr<br>38<br>Strontium | 88,91<br>Y<br>39<br>Yttrium | 91,22<br>Zr<br>40<br>Zirconium | 92,91<br>Nb<br>41<br>Niob | 95,94<br>Mo<br>42<br>Molybdän | *(97)<br>Tc<br>43<br>Technetium | 101,1<br>Ru<br>44<br>Ruthenium | 102,9<br>F<br>45<br>Rhoc |
| 6 | 132,9<br>Cs<br>55<br>Caesium | 137,3<br>Ba<br>56<br>Barium | 138,9<br>La<br>57<br>Lanthan | 178,5<br>Hf<br>72<br>Hafnium | 180,9<br>Ta<br>73<br>Tantal | 183,8<br>W<br>74<br>Wolfram | 186,2<br>Re<br>75<br>Rhenium | 190,2<br>Os<br>76<br>Osmium | 192,2<br>I<br>77<br>Iric |
| 7 | *(223)<br>Fr<br>87<br>Francium | *226,0<br>Ra<br>88<br>Radium | *227,0<br>Ac<br>89<br>Actinium | *(261)<br>Ku<br>104<br>Kurtscha-tovium | *(262)<br>Ha<br>105<br>Hahnium | *(263)<br>Sg<br>106<br>Sea-borgium | *(262)<br>Ns<br>107<br>Niels-bohrium | *(265)<br>Hs<br>108<br>Hassium | *(266)<br>M<br>109<br>Meitne |

| | | | | | | |
|---|---|---|---|---|---|---|
| Lanthanoide | 140,1<br>Ce<br>58<br>Cer | 140,9<br>Pr<br>59<br>Praseodym | 144,2<br>Nd<br>60<br>Neodym | *(145)<br>Pm<br>61<br>Promethium | 150,4<br>Sm<br>62<br>Samarium | 152,0<br>E<br>63<br>Euro |
| Actinoide | *232,0<br>Th<br>90<br>Thorium | *231,0<br>Pa<br>91<br>Protactinium | *238,0<br>U<br>92<br>Uran | *237,0<br>Np<br>93<br>Neptunium | *(244)<br>Pu<br>94<br>Plutonium | *(243)<br>A<br>95<br>Ameri |

Liersch, Chemie 1 – kurz und klar

| Nebengruppen | Nebengruppen Ia | Nebengruppen IIa | Hauptgruppen III | Hauptgruppen IV | Hauptgruppen V | Hauptgruppen VI | Hauptgruppen VII | Hauptgruppen VIII |
|---|---|---|---|---|---|---|---|---|
| | | | | | | | | 4,003 He 2 Helium |
| | | | 10,81 B 5 Bor | 12,01 C 6 Kohlenstoff | 14,01 N 7 Stickstoff | 16,00 O 8 Sauerstoff | 19,00 F 9 Fluor | 20,18 Ne 10 Neon |
| | | | 26,98 Al 13 Aluminium | 28,09 Si 14 Silicium | 30,97 P 15 Phosphor | 32,07 S 16 Schwefel | 35,45 Cl 17 Chlor | 39,95 Ar 18 Argon |
| 58,69 Ni 28 Nickel | 63,55 Cu 29 Kupfer | 65,39 Zn 30 Zink | 69,72 Ga 31 Gallium | 72,61 Ge 32 Germanium | 74,92 As 33 Arsen | 78,96 Se 34 Selen | 79,90 Br 35 Brom | 83,80 Kr 36 Krypton |
| 106,4 Pd 46 Palladium | 107,9 Ag 47 Silber | 112,4 Cd 48 Cadmium | 114,8 In 49 Indium | 118,7 Sn 50 Zinn | 121,8 Sb 51 Antimon | 127,6 Te 52 Tellur | 126,9 I 53 Iod | 131,3 Xe 54 Xenon |
| 195,1 Pt 78 Platin | 197,0 Au 79 Gold | 200,6 Hg 80 Quecksilber | 204,4 Tl 81 Thallium | 207,2 Pb 82 Blei | 209,0 Bi 83 Bismut | *(209) Po 84 Polonium | *(210) At 85 Astat | *(222) Rn 86 Radon |
| *(269) Uun 110 Ununnilium | *(272) Uuu 111 Unununium | 112 | 113 | 114 | 115 | 116 | 117 | 118 |

| | | | | | | | |
|---|---|---|---|---|---|---|---|
| 157,3 Gd 64 Gadolinium | 158,9 Tb 65 Terbium | 162,5 Dy 66 Dysprosium | 164,9 Ho 67 Holmium | 167,3 Er 68 Erbium | 168,9 Tm 69 Thulium | 173,0 Yb 70 Ytterbium | 175,0 Lu 71 Lutetium |
| *(247) Cm 96 Curium | *(247) Bk 97 Berkelium | *(251) Cf 98 Californium | *(254) Es 99 Einsteinium | *(257) Fm 100 Fermium | *(258) Md 101 Mendelevium | *(259) No 102 Nobelium | *(260) Lr 103 Lawrencium |